スバラシク実力がつくと評判の

数値解析

キャンパス・ゼミ

大学の数学がこんなに分かる！ 単位なんて楽に取れる！

馬場敬之

マセマ出版社

はじめに 

みなさん，こんにちは。マセマの**馬場敬之（ばばけいし）**です。これまで発刊した『**大学数学キャンパス・ゼミ**』**シリーズ**は多くの読者の皆様の支持を頂いて，大学数学学習の新たなスタンダードとして定着してきたようです。そして今回，『**数値解析キャンパス・ゼミ**』を上梓することが出来て，心より嬉しく思っています。

これまで，マセマでは『**フーリエ解析キャンパス・ゼミ**』や『**偏微分方程式キャンパス・ゼミ**』を発刊して，**1**次元や**2**次元の熱伝導方程式および波動方程式など…の偏微分方程式をフーリエ解析を駆使して，解析的に解く手法について，詳しく解説してきました。そして，これらの本についても読者の皆様から「分かりやすかった！」，「面白かった！」など…，多くの感謝のお便りを頂いてまいりました。

しかし，このような解析的な手法により解ける偏微分方程式の境界条件は，正方形や長方形，それに円などのキレイな形の場合だけで，たとえば，三角形や台形，さらに突起や凹（へこ）みのあるような不定形な境界条件になると，フーリエ解析による解析的な手法で解くことは非常に困難になるのです。

しかし，このような，より実践的な偏微分方程式の解法には，もう**1**つの方法として，**「数値解析」**による解法があります。これは，コンピュータの膨大で迅速な計算力を利用して解くやり方で，理工系の学生の皆さんやエンジニアの方達にとって，必ず修得しておく必要がある大切な技能の**1**つなのです。しかし，最近のマセマの調査で分かったことは，このような数値解析についての講義や実習が現在，大学や大学院の講義であまり行われていないということでした。理由は，おそらく，フリーのコンピュータ言語がネット上に溢れており，教員も学生も，どの言語を使うべきか，定めづらいことも挙げられるかもしれません。

したがって，本書では，高校の課程でも利用されていた“**BASIC**”を用

（本書では，具体的には，**BASIC/98 ver.5**（電脳組）を使用しています。）

いることにしました。理由は，**BASIC** は，最も基本的なコンピュータ言

語であり，どなたでも比較的容易に修得することができるからです。したがって，本書を読めば，言語の習得にほとんど労力をかけることなく，数値解析の考え方(アルゴリズム)や計算手法，プログラミングに力を集中することができます。

この『**数値解析キャンパス・ゼミ**』では，初めは簡単な“**水の流出問題**”から始めて，“**連結タンクの水の流出・入問題**”を解説し，さらに“**1次元の熱伝導方程式**”の数値解析へと展開させていき，最終的には，不定形な境界条件をもつ“**2次元の波動方程式**”の数値解析についてまで，詳しく解説していきます。これにより，まるで，小説や物語を読むような感じで“**差分(さぶん)方程式**”による数値解析の全貌を，短期間で楽しみながらマスターすることができます。

しかし，ここで掲載している内容は，プログラムおよびその結果のグラフまで，すべて確認・実証されたものばかりです。したがって，内容が理解できたならば，是非とも読者ご自身の手で，**BASIC**プログラムを作り上げ，同じ結果が得られることを確認して頂きたいと思います。様々な偏微分方程式を数値解析を使って解くということは，理工系の技術者にとって，必要不可欠な技能だからです。

これまで，難解と思われていた偏微分方程式を，差分方程式に書き換えると，まるで，漸化式と同様な形式で偏微分方程式が解けることに驚かれるはずです。さらに，同じ差分方程式でも，境界条件のちょっとした違いによって，得られる結果がまったく異なることにも感激されることだろうと思います。さらに，数値解析の結果は，すべて美しいグラフとして堪能することができます。

そうです…，数値解析はとても面白いのです。この面白くて，実践的に役に立つ数値解析を読者の皆さんと共に楽しむために，ボクは，連日深夜までかけて，この『**数値解析キャンパス・ゼミ**』を書き上げました。したがって，今度は読者の皆さんが数値解析を心ゆくまで堪能して頂けると思います。

本書が，再び日本の理工系の教育に，数値解析の面白さを呼び戻す起爆剤となることを願ってやみません。

マセマ代表　馬場 敬之(けいし)

目次

講義3 2次元熱伝導方程式

講義4 1次元・2次元波動方程式

数値解析のプロローグ

▶ 水の流出問題

```
Y=Y-A*Y*DT/S
```

$$y(t+\Delta t)=y(t)-\frac{a}{S}y(t)\Delta t$$

▶ グラフの作成

```
DEF FNU(X)=INT(640*(X-XMIN)/(XMAX-XMIN))
DEF FNV(Y)=INT(400*(YMAX-Y)/(YMAX-YMIN))
```

§1. 水の流出問題

さァ，これから“**数値解析**”(***numerical analysis***)の講義を始めよう。これまで，マセマの「**常微分方程式キャンパス・ゼミ**」や「**偏微分方程式キャンパス・ゼミ**」および「**フーリエ解析キャンパス・ゼミ**」など…で，さまざまな常微分方程式や偏微分方程式を解析的に解く手法について解説してきた。

(紙とペンのみによって，厳密解を求める手法)

しかし，境界条件が，円や正方形のようなキレイな形ではなくなると，途端に，これら微分方程式を解析的に解くことは，困難になる。

ここで，登場するのが，コンピュータ・プログラミングを利用した数値解析ということになるんだね。これから解説するものは，たく山の研究者が関わるような大規模な構造化プログラミングの話ではない。学生諸君が自分の実験装置の温度分析や振動の解析といった，ちょっと自分で計算してみたいけれど，実際に解析的に解くのが難しいものを，コンピュータによる数値解析で調べたいというときに役に立つ講義をしようと思う。

この講義で解説するプログラムの言語はすべて**BASIC/98**で統一するつもりだ。本来言語は何でも構わない。プログラムを組む上で，最も大切なことは，計算手順や処理手順である“**アルゴリズム**”(***algorithm***)をマスターすることなんだね。そのためには，数年前のセンター試験でも出題されていた**BASIC**は多くの人になじみを持って頂けると思うし，また，シンプルな言語なので，プログラムの背後にあるアルゴリズムを確実に理解して頂けると思う。つまり，「自分の解決したい課題を自力でスラスラとプログラムを組んで，そのグラフまで含めて結果を出力できるようにすること」，これがこの講義の目的なんだね。

数値解析を学び初めると，多くの人がその面白さに魅了されることになる。それは，これまで難しいと思っていた微分方程式が，実は単純な構造をしていることが，プログラムを組むことにより明確になるからであり，また，これらを様々な境界条件で解き，さらにグラフ化してみると，何か本当に実験を行っているような面白さを感じるからなんだね。だから，これを，数値実験(***simulation***)(シミュレーション)と呼んだりもする。

実際に，**2**次元の波動方程式を数値解析で解いて，三角形の太鼓の膜がどのように振動するのか？考えるだけでも面白そうで，ワクワクするでしょう？

しかし，「急がば回れ！」まず，数値解析や**BASIC**の基本からシッカリ練習していこう。この節では，数値解析を学ぶ上で最も重要な基礎となる“水の流出問題”について，これから詳しく解説しよう。そして，数値解析による近似解と，解析的な厳密解についても，比較できるものは示すつもりだ。

それでは早速講義を始めよう！

● 単純な水の流出問題を数値解析で調べよう！

図**1**に示すように，半径r(m)の円筒形のタンクに水が貯めてあり，タンクの底には小さな穴があいていて，そこから水が流出速度vで流れ出ていくものとする。

図**1** 水の流出問題

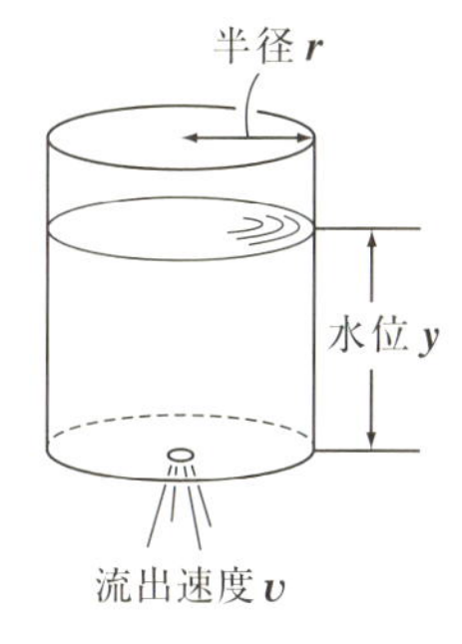

ここで，この流出速度vが一定であるならば，問題は単純で，数値解析など行う必要もないんだけれど，ここでは，より現実的なモデルとして，このvは，そのときの水の水位y(m)に比例するものとしよう。すると，

$\begin{cases} \cdot\text{水位}y\text{の変化率は，そのときの水の流出速度}v\text{によって決まり，また，} \\ \cdot\text{流出速度}v\text{は，そのときの水位}y\text{によって決まる} \end{cases}$

ことになって，議論が堂々めぐりになってしまう。

したがって，この問題を解くために，次のような計算手順(アルゴリズム)を考えることにしよう。

(i) まず，時刻tにおける水位をyとする。

(ii) 時刻tから$t+\Delta t$秒のわずかなΔt秒間は，yを一定として水の流出速度vを$v=ay$ (a：正の比例定数)により計算する。

(iii) その結果，水位は$\Delta y=\dfrac{v\cdot\Delta t}{S}=\dfrac{ay}{\pi r^2}\Delta t$ (m) ($S=\pi r^2$：タンクの断面積)だけ下がる。

(iv) 時刻$t+\Delta t$における水位yを新たに$y-\Delta y$に置き換えて，(i)に戻る。

これで，プログラミングの方針が立ったので，次の例題で具体的な条件を設定して，実際に，この水の流出問題を数値解析で解いてみよう。なお，**BASIC** プログラミングをよくご存知でない方のために，本文でも詳しく解説するが，別に“**BASIC** レッスン”として，コラムを設けて，さらに必要な解説を行うつもりだ。

例題 1　右図に示すように，半径 $\frac{4}{5}$(m) の円筒形のタンクに，時刻 $t=0$(秒) のとき，水位 $y=1$(m) の水が貯水されていた。このタンクの底には小さな穴があいており，そこから水が $v=\frac{1}{2}y$ (m^3/秒) の速度で流出していくものとする。

このとき，時間 t の刻み幅を $\Delta t=0.1$ (秒) として，時刻 t が，$0 \leqq t \leqq 2$ の範囲における水位 y の変化の様子を数値解析により調べよ。

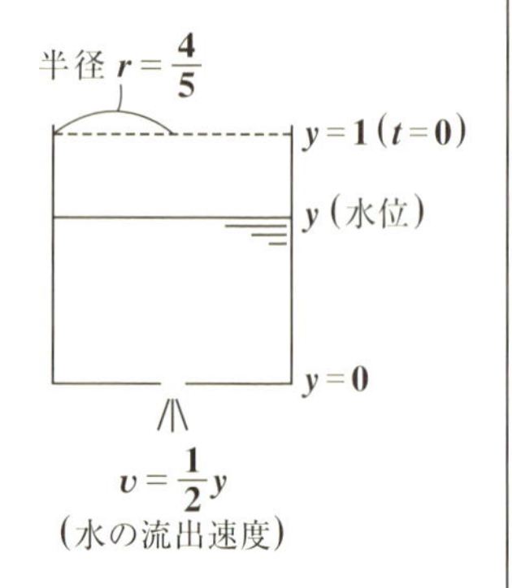

このプログラムを右に示そう。わずか 12 行の短いプログラムだね。プログラムは最初に示されているプログラムの行番号 10，20，30，…，120 の順に実行される。

初めの 3 行 (10，20，30) の“**REM**”の文はプログラムとは関係ない。これは，標題や見出しを付けるのに利用する注釈行なんだね。40 行で，半径 $r=\frac{4}{5}$ を代入し，50 行で，v と y の比例定数 $v=ay$ の a に $\frac{1}{2}$ を代入する。

プログラム

```
10 REM ――――――――――――――――
20 REM   水の流出問題1
30 REM ――――――――――――――――
40 R=.8#
50 A=.5#
60 DT=.1#
70 Y=1:T=0
80 PRINT "t=";T,"y=";Y
90 FOR I=1 TO 20
100 Y=Y-A*Y*DT/3.14159/R^2
110 PRINT "t=";I*DT,"y=";Y
120 NEXT I
```

（40～70 行の注記）$r=0.8$，A=0.5，$\Delta t=0.1$，初期値 Y=1 と T=0 を代入した。

（行番号の注記）プログラムの行番号

60 行では，微小時間 Δt を $\Delta t = 0.1$ (秒) とした。
70 行では，時刻 $t = 0$ (秒)，水位 $y = 1$ (m) として，初期値を代入した。この **70** 行では，“：” で区切ることによって，実は **2** つの代入文を記している。
80 行では，“**PRINT**” 文を使って画面に $t =$ (t の値)，$y =$ (y の値)，すなわち，初期値 $t = 0$ と $y = 1$ を表示させる。
そして，**90** 行～**120** 行が，“**for ～ next**” 文と呼ばれる今回のプログラムの主要部分になる。**90** 行の **FOR I=1 TO 20** と **120** 行の **NEXT I** により，**I** の値を **1**，**2**，…，**20** と変えながら，この間の **100**，**110** 行のプログラムを **20** 回実行する。でも，ここで，**100** 行の式を見て違和感を覚えた方も多いと思う。一般に，プログラムの代入文で “**A = B**” と書いた場合，これは「**A** と **B** が等しい」という意味ではない。この代入文では，これは「**B** のメモリに入っているデータ (数値) を **A** のメモリに代入する」という実行文になっている。したがって，たとえば，プログラムでは，
“**S = S + 1**” という文も成り立つ。これは「予め **S** のメモリに入っていたデータ (数値) に **1** をたしたものを，新たに **S** のメモリに代入する。」という意味だからなんだね。

それでは，話をまたこのプログラムに戻そう。**FOR I=1 TO 20 ～ NEXT I** によって，まず **I=1** の **1** 回目の時点では，**70** 行で **Y** は **Y=1** が代入されている。そして，これから $\Delta t = 0.1$ (**DT = 0.1**) の間は，この水位 **Y=1** を基に，水の流出速度 **V = A×Y** (= **0.5×1**) が決まる。これに **DT** をかけたものが，この **DT** (= Δt) 秒間の水の流出量 **V*DT = A*Y*DT** (m^3) になる。そして，これをタンクの断面積 $S = \pi \times R\hat{\ }2 \left(= \pi \times \left(\frac{4}{5}\right)^2 \right)$ で割ったものが，水位の減少分 Δ**Y**，すなわち，Δ**Y = A*Y*DT/3.14159/R^2** となるんだね。したがって，**T = 0.1** (= Δt) 秒後の新たな水位 **Y** は，**T = 0** 秒のときの初期水位 **Y = 1** を使って，**Y = Y −** Δ**Y = Y−A*Y*DT/3.14159/R^2** と表すことができる。

新水位 (T=0.1 (= Δt))　旧水位 (T=0 のとき)

そして，**110** 行で $t = 0.1$ とし，このときの新たな水位を $y =$ (y の値) として表す。次に，**120** 行からまた **90** 行に戻って，**I=2** の **2** 回目の計算に入る。今度は **T = 0.1** (= Δt) のときの水位が旧水位となって，**T = 0.2** (= 2・Δt) のときの水位を新水位として，同様に **Y = Y−A*Y*DT/3.14159/R^2** によって求めるんだね。

新水位 (T=0.2)　旧水位 (T=0.1 のとき)

110 行で $t = 0.2$ と，このときの新たな水位 y を表示する。
以降，同様に，$t = 0.3$，0.4，…，2 (秒) のときの水位 y を求めて，順次表示することになるんだね。

また，**110** 行で，t の値を表示するとき，**I*DT** を用いた。**DT = 0.1** だから **I = 1**，**2**，…，**20** と変化するので，**T = 0.1**，**0.2**，…，**2** と表示させることができるんだね。このように **I** の値もうまく利用した。

それでは，このプログラムを実行 (**run**) した結果を右に示す。時刻 t の経過と共に水位 y の値が **1** から減少していく様子がよく分かると思う。

ン? でも，小数の桁数が多過ぎて，逆に分かりづらいって!? その通りだね。ここでは，**INT(X)** という式を利用して，これらを小数第 **3** 位まで示すことにしてみよう。

数値解析の結果

```
t= 0     y= 1
t= .1    y= .975132019136806
t= .2    y= .950882454745825
t= .3    y= .92723592805806
t= .4    y= .904177442743446
t= .5    y= .881692375400371
t= .6    y= .859766466281691
t= .7    y= .838385810251382
t= .8    y= .817536847966078
t= .9    y= .797206357275902
t= 1     y= .777381444839149
t= 1.1   y= .758049537945487
t= 1.2   y= .739198376542506
t= 1.3   y= .720816005460544
t= 1.4   y= .702890766830867
t= 1.5   y= .685411292692402
t= 1.6   y= .668366497782311
t= 1.7   y= .65174557250586
t= 1.8   y= .635537976081114
t= 1.9   y= .619733429854096
t= 2     y= .604321910780203
```

BASIC レッスン

INT(X) は，数学のガウス記号 $[x]$ と同じ働きをする式で，**X** が実数表示

integer (整数) の頭の **3** 文字をとったもの。

のとき，**X** の小数部分を切り捨てる働きをする。よって，例えば，
X = 4.32 のとき，**INT(X)** の値は **4** であり，また
X = −12.12 のとき，**INT(X)** の値は **−13** となるんだね。
では，上記の数値解析の結果で $t = 0.1$ のときの $y = 0.975132$…の値を

$y \fallingdotseq$ **0.975** とスッキリ表すにはどうすればいいだろうか？…，そうだね，まず，y に **1000** をかけて，$1000 \cdot y = 975.132 \cdots$ とすると，**INT(1000＊Y)** ＝**975** となるので，これをまた，**1000** で割ればいいんだね。この小数第 **3** 位までの表示の y を新たに $y1$ とおくと，**Y1=INT(1000＊Y)/1000** でうまくいくことが分かるはずだ。
もちろん，これはあくまでも表示をスッキリさせるためのものなので，“**for ～ Next**” での **Y** の繰り返し計算では精度を下げないために，**Y** は **Y** のままで，表示用の変数を **Y1** として別に表現することにしたんだね。
このように，変数としては **A**, **B**, **C**, …, **X**, **Y**, **Z**, …, **A1**, **A2**, …, **X1**, **X2**, …など様々なものが使える。

それでは，y の小数第 **4** 位以下を切り捨てて，小数第 **3** 位までを表示させるプログラムとその数値解析の結果を示す。プログラムでは，新たに **105** 行を加え，**110** 行を修正した。

```
10 REM ──────────────
20 REM   水の流出問題1
30 REM ──────────────
40 R=.8#
50 A=.5#
60 DT=.1#
70 Y=1:T=0
80 PRINT "t=";T,"y=";Y
90 FOR I=1 TO 20
100 Y=Y-A*Y*DT/3.14159#/R^2
105 Y1=INT(1000*Y)/1000
110 PRINT "t=";I*DT,"y=";Y1
120 NEXT I
```

数値計算の結果

```
t= 0       y= 1
t= .1      y= .975
t= .2      y= .95
t= .3      y= .927
t= .4      y= .904
t= .5      y= .881
t= .6      y= .859
t= .7      y= .838
t= .8      y= .817
t= .9      y= .797
t= 1       y= .777
t= 1.1     y= .758
t= 1.2     y= .739
t= 1.3     y= .72
t= 1.4     y= .702
t= 1.5     y= .685
t= 1.6     y= .668
t= 1.7     y= .651
t= 1.8     y= .635
t= 1.9     y= .619
t= 2       y= .604
```

● 解析的な厳密解と比較してみよう！

例題 **1** (**P10**) の水の流出問題の数値解が求まったので，今度は，この精度が解析的な解と比べてどうなのか？確かめてみよう。この場合，微分方程式を作って解くことになるけれど，その基となる式は，数値解析のプログラムの次の **100** 行の式：

Y=Y−A*Y*DT/3.14159/R^2 ……① と同じものなんだ。

時刻 t における水位を $y(t)$，それから微小時間 Δt だけ経過した後の水位を $y(t+\Delta t)$ とおく。この Δt 秒間に水は，$v\cdot\Delta t = a\cdot y(t)\Delta t\,(\mathrm{m}^3)$ だけ流出するので，これをタンクの断面積 $S=\pi r^2$ で割ったものが，水位の微小な減少分 Δy を表す。よって，$\Delta y = \dfrac{a\cdot y(t)}{\pi r^2}\Delta t$ ……② となる。

これから，

$y(t+\Delta t) = y(t) - \Delta y$ より，

①の右辺の **Y** は，旧水位の $y(t)$ であり，左辺の **Y** は，新水位の $y(t+\Delta t)$ になっている。

$y(t+\Delta t) = y(t) - \dfrac{a\cdot y(t)}{\pi r^2}\Delta t$ ……③ (②より) となる。

この③は，①と本質的に同じものであることが分かるはずだ。この③をさらに変形して，

$$\frac{y(t+\Delta t)-y(t)}{\Delta t} = -\frac{a}{\pi r^2}y(t) \quad \cdots\cdots ③ \text{ とし，}$$

$\Delta t \to 0$ の極限をとると，$\displaystyle\lim_{\Delta t\to 0}\frac{y(t+\Delta t)-y(t)}{\Delta t} = \frac{dy}{dt}$ より，③は，

$\dfrac{dy}{dt} = -k\cdot y$ ……④ $\left(\text{ただし，} k = \dfrac{a}{\pi r^2}\right)$ となる。

一般に，$y' = ky$ のとき，$y = Ce^{kt}$ (k, C：定数) となる。

④は，簡単な常微分方程式なので，この一般解が，

$y = C\cdot e^{-kt}$ ……⑤ (C：積分定数) となることも大丈夫だね。

ここで，初期条件として，$t=0$ のとき，$y=1$ より，

$y = C\cdot e^0 = 1 \qquad \therefore C = 1$

これを⑤に代入して，この特殊解は，

$y = e^{-kt} = e^{-\frac{25}{32\pi}t}$ ……⑥ となるんだね。

$a=\dfrac{1}{2}$，$r=\dfrac{4}{5}$ より，

$k = \dfrac{\frac{1}{2}}{\pi\cdot\left(\frac{4}{5}\right)^2} = \dfrac{25}{32\pi}$

後は，⑥のtに$t = 0.1$，0.2，…，2を代入して値を求めればいいだけだから，電卓を用いてもいいんだけれど，数値解析の講座だから，これも，次のようにプログラムを作って結果を示しておこう。

```
10 REM  ―――――――――――――――――――――――
20 REM  水の流出問題1 理論値
30 REM ――――――――――――――――――――――――
40 T=0:Y=1
50 PRINT "t=";T,"y=";Y
60 FOR I=1 TO 20
70 T=T+.1#
80 Y=EXP(-25*T/32/3.14159#)
85 Y=INT(1000*Y)/1000
90 PRINT "t=";T,"y=";Y
100 NEXT I
```

解析的な解

```
t= 0      y= 1
t= .1     y= .975
t= .2     y= .951
t= .3     y= .928
t= .4     y= .905
t= .5     y= .883
t= .6     y= .861
t= .7     y= .84
t= .8     y= .819
t= .9     y= .799
t= 1      y= .779
t= 1.1    y= .76
t= 1.2    y= .741
t= 1.3    y= .723
t= 1.4    y= .705
t= 1.5    y= .688
t= 1.6    y= .671
t= 1.7    y= .655
t= 1.8    y= .639
t- 1.9    y= .623
t= 2      y= .608
```

今回のプログラムについては，特に問題ないと思うけれど，2つ指摘しておけば，e^xは，BASICではEXP(X)と表す。また，70行は，FOR ～ NEXT 文により，$t = 0.1$，0.2，0.3，…，2と変化する。これは，T=0.1*Iとしても同じことだね。

P13で示した数値解析では，$\Delta t = 0.1$（DT = 0.1）とかなり粗い計算だったんだけれど，この解析的な厳密解と，小数第2位くらいまではほとんど一致していることが分かるでしょう？したがって，これらをグラフで示すと，ほとんどその差は分からないくらい良い近似解になっている。グラフの作図についても，後で詳しく解説しよう。

今回は，タンクの断面積が$S = \pi r^2$と一定の単純な水の流出モデルだったんだけれど，これが，高さyによって変化するような応用問題についても，これから調べていくことにしよう。だんだん面白くなってくると思う。

● 水の流出の応用問題も解いてみよう！

それでは次，タンクの断面積が変化する円すい形のタンクの水の流出問題について，次の例題を数値解析により解いてみよう。

例題 2　右図に示すように，半径 1(m)，高さ 1(m) の円すい形のタンクに，時刻 $t=0$(秒) のとき，水位 $y=1$(m) の水が貯水されていた。このタンクの尖端には穴があいており，そこから水が $v=y$ (m^3/秒) の速度で流出していくものとする。

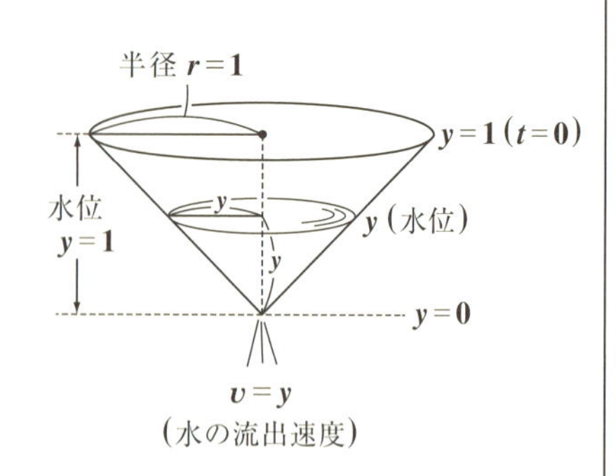

このとき，時刻 t の刻み幅を $\Delta t=10^{-3}$(秒) として，時刻 t が $0 \leqq t \leqq 1.5$ の範囲における水位 y の変化の様子を数値解析により調べよ。

プログラムの計算手順 (アルゴリズム) は，前問と同様に次のようになる。

(ⅰ) まず，時刻 t における水位を y (旧水位) とする。

(ⅱ) 時刻 t が，$[t,\ t+\Delta t]$ の区間の Δt 秒間は，y は一定として，水の流出速度 v は $v=y$ とする。(今回の比例定数 a は，$a=1$)

(ⅲ) その結果，水位は $\Delta y=\frac{v \cdot \Delta t}{S}$ (S：水面の面積) だけ下がる。

今回，水位 y のときのタンクの断面積の円の半径も y となる。よって，

水面の面積 $S=\pi y^2$ より，$\Delta y=\frac{v \cdot \Delta t}{\pi y^2}=\frac{y \cdot \Delta t}{\pi y^2}=\frac{\Delta t}{\pi y}$ (m) となる。

(ⅳ) よって，時刻 $t+\Delta t$ における水位 y (新水位) は，旧水位 y から Δy を引いたものになるので，

$y=y-\Delta y$ より，**Y=Y−A*DT/PI/Y** となる。

(新水位)(旧水位)　　(1)(.001)(3.14159) ← これらは予め代入文により，値を代入しておく。

以上のアルゴリズムを基にして，プログラムを作り，その実行結果を示すと，次のようになるんだね。

```
10 REM ------------------
20 REM   水の流出問題2
30 REM   円すい形タンク
40 REM ------------------
50 CLS 3
60 A=1:PI=3.14159#
70 DT=.001
80 Y=1:T=0
90 PRINT "t=";T,"y=";Y
100 FOR I=1 TO 1500
110 Y=Y-A*DT/PI/Y
120 Y1=INT(1000*Y)/1000
130 IF I=INT(I/100)*100 THEN PRINT "t=";I*DT,"y=";Y1
140 NEXT I
```

注釈行：標題を表しているだけで，プログラムとは何の関係もない。

これで，画面に書かれていた文字や図をすべて消去し，画面をクリアにする。

$a=1$，$pi=3.14159(=\pi)$，$\Delta t=0.001$，初期値 **Y=1** と **T=0** を代入した。

初期値 $t=0$ と $y=1$ を表示。

FOR～NEXT文

今回のこの **140** 行のプログラムについて，特に詳しく解説しよう。

まず，**50** 行で画面をクリアにし，**60**，**70**，**80** 行で，各データの値を代入する。今回は，円周率 $\pi=3.14159$ を **PI=3.14159** として予め代入しておく。

円すい形のタンクでは，水位 y が **0** に近づく程，その断面積 $S=\pi y^2$ も **0** に近づく。よって，微小時間 Δt (**DT**) を大きくとると，$y=0$ 付近では，特に早く水が流出して，実際のモデルと大きな誤差が生じる可能性がある。

よって，前問よりも Δt をずっと小さくして，$\Delta t=0.001$ (秒) とした。しかし，その分，$t=0.001$ から **1.5** (秒) まで計算しようとすると，**1500** 回の計算が必要となる。この計算回数そのものは，

数値解析の結果

```
t= 0      y= 1
t= .1     y= .967
t= .2     y= .934
t= .3     y= .899
t= .4     y= .863
t= .5     y= .825
t= .6     y= .786
t= .7     y= .744
t= .8     y= .7
t= .9     y= .653
t= 1      y= .602
t= 1.1    y= .547
t= 1.2    y= .486
t= 1.3    y= .415
t= 1.4    y= .33
t= 1.5    y= .213
```

コンピュータの計算能力から見て，何の問題もないんだけれど，その都度 t と y の値を出力 (表示) させると，**1500** 行にもなって，とんでもないことになる。よって，ここで，"**論理 IF 文**" を利用して，**100** 回毎の計算結果，すなわち $t = 0.1, 0.2, \cdots, 1.5$ のときの結果のみを抽出して表示することにしたんだね。このプログラムの実行結果は，前ページ (**P17**) に示した。

それでは，この論理 **IF** 文について，次の "**BASIC** レッスン" で示そう。

BASIC レッスン

論理 **IF** 文は，プログラムでは，次のように記述する。

"**IF** (条件式)　**THEN** (実行文①)　**ELSE** (実行文②)"

これにより,「もし (条件文) が満たされれば, (実行文①) を実行し，満たされなければ，①を無視して，(実行文②) を実行する。」ことになる。

ここで, "**ELSE** (実行文②)" は省略されることが多い。この場合,

"**IF** (条件式)　**THEN** (実行文①)" となるが，これにより,「もし (条件文) が満たされれば, (実行文①) を実行し，そうでなければ，①を無視して次の行の実行に移る」ことになるんだね。大丈夫？

では，この論理 **IF** 文も含めて，今回のプログラムの主要な **100** 行～**140** 行について解説しておこう。

100 FOR I=1 TO 1500 ← $\Delta t = 0.001$ より，**1500** 回計算することにより，t は，**0** から **1.5** 秒まで変化する。

110 Y=Y−A*DT/PI/Y ← 旧水位 **Y** から新水位 **Y** を計算する。
（左辺の Y：新水位，右辺の Y：旧水位，A*DT/PI/Y：Δ**Y**）

120 Y1=INT(1000*Y)/1000 ← **Y** の小数第 **4** 位以下を切り捨てて，**Y1** として，小数第 **3** 位までで表示する。

130 IF I=INT(I/100)*100 THEN PRINT "t=";I*DT, "y=";Y1

（I=INT(I/100)*100）この (条件文) は，**I** = **100**, **200**, …, **1500** のときしか満たさない。たとえば，**I** = **56** のとき，**INT(I/100)×100=0** となって，（**INT(0.56)=0**）
56≠**0** より，この条件文 (等式) をみたさない。

（PRINT "t=";I*DT, "y=";Y1）この (実行文①) は，$t = 0.1, 0.2, \cdots, 1.5$ のときの水位のみを抽出し，小数第 **3** 位までの数値 **Y1** を表示する。

140 NEXT I ← "**for** ～ **next** 文" のしめくくり！

どう？これで，今回のプログラムの意味もすべて分かったでしょう？

では次，このモデルの解析的な厳密解についても調べてみよう。
まず，**110** 行の **Y=Y−A*DT/PI/Y** を基に，微分方程式を作り，
(A：1(不要))
これを解いて，解析的な解を求める。旧水位を $y(t)$，新水位を $y(t+\Delta t)$ とおくと，**110** 行は，$y(t+\Delta t)=y(t)-\dfrac{\Delta t}{\pi\cdot y(t)}$ ……① となる。①を変形すると，

$\dfrac{y(t+\Delta t)-y(t)}{\Delta t}=-\dfrac{1}{\pi y(t)}$ ……② となるんだね。

ここで，②に対して，$\Delta t\to 0$ の極限をとると，

$\dfrac{dy}{dt}=-\dfrac{1}{\pi y}$ ……③ となる。

③は，変数分離形の微分方程式より，$\int(y\text{の式})dy=\int(t\text{の式})dt$ の形にもち込めば，解ける。

③より，$y\cdot dy=-\dfrac{1}{\pi}dt$　　よって，この両辺を積分して，

$\underbrace{\int y\,dy}_{\frac{1}{2}y^2+C_1}=-\dfrac{1}{\pi}\underbrace{\int dt}_{t}$　　$\dfrac{1}{2}y^2+C_1=-\dfrac{1}{\pi}t$ ……④ (C_1：積分定数) となる。

ここで，初期条件：$t=0$ のとき，$y=1$ より，これを④に代入して，

$\dfrac{1}{2}+C_1=0$　　$\therefore C_1=-\dfrac{1}{2}$

これを④に代入して，$y=(t\text{の式})$ の形にまとめると，

$\dfrac{1}{2}(y^2-1)=-\dfrac{1}{\pi}t$　　$y^2=-\dfrac{2}{\pi}t+1\ (\geqq 0)$

ここで，$y\geqq 0$ より，この解析的な特殊解は，

$\therefore y=\sqrt{1-\dfrac{2t}{\pi}}$ ……⑤ $\left(0\leqq t\leqq\dfrac{\pi}{2}\right)$ となる。

$\sqrt{\ }$ 内について，$-\dfrac{2}{\pi}t+1\geqq 0$ より，$\dfrac{2}{\pi}t\leqq 1$　$\therefore t\leqq\dfrac{\pi}{2}$

$\dfrac{\pi}{2}\fallingdotseq 1.57$ より，今回は，t を **1.5** までとしたんだね。

⑤に，$t=0.1,\ 0.2,\ \cdots,\ 1.5$ を代入した結果を示すと，次のようになる。

```
10 REM --------------------------
20 REM  水の流出問題2 理論値
30 REM     円すい形タンク
40 REM --------------------------
50 T=0:Y=1:PI=3.14159#
60 PRINT "t=";T,"y=";Y
70 FOR I=1 TO 15
80 T=T+.1#
90 Y=SQR(1-2*T/PI)
100 Y=INT(1000*Y)/1000
110 PRINT "t=";T,"y=";Y
120 NEXT I
```

解析的な解の結果

```
t= 0      y= 1
t= .1     y= .967
t= .2     y= .934
t= .3     y= .899
t= .4     y= .863
t= .5     y= .825
t= .6     y= .786
t= .7     y= .744
t= .8     y= .7
t= .9     y= .653
t= 1      y= .602
t= 1.1    y= .547
t= 1.2    y= .485
t= 1.3    y= .415
t= 1.4    y= .329
t= 1.5    y= .212
```

BASIC では，$\sqrt{x}$ を **SQR(X)** と表す。

Square root (平方根)の頭の **3** 文字をとった。

よって，**90** 行では，$\sqrt{1-\frac{2t}{\pi}}$ を **SQR(1−2*T/PI)** と表現したんだね。

今回，Δt を $\Delta t = 0.001$ (秒) と非常に精細にとったため，数値解析の結果 **(P17)** と解析的な解の結果が，ほとんど完璧に一致していることが分かったと思う。このように，数値解析でも，計算量を多くして緻密に計算すれば，ほとんど誤差なく現象を記述できるんだね。

ン？でも，解析的に厳密解が求まるのだったら，何も数値解析など行う必要はないんじゃないかって!? 確かに，これまでのように単純な円筒形や円すい形のタンクであれば，解析解も求まるんだけれど，タンクの形状が少し複雑になると，もう解析的な解を求めることが難しくなるので，数値解析が必要となるんだね。

この例として，タンクの半径 r が，水位 y の関数として，$r = \sin y$ $(0 \leqq y \leqq 1)$ で表される場合について，次の水の流出問題を数値解析により調べてみよう。

例題 3　右図に示すように，y 軸と r 軸と原点 0 をとり，曲線 $r = \sin y$ $(0 \leqq y \leqq 1)$ を y 軸のまわりに 1 回転してできる曲面をもつタンクがあるものとする。このタンクに，時刻 $t = 0$(秒)のとき，水位 $y = 1$(m)の水が貯水されていた。このタンクの尖端には穴

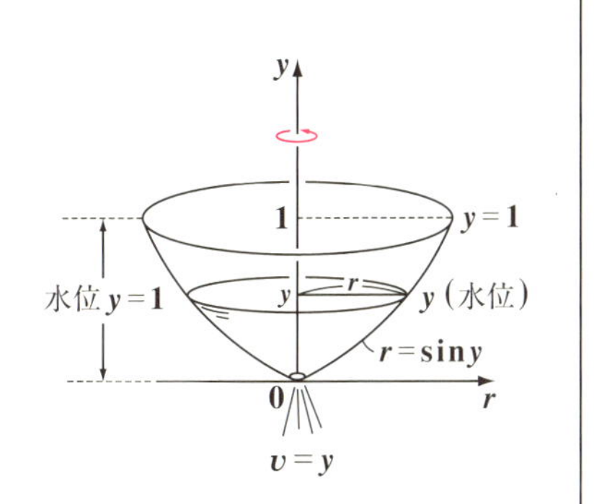

があいており，そこから，$v = y$ $(\mathrm{m}^3/\text{秒})$ の速度で水が流出していくものとする。このとき，時間の刻み幅を $\Delta t = 10^{-4}$(秒)として，数値解析により，水位が 0 になるまでの経時変化を調べよ。

まず，このモデルの解析解がどうなるかを調べておこう。時刻 t と $t + \Delta t$ における水位 $y(t)$ と $y(t + \Delta t)$ の関係式を求めると，微小時間 $[t,\ t + \Delta t]$ に

(旧水位)　(新水位)

おける $y(t)$ は一定として水の流出速度 $v = y(t)$ $(\mathrm{m}^3/\text{秒})$ だね。水位が y のときのタンクの断面積 S は，半径 $r = \sin y$ の円の面積に等しいので，$S = \pi \sin^2 y$ となる。よって，微小時間 Δt(秒)の間に流出する水量 $v \cdot \Delta t = y(t)\Delta t$ を断面積 $S = \pi \sin^2 y$ で割ったものが，この微小時間 Δt における水位の減少分 Δy になるので，$\Delta y = \dfrac{v \cdot \Delta t}{S} = \dfrac{y \cdot \Delta t}{\pi \sin^2 y}$ となる。これから，$y(t + \Delta t)$ は，

$$y(t + \Delta t) = y(t) - \frac{y(t) \cdot \Delta t}{\pi \sin^2 y(t)} \quad \cdots\cdots①$$ となる。①を変形して，

(新水位)　(旧水位)　(Δy)

$$\frac{y(t + \Delta t) - y(t)}{\Delta t} = -\frac{y}{\pi \sin^2 y} \quad \cdots\cdots②$$ となる。ここで，$\Delta t \to 0$ の極限をとると，

($\dfrac{dy}{dt}$ ($\Delta t \to 0$ のとき))

微分方程式：$\dfrac{dy}{dt} = -\dfrac{1}{\pi} \cdot \dfrac{y}{\sin^2 y}$ ……③ が導ける。

$$y(t+\Delta t)=y(t)-\frac{y(t)\cdot\Delta t}{\pi\sin^2 y(t)} \quad \cdots\cdots ①$$

$$\frac{dy}{dt}=-\frac{1}{\pi}\cdot\frac{y}{\sin^2 y} \quad \cdots\cdots ③$$

③を変数分離形により解こうとすると，

$$\int\frac{\sin^2 y}{y}dy=-\frac{1}{\pi}\int dt \quad \cdots\cdots ④$$ と

（この積分を解析的に解くことが難しい。）

なって，解析解を求めることが難しいんだね。このように，タンクの形状が少し複雑になっただけで，解析解はすぐ求めづらくなってしまうので，コンピュータによる数値解析が重要な役割を演ずることになる。今回は，解析解による比較が出来ないため，計算のための微小時間の刻み幅 Δt を，例題 **2** よりさらに緻密にして，$\Delta t=10^{-4}$(秒) (**DT = 0.0001**) とした。

以下に，この数値解析のプログラムと，その計算結果を示そう。

```
10 REM ─────────────────────
20 REM    水の流出問題3
30 REM    正弦関数の回転面のタンク
40 REM ─────────────────────
50 CLS 3 ←(画面のクリア)
60 A=1
70 DT=.0001
80 Y=1:T=0
90 PRINT "t=";T,"y=";Y ←(初期値 t=0, y=1 を表示。)
100 FOR I=1 TO 15000
110 Y=Y-A*Y*DT/3.14159#/(SIN(Y))^2
120 Y1=INT(Y*1000)/1000
130 IF Y<0 THEN GOTO 160
140 IF I=INT(I/1000)*1000 THEN PRINT "t=";T+I*DT,"y=";Y1
150 NEXT I
160 PRINT "t=";(I-1)/10000,"y=0"
170 STOP ←(プログラムの停止)
180 END ←(プログラムの終了)
```

（60～80行: $a=1$, $\Delta t=0.0001$, 初期値 $y=1$ と $t=0$ を代入）

（100～150行: FOR～NEXT文）

今回は全部で **180** 行のプログラムだけれど，これについて解説しておこう。

まず，**50** 行で画面をクリアにし，**60**，**70**，**80** 行で各データの値を代入した。今回は，$\Delta t = 10^{-4}$(s) (**DT** = **0.0001**) としたため，時刻 t を **1** ～ **1.5** (秒) に渡って計算するために，**100** ～ **150** 行の **FOR**～**NEXT** 文により，**I=1** から **15000** まで **15000** 回の計算をまず予定した。**110** 行では，

$$y = y - \frac{1 \cdot y \cdot \Delta t}{\pi \cdot \sin^2 y} \quad \cdots\cdots ①$$

新水位　旧水位　Δy

をBASICで表現したものだ。

数値解析の結果

```
t= 0        y= 1
t= .1       y= .954
t= .2       y= .908
t= .3       y= .861
t= .4       y= .813
t= .5       y= .763
t= .6       y= .711
t= .7       y= .656
t= .8       y= .599
t= .9       y= .536
t= 1        y= .467
t= 1.1      y= .388
t= 1.2      y= .29
t= 1.3      y= .141
t= 1.3313   y=0
中断 in 170
```

120 行と **140** 行により，**I=1000**，**2000**，**3000**，… 毎に，すなわち，$t = 0.1$，0.2，0.3，… (秒) 毎に水位 y の値を小数第 **4** 位以下を切り捨てた形で表示することにした。

しかし，今回のプログラムでは，**I=15000** に達する前に，水位 y が負 (⊖) に転じてしまうことが分かっている。つまり，無意味な計算が行われることになるので，**130** 行で水位 y が $y < 0$ となった時点で，**FOR**～**NEXT** 文の計算ループを飛び出して **160** 行の出力文の実行に入る。ここで，この時点の **I** の **1** つ前，すなわち **I−1**，時刻 t で言えば，$t = \frac{I-1}{10^4}$ のときに，y は最後の ⊕ の非常に小さな値になっているはずなので，これを，$y = 0$ として表示する。上の表から分かるように，**t=1.3313** (秒) のときに，水位 y はほぼ **0** になるんだね。

一般のプログラムでは，**170** 行のプログラムの停止を表す **STOP** 文や，**180** 行のプログラムの終了を表す **END** 文は不要なんだけれど，このように，ループの途中でプログラムを強制的に中断して終了させるためには，念のためプログラムの暴走を防ぐためにも，これらをつけておくんだね。

§2. グラフの作成

これから，**BASIC** プログラムによるグラフの作成の仕方について解説しよう。ここではまず，例題 **1**，**2**，**3** で行った水の流出問題の数値解析結果，すなわち水位 y の経時変化をグラフで表してみよう。

さらに，自分でプログラミングできるようになれば，一般的な陽関数 $y=f(x)$ や，媒介変数表示された曲線 $x=f(t)$，$y=g(t)$，それに陰関数 $f(x, y)=0$ のグラフも自由に描けるようになるんだね。たとえば，陰関数の例として，$x^3+y^3-3xy=0$ (デカルトの正葉線) のグラフを描け，と言われても，ほとんどの人が途方に暮れるかも知れないね。しかし，コンピュータの膨大な計算能力を利用すれば，このグラフも，さらにもっと複雑なグラフも描くことができるんだね。どう，興味が湧いてきたでしょう？

● 画面上に座標軸を設定しよう！

BASIC/98 で，グラフに利用できる画面上の座標を uv 座標とおくと，図 **1**(ⅰ)に示すように，$0 \leqq u \leqq 640$，$0 \leqq v \leqq 400$ となるので，この画面 (座標) の画素 (ピクセル) の数は $641 \times 401 = 257041$ (ピクセル) であり，これで様々なグラフを描くことができる。ここで，注意すべき点は，たて座標の v が，最上位で **0**，最下位で **400** と，一般の座標とは逆向きになっていることだ。

図 **1**(ⅰ) uv 座標平面

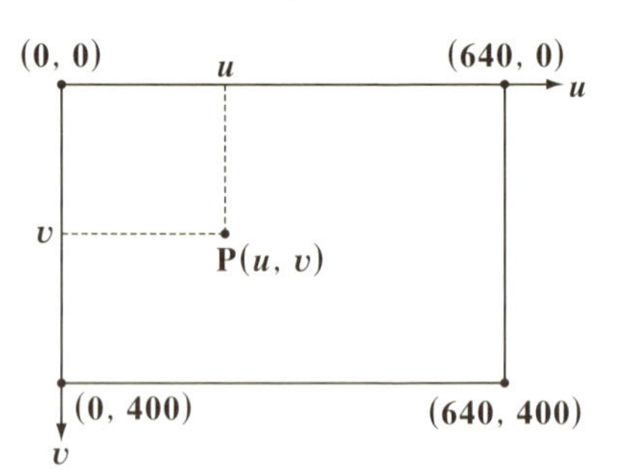

(ⅱ) uv 座標 ↔ **XY** 座標の変換

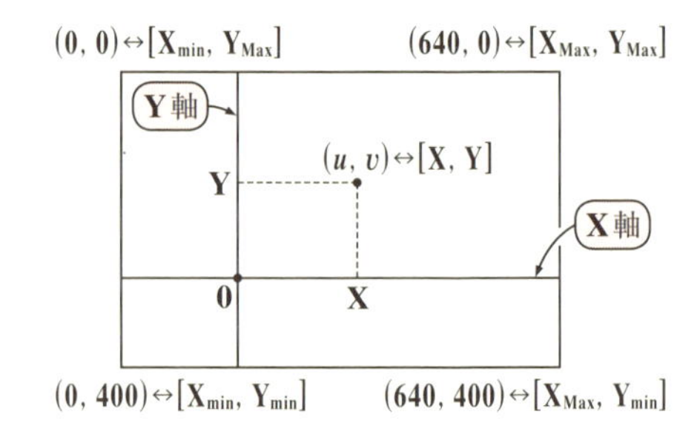

この uv 座標平面に対して，ボク達は，図 **1**(ⅱ)に示すように，

$$\begin{cases} \cdot \text{定義域}: X_{min} \leqq X \leqq X_{Max} \\ \cdot \text{値域}\quad: Y_{min} \leqq Y \leqq Y_{Max} \end{cases}$$

における **XY** 座標系を設定しなけれ

ばいけない。一般に，この画面内に XY 座標の原点 0 を入れるので，定数 X_{min}，X_{Max}，Y_{min}，Y_{Max} は，$X_{min} < 0 < X_{Max}$，$Y_{min} < 0 < Y_{Max}$ として，各値

（X_{min}：⊖の定数，X_{Max}：⊕の定数，Y_{min}：⊖の定数，Y_{Max}：⊕の定数）

を入力することにする。

これら 4 つの値が与えられると，図 1(ii) に示すように，XY 座標と uv 座標の変換公式：$[X, Y] \leftrightarrow (u, v)$ を導ける。図 1(ii) より，

(i) X と u の変換公式は，

$$\begin{cases} X = X_{min} \text{ のとき，} u = 0 \\ X = X_{Max} \text{ のとき，} u = 640 \text{ より，} \end{cases}$$

図 2 から，

$$(X_{Max} - X_{min}) : 640 = (X - X_{min}) : u$$

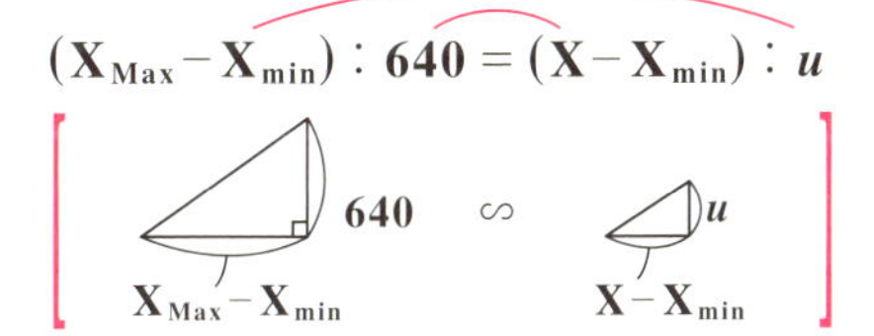

図 2　X と u の変換

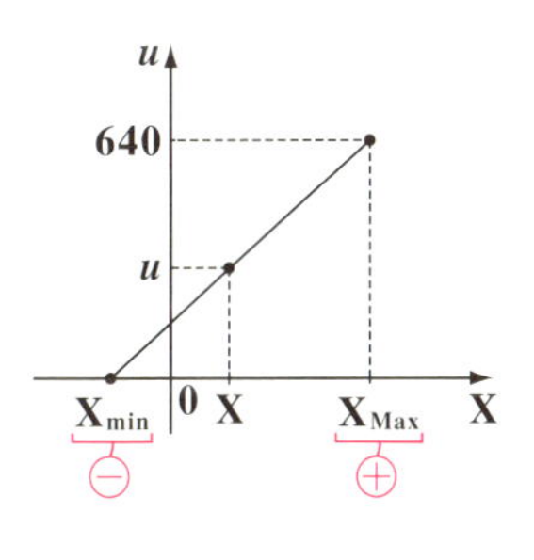

よって，$(X_{Max} - X_{min}) \cdot u = 640 \cdot (X - X_{min})$ より，次式が導ける。

$$\therefore u = \frac{640(X - X_{min})}{X_{Max} - X_{min}} \quad \cdots\cdots ①$$

（$X \to u$ への変換公式）

$$\left[X = \frac{(X_{Max} - X_{min}) \cdot u}{640} + X_{min} \quad \cdots\cdots ② \right]$$

（$u \to X$ への変換公式）

(ii) Y と v の変換公式は，

$$\begin{cases} Y = Y_{min} \text{ のとき，} v = 400 \\ Y = Y_{Max} \text{ のとき，} v = 0 \text{ より，} \end{cases}$$

図 3 から，

$$(Y_{Max} - Y_{min}) : 400 = (Y_{Max} - Y) : v$$

[400　$Y_{Max} - Y_{min}$　∽　v　$Y_{Max} - Y$]

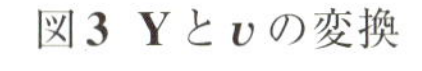
図 3　Y と v の変換

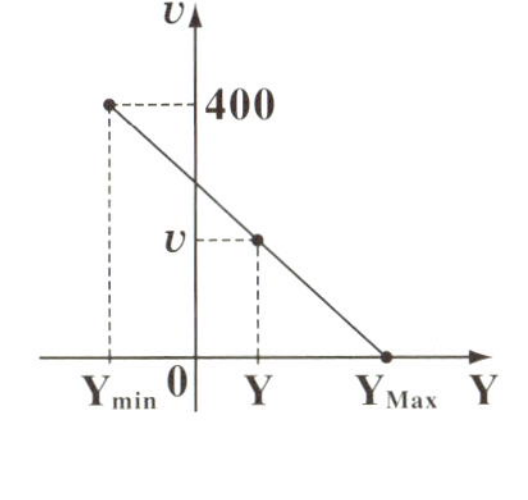

よって，$(Y_{Max} - Y_{min})v = 400(Y_{Max} - Y)$ より，次式が導ける。

$$\therefore v = \frac{400(Y_{Max} - Y)}{Y_{Max} - Y_{min}} \quad \cdots\cdots ③$$

（$Y \to v$ への変換公式）

$$\left[Y = Y_{Max} - \frac{(Y_{Max} - Y_{min})v}{400} \quad \cdots\cdots ④ \right]$$

（$v \to Y$ への変換公式）

以上①, ③より, uv平面上にx軸とy軸を引くことができる。

$$u = \frac{640(\mathrm{X}-\mathrm{X}_{\min})}{\mathrm{X}_{\mathrm{Max}}-\mathrm{X}_{\min}} \quad \cdots\cdots ①$$

$$\mathrm{X} = \frac{(\mathrm{X}_{\mathrm{Max}}-\mathrm{X}_{\min})\cdot u}{640}+\mathrm{X}_{\min} \quad \cdots\cdots ②$$

$$v = \frac{400(\mathrm{Y}_{\mathrm{Max}}-\mathrm{Y})}{\mathrm{Y}_{\mathrm{Max}}-\mathrm{Y}_{\min}} \quad \cdots\cdots ③$$

$$\mathrm{Y} = \mathrm{Y}_{\mathrm{Max}}-\frac{(\mathrm{Y}_{\mathrm{Max}}-\mathrm{Y}_{\min})v}{400} \quad \cdots\cdots ④$$

一般に**BASIC**では, uv平面上に

(i) 点$\mathrm{P}(u_1, v_1)$をポツンと表示するとき,
PSET (U1, V1)と書く。

(ii) 点$\mathrm{P}(u_1, v_1)$と点$\mathrm{Q}(u_2, v_2)$を結ぶ線分を実線で引くときは,
LINE (U1, V1)-(U2, V2)と書き,
この線分を破線(点線)で引くときは,
LINE (U1, V1)-(U2, V2), , , 2と書けばいい。

さらに, 関数の定義文については, 下の**BASIC**レッスンで解説しよう。

BASICレッスン

長い関数の式を何回も書かないですむように, **BASIC**では予め関数を次の式によって, 定義することができる。

DEF FN(関数名)(変数名)=(変数の式)

定義する(*define*)

たとえば, 関数$f(x)=x^3+2x$を定義したければ, **FNF(X)=X^3+2*X**と書く。また, 2変数関数$g(x, y)=\sin(x+2y)$を定義したければ, **FNG(X, Y)=sin(X+2*Y)**と書けばいいんだね。

したがって, ①より, $u(\mathrm{X})=\dfrac{640(\mathrm{X}-\mathrm{X}_{\min})}{\mathrm{X}_{\mathrm{Max}}-\mathrm{X}_{\min}}$ ($\mathrm{X}_{\min}, \mathrm{X}_{\mathrm{Max}}$:定数)は, uを**X**の関数として, 次のように定義できる。

DEF FNU(X)=640*(X-XMIN)/(XMAX-XMIN) そして,

これらは, 予め与えられている定数

LINE (FNU(0), 0)-(FNU(0), 400) と書けば, uv平面上に

X=0に対応する座標uの値のこと。

Y軸を引ける。同様に③を使って, $v(x)$を

DEF FNV(Y)=400*(YMAX-Y)/(YMAX-YMIN)と定義して,

LINE (0, FNV(0))-(640, FNV(0)) と書くと, **X**軸が引ける。

実際には, u, vは整数なので, この定義式に**INT**を付けよう。

それでは，x 軸と y 軸を設定するプログラムを下に示そう。

```
10 REM ─────────────────
20 REM  x軸y軸の設定
30 REM ─────────────────
40 CLS 3 ←(画面のクリア)
50 INPUT "xmax=";XMAX ┐
60 INPUT "xmin=";XMIN │←(入力文)
70 INPUT "ymax=";YMAX │
80 INPUT "ymin=";YMIN ┘
90 CLS 3 ←(画面のクリア)
100 DEF FNU(X)=INT(640*(X-XMIN)/(XMAX-XMIN))←(X→uへの変換)
110 DEF FNV(Y)=INT(400*(YMAX-Y)/(YMAX-YMIN))←(Y→vへの変換)
120 LINE (FNU(0),0)-(FNU(0),400) ←(y軸を引く)
130 LINE (0,FNV(0))-(640,FNV(0)) ←(x軸を引く)
```

（u, v は整数なので，右辺は小数以下を切り捨てる **INT** を用いた。）

このプログラムについて解説しよう。**10**～**30** 行は注釈行だね。**40** 行でまず画面をクリアにする。そして，**50** 行～**80** 行は，**INPUT** による入力文なんだね。たとえば，**50 INPUT "xmax=";XMAX** では，プログラムを実行すると，画面上に "**xmax=?**" と表示されるので，定義域の最大値を打ち込めばいい。次に，**60** 行により画面上に "**xmin=?**" と表示されるので，定義域の最小値を打ち込めばいい。以下，**70**，**80** 行も同様だね。定義域と値域の最大値，最小値の打ち込みが終わったら，**90** 行で再び画面をクリアにする。

そして，**100** 行と **110** 行の関数の定義文 **DEF FN**… で，**X**→u，**Y**→v での置換を行い，**120** 行で y 軸を，**130** 行で x 軸を引いた。**FNU(0)** は **X**＝**0** に対応する u 座標を表し，**FNV(0)** は **Y**＝**0** に対応する v 座標のことだね。**XMAX**＝**5**，**XMIN**＝－**2**，**YMAX**＝**3**，**YMIN**＝－**2** と入力したときの，x 軸と y 軸の出力結果を図 **4** に示す。

図 **4** x 軸と y 軸の設定

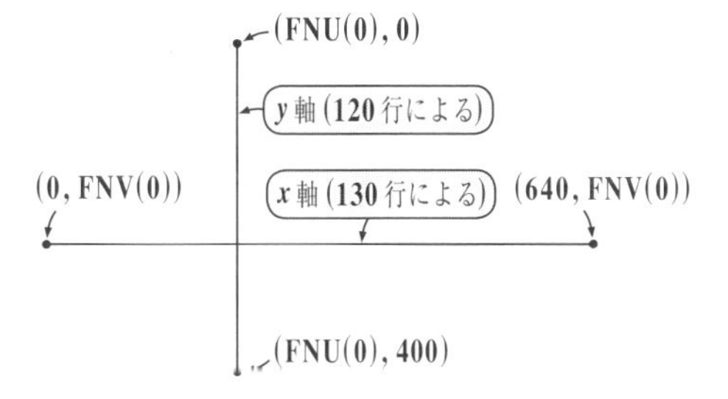

さらに，X 軸，Y 軸に目盛り幅 $\Delta\overline{X}$ と $\Delta\overline{Y}$，およびこれに対応する破線を引いて，よりグラフを見やすくしよう。

図5 目盛り幅 $\Delta\overline{X}$，$\Delta\overline{Y}$

(i)

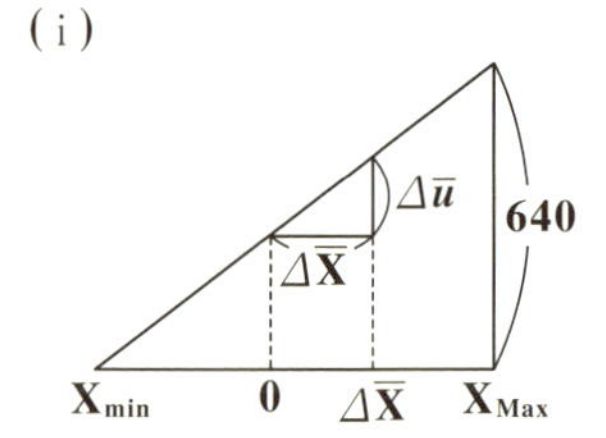

(ii)

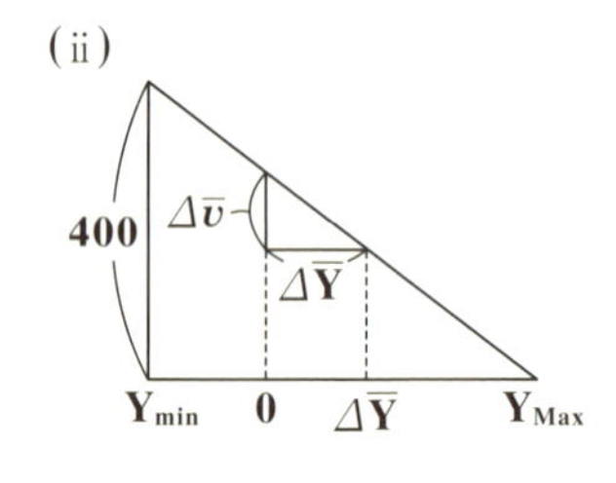

(i) X 軸の目盛り幅 $\Delta\overline{X}$ と

（$\Delta X=1$ や $\Delta X=\pi$ などとおける。）

$\Delta\overline{u}$ の関係は，図 5(i) より，

$$\frac{\Delta\overline{u}}{\Delta\overline{X}}=\frac{640}{X_{Max}-X_{min}}$$

$$\therefore \Delta\overline{u}=\frac{640\cdot\Delta\overline{X}}{X_{Max}-X_{min}} \quad \cdots\cdots⑤$$

（これらも整数なので，プログラムでは，これらを i 倍したものに，int を付ける。）

(ii) Y 軸の目盛り幅 $\Delta\overline{Y}$ と $\Delta\overline{v}$ の関係は，図 5(ii) より，

$$\frac{\Delta\overline{v}}{\Delta\overline{Y}}=\frac{400}{Y_{Max}-Y_{min}} \qquad \therefore \Delta\overline{v}=\frac{400\cdot\Delta\overline{Y}}{Y_{Max}-Y_{min}} \quad \cdots\cdots⑥$$

プログラムでは $\Delta\overline{X}$ を DELX，$\Delta\overline{Y}$ を DELY，$\Delta\overline{u}$ を DELU，$\Delta\overline{v}$ を DELV と表して，X 軸と Y 軸のこれらの目盛りを通る点線を引くプログラムを次ページに示そう。10～30 行は注釈行で，40 行でまず画面をクリアにする。50～100 行 X_{Max}，X_{min}，$\Delta\overline{X}$，Y_{Max}，Y_{min}，$\Delta\overline{Y}$ の値を入力する。入力後，110 行でまた画面をクリアにして，グラフの作成に入る。120，130 行で，$X\to u$，$Y\to v$ への変換を行い，2 つの関数 FNU(X) と FNV(Y) を定義する。

（X の値を代入すれば，これで u の値が分かる。）（Y の値を代入すれば，これで v の値が分かる。）

140，150 行で，X 軸の目盛り幅 $\Delta\overline{X}$ を $\Delta\overline{u}$ に，また Y 軸の目盛り幅 $\Delta\overline{Y}$ を $\Delta\overline{v}$ に変換する。160 行は 2 つの代入文で，X 軸上で，$X>0$ のときの目盛りの個数 N と，$X<0$ のときの目盛りの個数 M を定める。170～190 行の FOR ～NEXT 文で，$I=-M, -M+1, \cdots, 0, 1, \cdots, N$ と変化させて，X 軸上の N+M+1 個の目盛り (0 を含む) を通り，Y 軸に平行な N+M+1 本の破線

を引く。そして**200**行で，**Y**軸を表す実線を引き直す。同様に，**210**行は**2**つの代入文で，**Y**軸上で，**Y**＞**0**のときの目盛りの個数**N**と，**Y**＜**0**のときの目盛りの個数**M**を定める。**220**〜**240**行の**FOR**〜**NEXT**文で，**I**＝−**M**，−**M**＋**1**，…，**0**，**1**，…，**N**と変化させて，**Y**軸上の**N**＋**M**＋**1**個の目盛り(**0**を含む)を通り，**X**軸に平行な**N**＋**M**＋**1**本の破線を引く。そして**250**行で，**X**軸を表す実線を**1**本引き直す。以上で，このプログラムの意味と働きが分かったでしょう？

```
10 REM ─────────────────────
20 REM x軸y軸と目盛りの設定
30 REM ─────────────────────
40 CLS 3 ←(画面のクリア)
50 INPUT "xmax=";XMAX
60 INPUT "xmin=";XMIN
70 INPUT "delx=";DELX
80 INPUT "ymax=";YMAX          ←(数値の入力)
90 INPUT "ymin=";YMIN
100 INPUT "dely=";DELY
110 CLS 3 ←(画面のクリア)
120 DEF FNU(X)=INT(640*(X-XMIN)/(XMAX-XMIN)) ←(X→uへの変換)
130 DEF FNV(Y)=INT(400*(YMAX-Y)/(YMAX-YMIN)) ←(Y→vへの変換)
140 DELU=640*DELX/(XMAX-XMIN) ←(x軸の目盛り幅Δx→Δuへの変換)
150 DELV=400*DELY/(YMAX-YMIN) ←(y軸の目盛り幅Δy→Δvへの変換)
160 N=INT(XMAX/DELX):M=INT(-XMIN/DELX) ←(x>0のときの目盛りの個数N
170 FOR I=-M TO N                         x<0のときの目盛りの個数M)
180 LINE (FNU(0)+INT(I*DELU),0)-(FNU(0)+INT(I*DELU),
400),,,2 ←(N+M+1本のy軸に
190 NEXT I   平行な破線を引く。)
200 LINE (FNU(0),0)-(FNU(0),400) ←(y軸を実線で引く)
210 N=INT(YMAX/DELY):M=INT(-YMIN/DELY) ←(y>0のときの目盛りの個数N
220 FOR I=-M TO N                         y<0のときの目盛りの個数M)
230 LINE (0,FNV(0)-INT(I*DELV))-(640,FNV(0)-INT(I*DE
LV)),,,2 ←(N+M+1本のx軸に
240 NEXT I   平行な破線を引く。)
250 LINE (0,FNV(0))-(640,FNV(0)) ←(x軸を実線で引く)
```

このプログラムを実行(run)して，6つの入力文に対して，

xmax = 28

xmin = −6

delx = 5

ymax = 16

ymin = −6

dely = 5

と入力したとき，画面上に出力される結果を図6に示す。

図6 XY座標の出力結果

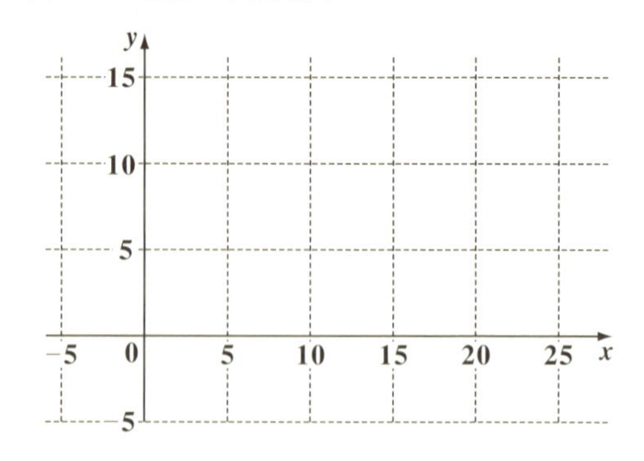

x軸とy軸の矢印と文字x, y, および原点0と目盛りの数値は後で手書きで書き加えたものである。これで，xy座標平面上にグラフを描くための下準備が完了したんだね。大丈夫？

曲線は折れ線で近似しよう！

それでは，自由に定義域 $X_{min} \leqq X \leqq X_{Max}$ と値域 $Y_{min} \leqq Y \leqq Y_{Max}$ と目盛り幅 $\Delta\overline{X}$, $\Delta\overline{Y}$ を定めて，xy座標平面を作れるようになったので，この座標平面上のグラフの描き方について解説しよう。

一般に，グラフは滑らかな曲線だけれど，数値解析プログラムで求められるデータは (X(0), Y(0)), (X(1), Y(1)), (X(2), Y(2)), … のように，離散的な飛び飛びの点の座標でしかないんだね。したがって，この離散的な点の集まりからグラフ(曲線)を描くには，これらの点を折れ線で結んで近似的な曲線とすればいいんだね。

では，より具体的な解説をしよう。点の集合 (X(I), Y(I)) (I = 0, 1, 2, 3, …) について，X(0) < X(1) < X(2) < X(3) < … とする。そして，これらの点の座標を，グラフを描く際には関数 FNU(X(I)) と FNV(Y(I)) によって，[X, Y] → (u, v) に変換されなければならないんだね。

まず，点 (FNU(X(I)), FNV(Y(I)) (I=0, 1, 2, …) を簡単に (u_i, v_i) (i=0, 1, 2, …)(または，U(I), V(I)) と略記することにして，プログラムを考えてみよう。

図7　グラフ(曲線)の描き方

(i)

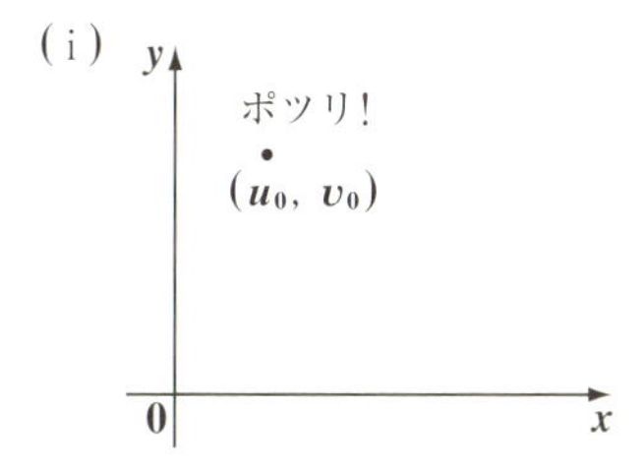

(ii)

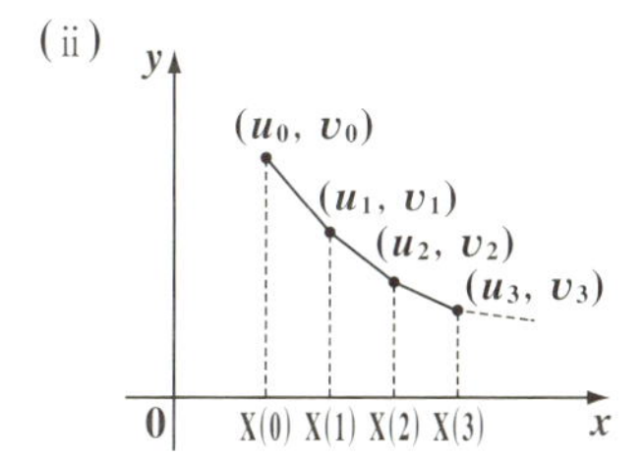

(i) 図7(i)に示すように，

PSET (u_0, v_0) として，

まず，xy 平面上に (X(0), Y(0)) に相当する点をポツリと設定する。次に，

(ii) 図7(ii)に示すように，折れ線部分を連結するために，FOR～NEXT 文を使って，

```
FOR I=1 TO N
LINE -(U(I), V(I))
NEXT I
```

とする。これから，

- I=1 のとき，LINE $-(u_1, v_1)$ により，初めの点 (u_0, v_0) と (u_1, v_1) を結ぶ線分が引ける。次に，
- I=2 のとき，LINE $-(u_2, v_2)$ により，前回の終点 (u_1, v_1) と (u_2, v_2) を結ぶ線分が引ける。さらに，
- I=3 のとき，LINE $-(u_3, v_3)$ により，前回の終点 (u_2, v_2) と (u_3, v_3) を結ぶ線分が引ける。…,

以下同様に，最後の点 (u_N, v_N) まで，折れ線で結べばいいんだね。

● 水の流出問題のグラフを描いてみよう！

それでは，準備も整ったので，これまで解説した水の流出問題，すなわち例題1(P10)，例題2(P16)と例題3(P21)それぞれの水位 y の経時変化の様子をグラフで表してみよう。グラフを作成することにより，数値解析の面白さがさらに増していくことになると思う。

例題 4　右図に示すように，半径 $\frac{4}{5}$(m) の円筒形のタンクに，時刻 $t=0$(秒) のとき，水位 $y=1$(m) の水が貯水されていた。このタンクの底には小さな穴があいており，そこから水が $v=\frac{1}{2}y$ (m^3/秒) の速度で流出していくものとする。

このとき，時間 t の刻み幅を $\Delta t=0.1$ (秒) として，時刻 t が，$0 \leqq t \leqq 10$ の範囲における水位 y の変化の様子をグラフで示せ。

半径 $r=\frac{4}{5}$

$y=1$ ($t=0$)

y (水位)

$y=0$

$v=\frac{1}{2}y$

(水の流出速度)

時刻 t を $0 \leqq t \leqq 10$ と長期間にした以外，例題 1 (P10) の問題とまったく同じ設定だ。このプログラムを以下に示そう。ここでは，横軸が x 軸ではなく t 軸になっていることにも注意しよう。

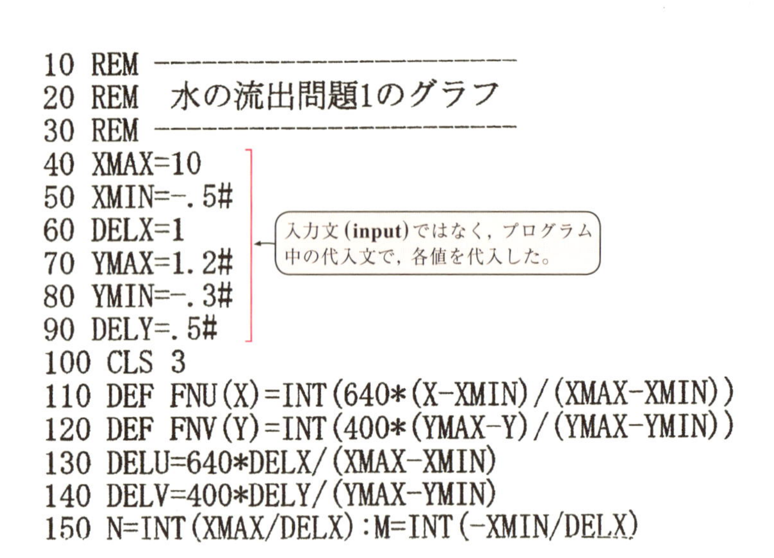


```
10 REM ------------------------
20 REM  水の流出問題1のグラフ
30 REM ------------------------
40 XMAX=10
50 XMIN=-.5#
60 DELX=1
70 YMAX=1.2#
80 YMIN=-.3#
90 DELY=.5#
100 CLS 3
110 DEF FNU(X)=INT(640*(X-XMIN)/(XMAX-XMIN))
120 DEF FNV(Y)=INT(400*(YMAX-Y)/(YMAX-YMIN))
130 DELU=640*DELX/(XMAX-XMIN)
140 DELV=400*DELY/(YMAX-YMIN)
150 N=INT(XMAX/DELX):M=INT(-XMIN/DELX)
```

```
160 FOR I=-M TO N
170 LINE (FNU(0)+INT(I*DELU),0)-(FNU(0)+INT(I*DELU),
400),,,2
180 NEXT I
190 LINE (FNU(0),0)-(FNU(0),400)
200 N=INT(YMAX/DELY):M=INT(-YMIN/DELY)
210 FOR I=-M TO N
220 LINE (0,FNV(0)-INT(I*DELV))-(640,FNV(0)-INT(I*DE
LV)),,,2
230 NEXT I
240 LINE (0,FNV(0))-(640,FNV(0))
250 R=.8#:A=.5#:DT=.1#:PI=3.14159# ←(r, a, Δt, πの4つの値を代入)
260 Y=1:T=0 ←(初期値の代入)
270 PSET (FNU(T),FNV(Y)) ←(最初の点をポツンと打ち出す。)
280 FOR I=1 TO 100
290 Y=Y-A*Y*DT/PI/R^2:T=I*DT
300 LINE -(FNU(T),FNV(Y))
310 NEXT I
```

（280〜310行）← $i=1, 2, 3, \cdots, 100$ のとき，$t=0.1, 0.2, 0.3, \cdots\cdots, 10$ となり，このときの y の値を求めて，次々に線分を引いていく。

10～240 行で，ty 座標系を描く。ただし，**40～90** 行の入力文（**INPUT**）の代わりにプログラム内に代入文として，$xmax$ などの値を代入した。**250** 行は，**4** つの文から成っており，r，a，Δt，π（**PI**）の値を代入した。**260** 行では，$t=0$ のときの水位の初期値 $y=1$ を代入した。**270** 行で，$(t, y)=(0, 1)$ の初期値の点を (u, v) に変換して，ポツリと描く。**280～310** の **FOR～NEXT** 文では，**I**$=1, 2, 3, \cdots, 100$ と変化させて，時刻 $t=0.1, 0.2, 0.3, \cdots, 10$ のときの水位 y の値を求め，**300** 行によって，次々に折れ線の線分を引きながら，水位 y の経時変化のグラフを描いていく。この結果のグラフを右図に示す。どう？グラフが曲線のようにキレイに描けているでしょう？

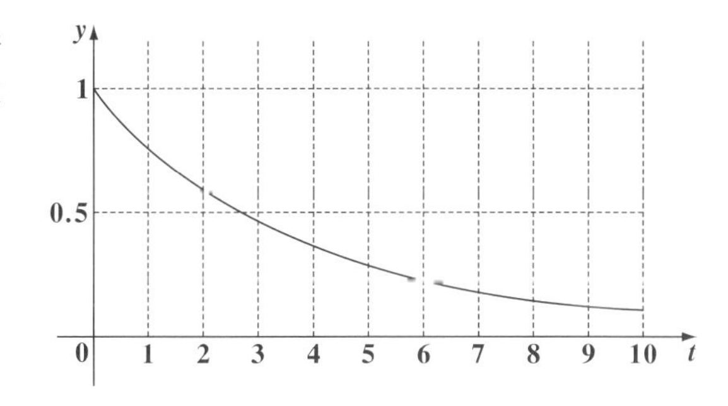

次に，例題 **2** の水位 y の経時変化もグラフで表してみよう。

> **例題 5**　右図に示すように，半径 $1(\mathrm{m})$，高さ $1(\mathrm{m})$ の円すい形のタンクに，時刻 $t=0$(秒)のとき，水位 $y=1(\mathrm{m})$ の水が貯水されていた。このタンクの尖端には穴があいており，そこから水が $v=y\ (\mathrm{m}^3/\text{秒})$ の速度で流出していくものとする。
>
> 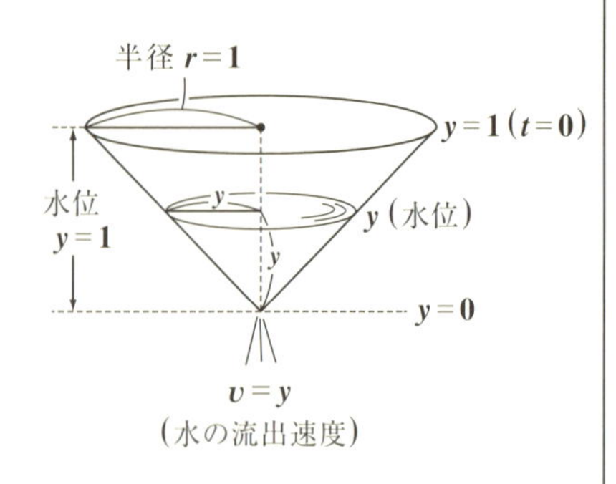
>
>
> 　このとき，時間 t の刻み幅を $\Delta t=10^{-3}$(秒)として，$t=0$ からの水位 y の経時変化の様子を $y=0$ となるまでグラフで示せ。

理論解より，$t=\dfrac{\pi}{2}$ で $y=0$ となることが分かっているので，ここでは，$0\leqq t\leqq 2$，$\Delta\overline{t}=\dfrac{\pi}{8}$ として，$y<0$ となった時点でプログラムを停止・終了することにした。

（目盛り幅については $\Delta\overline{x}$，$\Delta\overline{y}$，$\Delta\overline{t}$ のように"－"(バー)をつけて，微小な Δx，Δy，Δt と区別しているんだね。）

```
10 REM --------------------------
20 REM  水の流出問題2のグラフ
30 REM --------------------------
40 XMAX=2
50 XMIN=-.2#
60 PI=3.14159#:DELX=PI/8
70 YMAX=1.2#
80 YMIN=-.3#
90 DELY=.5#
100 CLS 3
110 DEF FNU(X)=INT(640*(X-XMIN)/(XMAX-XMIN))
120 DEF FNV(Y)=INT(400*(YMAX-Y)/(YMAX-YMIN))
130 DELU=640*DELX/(XMAX-XMIN)
140 DELV=400*DELY/(YMAX-YMIN)
150 N=INT(XMAX/DELX):M=INT(-XMIN/DELX)
```

（40～90行：代入文で各値を代入した。$pi(\pi)=3.14159$ もここで代入した。）
（DELX：目盛り幅 $\Delta\overline{t}$ のこと。）
（DELY：目盛り幅 $\Delta\overline{y}$ のこと。）

```
160 FOR I=-M TO N
170 LINE (FNU(0)+INT(I*DELU),0)-(FNU(0)+INT(I*DELU),
400),,,2
180 NEXT I
190 LINE (FNU(0),0)-(FNU(0),400)
200 N=INT(YMAX/DELY):M=INT(-YMIN/DELY)
210 FOR I=-M TO N
220 LINE (0,FNV(0)-INT(I*DELV))-(640,FNV(0)-INT(I*DE
LV)),,,2
230 NEXT I
240 LINE (0,FNV(0))-(640,FNV(0))
250 A=1:DT=.001
260 Y=1:T=0
270 PSET (FNU(T),FNV(Y))
280 FOR I=1 TO 2000
290 Y=Y-A*DT/PI/Y:T=I*DT
300 IF Y<0 THEN GOTO 330
310 LINE -(FNU(T),FNV(Y))
320 NEXT I
330 STOP:END
```

微小時間は Δt（プログラムではDT），t の目盛り幅は $\Delta\overline{t}$（プログラムではDELX）で表している。区別しよう！

（250行）a と Δt の値の代入

（260行）初期値の代入

（270行）最初の点をポツン

（280〜320行）$i=1, 2, 3, \cdots$ のとき，$t=0.001, 0.002, 0.003, \cdots$ となり，このときの y の値を求めて，次々に線分を引いていくが，300 行で $y<0$ となった時点で，330 行に飛んで，プログラムを停止・終了する。

10〜240 行で，ty 座標系を描く。今回 t の目盛り幅 $\Delta\overline{t}=\dfrac{\pi}{8}$ としているため，$\pi(pi)=3.14159$ の代入文をここに入れている。**250** 行では，a と微小な Δt の値を，また **260** 行では，初期値 $t=0$ と $y=1$ を代入した。**270** 行で，初めの点 $(t, y)=(0, 1)$ をポツリと取って，**280〜320** 行での **FOR〜NEXT** 文で $\mathbf{I}=1, 2, 3, \cdots$ と変化させて，$t=0.001, 0.002, 0.003, \cdots$ のときの y の値を求めて，線分を順次連結して，右のようなグラフを描くことができる。今回，$y<0$ となった時点を終了としているが，$t=\dfrac{\pi}{2}$ で理論解とピタリと一致していることが分かるね。

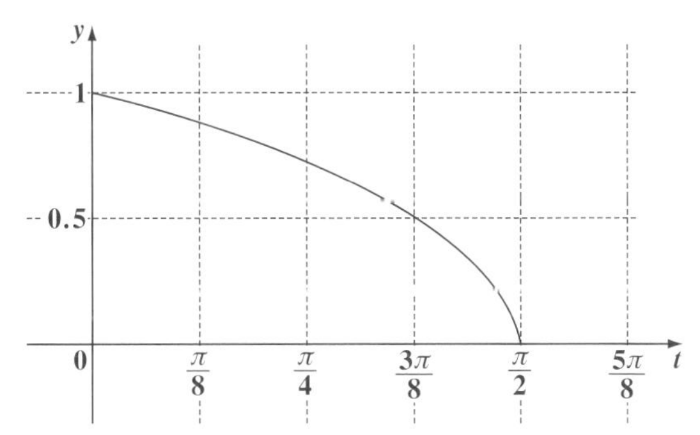

次に，例題 **3** の水位 y の経時変化の様子もグラフ化してみよう。

例題 6　右図に示すように，y 軸と r 軸と原点 **0** をとり，曲線 $r=\sin y\ (0 \leqq y \leqq 1)$ を y 軸のまわりに **1** 回転してできる曲面をもつタンクがあるものとする。このタンクに，時刻 $t=0$（秒）のとき，水位 $y=1$（m）の水が貯水されていた。このタンクの尖端には穴があいており，そこから，$v=y$（m^3/秒）の速度で水が流出していくものとする。このとき，時間の刻み幅を $\Delta t=10^{-4}$（秒）として，$t=0$ からの水位 y の経時変化の様子を $y=0$ となるまでグラフで示せ。

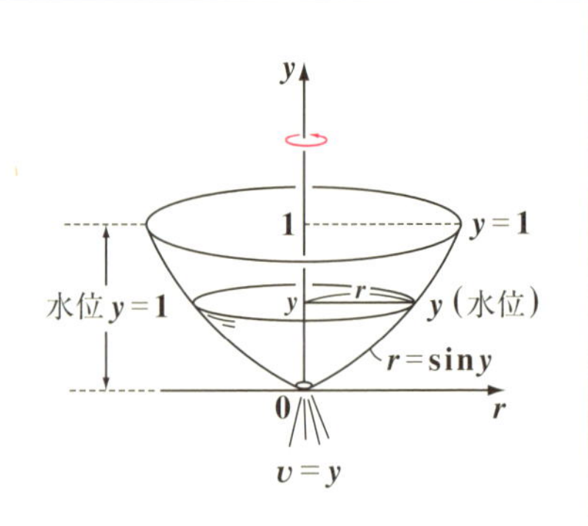

例題 **3** の数値解析で，$y=0$ となる時刻 $t=1.3313$ となることが分かっているので，ここでは，$0 \leqq t \leqq 2$，t の目盛り幅 $\Delta\overline{t}=0.5$ として，$y<0$ となった時点でプログラムを停止・終了する。今回のプログラムを下に示そう。

```
10 REM ――――――――――――――――――――――
20 REM  水の流出問題3のグラフ
30 REM ――――――――――――――――――――――
40 XMAX=2
50 XMIN=-.2#
60 DELX=.5#
70 YMAX=1.2#
80 YMIN=-.3#
90 DELY=.5#
100 CLS 3
110 DEF FNU(X)=INT(640*(X-XMIN)/(XMAX-XMIN))
120 DEF FNV(Y)=INT(400*(YMAX-Y)/(YMAX-YMIN))
130 DELU=640*DELX/(XMAX-XMIN)
140 DELV=400*DELY/(YMAX-YMIN)
150 N=INT(XMAX/DELX):M=INT(-XMIN/DELX)
```

代入文で各値を代入する。（40〜90行）

```
160 FOR I=-M TO N
170 LINE (FNU(0)+INT(I*DELU),0)-(FNU(0)+INT(I*DELU),
400),,,2
180 NEXT I
190 LINE (FNU(0),0)-(FNU(0),400)
200 N=INT(YMAX/DELY):M=INT(-YMIN/DELY)
210 FOR I=-M TO N
220 LINE (0,FNV(0)-INT(I*DELV))-(640,FNV(0)-INT(I*DE
LV)),,,2
230 NEXT I
240 LINE (0,FNV(0))-(640,FNV(0))
250 A=1:DT=.0001:PI=3.14159#
260 Y=1:T=0
270 PSET (FNU(T),FNV(Y))
280 FOR I=1 TO 20000
290 Y=Y-A*Y*DT/PI/(SIN(Y))^2:T=I*DT
300 IF Y<0 THEN GOTO 330
310 LINE -(FNU(T),FNV(Y))
320 NEXT I
330 STOP:END
```

（250行）a, Δt, π の値を代入

（260行）初期値の代入

（280～320行）$i=1, 2, 3, \cdots$ のとき，$t=0.0001, 0.0002, 0.0003, \cdots$ となり，このときの y の値を求めて，次々に線分を引いていくが，**300** 行で $y<0$ となった時点で，**330** 行に飛んで，プログラムを停止・終了する。

10～**240** 行で，ty 座標系を描く。今回は t の目盛り幅 $\Delta\overline{t}=0.5$ とした。**250** 行では，a と微小時間 Δt と $\pi(pi)$ の値を代入し，**260** 行で，$y=1$ と $t=0$ の初期値を代入した。**270** 行で，最初の点 $(t, y)=(0, 1)$ を取って，**280**～**320** 行の **FOR**～**NEXT** 文で，$i=1, 2, 3, \cdots$ と変化させて，$t=0.0001, 0.0002, 0.0003, \cdots$ のときの y の値を求めて，線分を次々に連結して，下図のようなグラフを描くことができる。今回は，$\Delta t=10^{-4}$(s) と非常に緻密に取ったため繰り返し計算の量が大幅に増えたため，画面上ではゆっくりと曲線が描かれることになる。

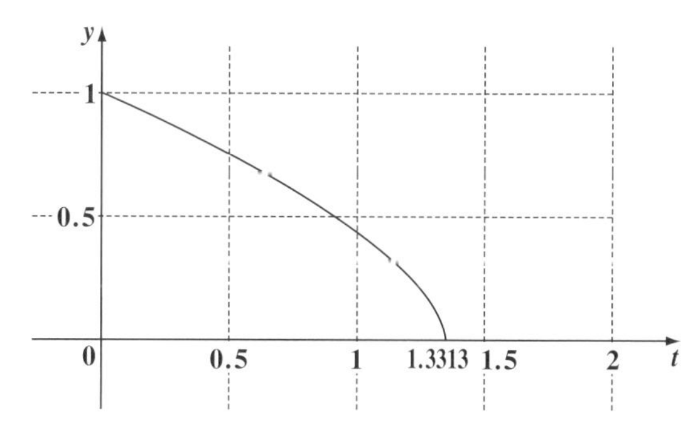

その結果，$t=1.3313$ で $y=0$ となることになったんだね。これでグラフを描く面白さが分かったでしょう？

● 陽関数のグラフを描いてみよう！

では，これから，xy 平面上に描くグラフの一般論として，陽関数 $y=f(x)$ のグラフ，媒介変数表示された関数のグラフ $x=f(t)$，$y=g(t)$，そして，陰関数 $f(x, y)=0$ のグラフの作り方について，順に解説していこう。

ここでは，まず，最も一般的な陽関数 $y=f(x)$ のグラフの描き方を，次の例題で具体的に解説しよう。

> 例題 7　次の関数のグラフを xy 平面上に図示せよ。
>
> (1) $y=\dfrac{\sin x}{x^2+1}$　　$(-8 \leqq x \leqq 8)$
>
> (2) $y=(x^2-1)\cdot e^{-\frac{x}{2}}$　　$(-2 \leqq x \leqq 8)$

(1) $y=f(x)=\dfrac{\sin x}{x^2+1}$　$(-8 \leqq x \leqq 8)$ のグラフを次のプログラムにより，描いてみよう。ただし，xy 座標系を描く 100～240 行については，これまでに解説した例題 6 (P36, 37) のプログラムと全く同じなので，ここでは割愛して，今回のプログラムを下に示す。

```
10 REM ―――――――――――――――――
20 REM  陽関数のグラフ1
30 REM ―――――――――――――――――
35 DEF FNF(X)=SIN(X)/(X^2+1)    ← 関数 FNF(X) を定義する。
40 XMAX=10   ┐
50 XMIN=-10  ┘ ← 定義域を -8≦x≦8 より，大き目にとった。
60 DELX=2
70 YMAX=.6#
80 YMIN=-.6#
90 DELY=.2#

100～
  240 行  ← 例題 6 (P36, 37) のプログラムと同じ。
           (これで，x 軸，y 軸と各目盛りの点を通る破線を引く。)
```

```
250 DX=(XMAX-XMIN)/200
260 FOR I=0 TO 199
270 X1=XMIN+I*DX:Y1=FNF(X1):X2=XMIN+(I+1)*DX:Y2=FNF
(X2)
280 LINE (FNU(X1),FNV(Y1))-(FNU(X2),FNV(Y2))
290 NEXT I
```

35 行で，関数 $f(x)$ を **FNF(X)** として定義した。**40** 行と **50** 行で定義域を $-10 \leqq x \leqq 10$ として，$-8 \leqq x \leqq 8$ より少し大き目にとった。**100**～**240** 行で，xy 座標系を作成する。**250** 行で，定義域の幅 $X_{Max}-X_{min}$ を **200** 等分して，これを微小な $\Delta x(=DX)$ とおき，$y=f(x)$ のグラフを **200** 本の小さな線分を連結して表すことにする。これを実行するのが，**260**～**290** 行の **FOR**～**NEXT** 文で，具体的には，

・$I=0$ のとき，$X_1=X_{min}$，$Y_1=FNF(X_1)$，$X_2=X_{min}+DX$，
　$Y_2=FNF(X_2)$ として，**280** 行で，線分 $(X_1,\ Y_1)-(X_2,\ Y_2)$ を引く。

・$I=1$ のとき，$X_1=X_{min}+DX$，$Y_1=FNF(X_1)$，$X_2=X_{min}+2\cdot DX$，
　$Y_2=FNF(X_2)$ として，**280** 行で，線分 $(X_1,\ Y_1)-(X_2,\ Y_2)$ を引く。……

以下，この要領で，**200** 本の線分を連結して，グラフを完成させる。

それでは，$y=f(x)=\dfrac{\sin x}{x^2+1}$ $(-8 \leqq x \leqq 8)$ のグラフの出力結果を右図に示す。

$y=f(x)$ は奇関数なので，原点 **0** に関して，点対称なグラフが，このようにキレイに描けるんだね。

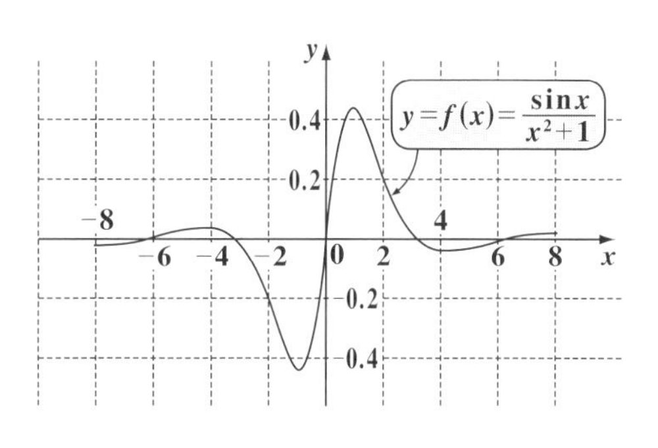

(2) $y=f(x)=(x^2-1)\cdot e^{-\frac{x}{2}}$　$(-2 \leqq x \leqq 8)$ とおいて，このグラフをプログラムにより，描いてみよう。今回も，xy 座標系を描かせる **100**～**240** 行は，例題 **6** のものと同じなので，次に示すプログラムでも省略した。

```
10 REM ────────────────
20 REM  陽関数のグラフ2
30 REM ────────────────
35 DEF FNF(X)=(X^2-1)*EXP(-X/2)  ←(関数 FNF(X)を定義する。)
40 XMAX=10  ┐
50 XMIN=-4  ┘←(定義域を −2≦x≦8 より，大き目にとった。)
60 DELX=2
70 YMAX=8
80 YMIN=-2
90 DELY=2
100～
  240行  ←(例題6(P36，37)のプログラムと同じ。)
250 DX=(XMAX-XMIN)/200
260 FOR I=0 TO 199
270 X1=XMIN+I*DX:Y1=FNF(X1):X2=XMIN+(I+1)*DX:Y2=FNF(X2)
280 LINE (FNU(X1),FNV(Y1))-(FNU(X2),FNV(Y2))
290 NEXT I
```

35行で，関数 $f(x)=(x^2-1)\cdot e^{-\frac{x}{2}}$ を**FNF(X)**として定義した。**40**行，**50**行で定義域を $-4\leqq x\leqq 10$ として，$-2\leqq x\leqq 8$ より少し大き目にとった。**100**～**240**行は，**(1)**と同様に省略した。**250**行で，この定義域を**200**等分したものを**DX**とおいて，$y=f(x)$ のグラフを**200**本の線分を連結して表す。これを実行するのが，**260**～**290**行の**FOR**～**NEXT**文で，**280**行の**LINE**文で，短い線分を順次引いて，$y=f(x)=(x^2-1)\cdot e^{-\frac{x}{2}}$ $(-2\leqq x\leqq 8)$ のグラフを右図のように描くことができるんだね。面白かったでしょう。

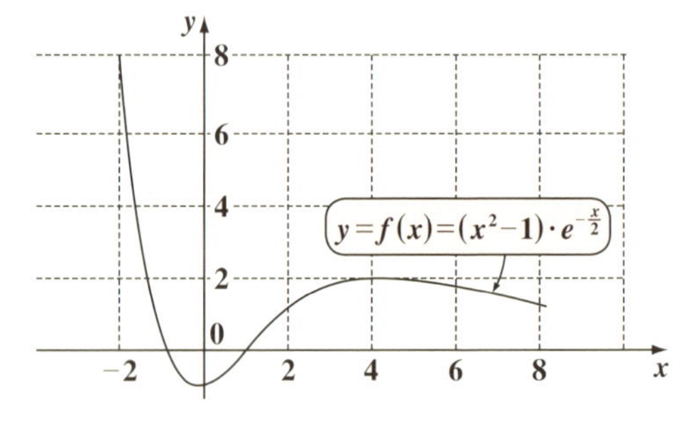

● 媒介変数表示の関数のグラフも描いてみよう！

それでは次，媒介変数 t で表示された関数 $\begin{cases} x=f(t) \\ y=g(t) \end{cases}$ のグラフの描き方について，次の例題を使って具体的に解説しよう。

> 例題 8　次の媒介変数 t で表された関数を xy 平面上に図示せよ。
>
> (1) $\begin{cases} x=t\cos t \\ y=t\sin t \end{cases}$ $(t \geqq 0)$　　(2) $\begin{cases} x=\sin 6t\cdot\cos t \\ y=\sin 6t\cdot\sin t \end{cases}$ $(0 \leqq t \leqq 2\pi)$

(1) $\begin{cases} x=f(t)=t\cos t \\ y=g(t)=t\sin t \end{cases}$ ……① $(t \geqq 0)$ はアルキメデスの渦線と呼ばれるスパイラル曲線だ。これを次のプログラムにより描いみよう。ただし，xy 座標系を描く **100**～**240** 行については，例題 **6** のものと全く同じなので，前問同様に省略した。

```
10 REM -----------------------------
20 REM 媒介変数表示された関数のグラフ!
30 REM -----------------------------
35 DEF FNF(T)=T*COS(T)    ← アルキメデスの渦線の定義
36 DEF FNG(T)=T*SIN(T)
40 XMAX=25
50 XMIN=-25
60 DELX=5
70 YMAX=15
80 YMIN=-15
90 DELY=5

100～240 行 ← 例題 6(P36, 37)のプログラムと同じ。

250 T=0:DT=.1#
260 FOR I=0 TO 300
265 T=T+DT
270 X1=FNF(T):Y1=FNG(T):X2=FNF(T+DT):Y2=FNG(T+DT)
280 LINE (FNU(X1),FNV(Y1))-(FNU(X2),FNV(Y2))
290 NEXT I
```

35行と36行で，関数$f(t)=t\cos t$と$g(t)=t\sin t$をそれぞれFNF(T)，FNG(T)として定義した。XとYの範囲は，$-25 \leqq X \leqq 25$，$-15 \leqq Y \leqq 15$として大き目にとって，この曲線を描くことにした。100～240行は，xy座標系を作るプログラムで，これはP36，37を参照すればいい。250行で変数tの初期値$t=0$を代入し，tの刻み幅である微小なΔtは，$\Delta t=0.1$と比較的粗くとった。なぜなら，このスパイラル曲線の曲率は小さく緩やかな曲線となるからなんだね。260～290行のFOR～NEXT文で，I＝0，1，2，…，300と変化させて，T＝0，0.1，0.2，…，30とし，

10π＝5×2πより，約5周分の曲線を描く。今回のグラフで描ききれていないけれど，コンピュータの中では計算している。

270行で300本の線分を連結して，この曲線を描かせた。このプログラムの出力結果を右図に示す。

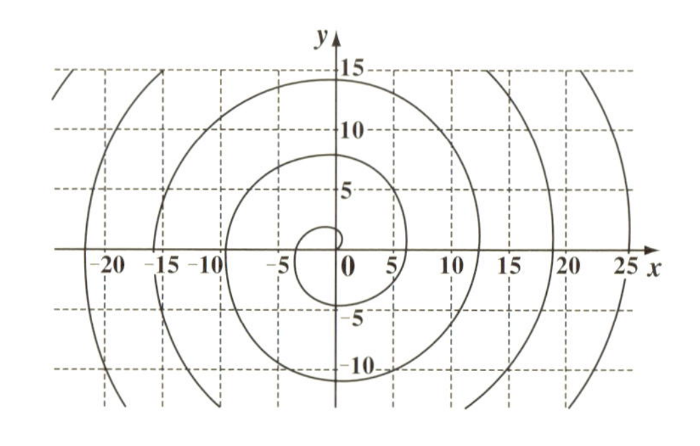

この曲線①は，

$$\begin{cases} f(t)=\underset{r}{t}\cdot\cos t \\ g(t)=\underset{r}{t}\cdot\sin t \end{cases}$$ より，

媒介変数表示された円の半径に相当するrが，tと共に増加していくので，右上図のようなスパイラル(渦線)を描くことになるんだね。

(2) $\begin{cases} x=f(t)=\underset{r}{\sin 6t}\cdot\cos t \\ y=g(t)=\underset{r}{\sin 6t}\cdot\sin t \end{cases}$ ……② $(0 \leqq t \leqq 2\pi)$ の曲線も，円の半径に相当するrが，$r=\sin 6t$であるため，tが，$0 \leqq t \leqq 2\pi$の範囲で変化するとき，12枚の花びらのような曲線が描かれることになるんだね。

この曲線を描くプログラムも，100～240行(xy座標系を描く箇所)は省略して，次に示そう。

```
10 REM ---------------------------------
20 REM  媒介変数表示された関数のグラフ2
30 REM ---------------------------------
35 DEF FNF(T)=SIN(6*T)*COS(T)
36 DEF FNG(T)=SIN(6*T)*SIN(T)
40 XMAX=1.5#
50 XMIN=-1.5#
60 DELX=.5#
70 YMAX=1
80 YMIN=-1
90 DELY=.5#
```

100～240 行 ←（例題 **6**（**P36, 37**）のプログラムと同じ。）

```
250 T=0:DT=.02
260 FOR I=0 TO 350
265 T=T+DT
270 X1=FNF(T):Y1=FNG(T):X2=FNF(T+DT):Y2=FNG(T+DT)
280 LINE (FNU(X1),FNV(Y1))-(FNU(X2),FNV(Y2))
290 NEXT I
```

35 行と **36** 行で，関数 $f(t)=\sin 6t\cos t$ と $g(t)=\sin 6t\sin t$ をそれぞれ **FNF(T)** と **FNG(T)** として定義した。**X** と **Y** の範囲は，$-1.5 \leqq X \leqq 1.5$，$-1 \leqq Y \leqq 1$ とした。**100～240** 行の xy 座標系を作るプログラムは省略した。**250** 行で，t の初期値 $t=0$ と t の刻み幅である微小な $\Delta t=0.02$ を代入する。ここで，花びらの先端部の曲率が大きく急な曲線を描くので，Δt は小さくとった。$I=0$, $1, 2, \cdots, 350$ として，**T** は **0** から $7\,(>2\pi)$ の値をとる。このプログラムの出力結果を右図に示すと，キレイに **12** 枚の花びらの曲線が描かれるんだね。面白かった？

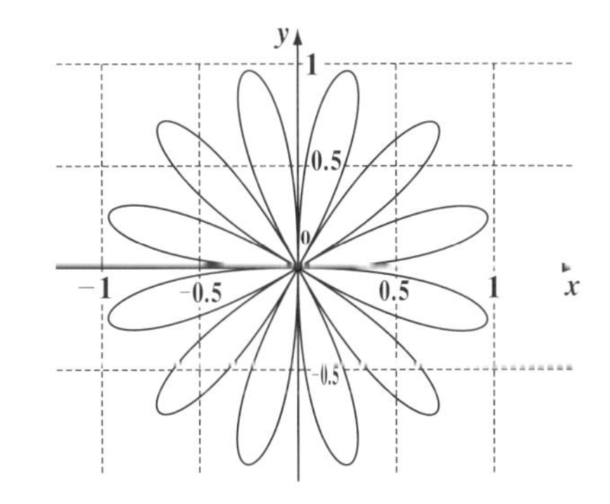

● 陰関数のグラフも描いてみよう！

一般に x と y の関係式が入り組んでいて，$y=f(x)$（陽関数）の形では表せず，$f(x,\ y)=0$ の形でしか表せない関数を陰関数という。たとえば，「$f(x,\ y)=x^3+y^3-3xy=0$ ……① のグラフを描け」と言われても，どうしていいか分からない方が多いと思う。この①は，デカルトの正葉線と呼ばれる曲線で，数学に詳しい方なら，そのグラフもご存知かもしれない。しかし，さらに，$x^3+y^3-3xy=0$ のグラフを描けと言われたら，もうこのグラフが分かる人はほぼ皆無だと思う。

このように，いくらでも複雑な陰関数は存在するわけで，微分法などを使って，そのグラフを手計算で描くことは非常に難しい。しかし，コンピュータの膨大な処理能力を利用すれば，これらのグラフも簡単なプログラムで描くことができるんだね。次の例題を使って，具体的なプログラムによる解法を示そう。

例題 9　次の陰関数のグラフを xy 平面上に描け。

(1) $x^3+y^3-3xy=0$ …………①　$(-3\leqq x\leqq 3,\ -2\leqq y\leqq 2)$

(2) $x^3+y^3-3\sin xy=0$ ……②　$(-4\leqq x\leqq 4,\ -3\leqq y\leqq 3)$

(3) $x^5+y^3-3xy^2=0$ ………③　$(-3\leqq x\leqq 3,\ -5\leqq y\leqq 5)$

(1) $f(x,\ y)=x^3+y^3-3xy=0$ ……① $(-3\leqq x\leqq 3,\ -2\leqq y\leqq 2)$ とおく。

ここで，2変数関数 $f(x,\ y)=x^3+y^3-3xy$ の x と y にある点の座標 $(x_1,\ y_1)$ を代入すると，$f(x_1,\ y_1)$ は正(⊕)か，0か，負(⊖)の値のいずれかをとる。たとえば，$f(x_1,\ y_1)=3\ (>0)$ のとき，これを標高 3(m) と考え，$f(x_1,\ y_1)=-5\ (>0)$ のときは水深 -5(m) と考えると，①の曲線は，$f(x,\ y)=0$ だから，海岸線，つまり海抜 0(m) であることが分かる。BASIC の画面上の uv 平面で考えると，図8に示すように，$0\leqq u\leqq 640$，$0\leqq v\leqq 400$ であり，この全画素数は約26万ピクセル（$\fallingdotseq 641\times 401$）であり，この1つ1つの画素 $(u_1,\ v_1)$ に対応して，$(X_1,\ Y_1)$ が求まり，これらを $f(x,\ y)$ に代入すると，たまたま0になることはめったにないので，これは正(⊕)か

図8

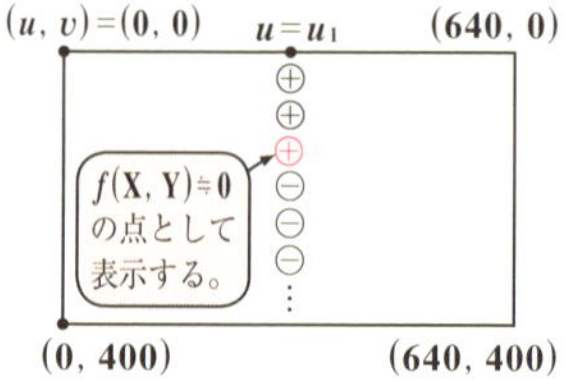

$(u,\ v)=(0,\ 0)$　$u=u_1$　$(640,\ 0)$

$f(X,\ Y)\fallingdotseq 0$ の点として表示する。

$(0,\ 400)$　$(640,\ 400)$

負(⊖)の値をとるはずだね。図8では，$u = u_1$ に固定して，$v = 0, 1, 2, \cdots, 400$ と動かしていったときの $f(x, y)$ の値の正負を示している。そして，これが正から負に転じる，つまり陸から海に変わるときが，ほぼ $f(x, y) \fallingdotseq 0$ (海岸)となる点を表している。負から正に転じるときも同様に，ほぼ $f(x, y) \fallingdotseq 0$ となる点だね。各画素 (u, v) は離散的なので，完全に $f(x, y) = 0$ となる点を特定できないが，グラフを描く上では，これで十分なんだね。

したがって，これまで，$(X, Y) \to (u, v)$ への変換公式：

$fnu(X) = \dfrac{640(X - X_{min})}{X_{Max} - X_{min}}$ と，$fnv(Y) = \dfrac{400(Y_{Max} - Y)}{Y_{Max} - Y_{min}}$ のみを利用

してきたけれど，今回は逆に，$(u, v) \to (X_1, Y_1)$ への変換公式(P26)：

$fnX(u) = \dfrac{(X_{Max} - X_{min}) \cdot u}{640} + X_{min}$ と，$fnY(v) = Y_{Max} - \dfrac{(Y_{Max} - Y_{min})v}{400}$ も

利用する。

$u = 0, 1, 2, \cdots, u_1, \cdots, 640$, $v = 0, 1, 2, \cdots, v_1, v_1 + 1, \cdots, 400$ に対して，まず，

(ⅰ) $u = u_1$ に固定して，$X_1 = fnX(u_1)$ から，X_1 を求める。

(ⅱ) $v = v_1, v_1 + 1$ のときの Y 座標をそれぞれ，

$Y_1 = fnY(v_1)$, $Y_2 = fnY(v_1 + 1)$ とする。

(ⅲ) $f(X_1, Y_1)$ と $f(X_1, Y_2)$ の積 $f(X_1, Y_1) \times f(X_1, Y_2)$ について，

・$f(X_1, Y_1) \times f(X_1, Y_2) > 0$ のとき，これは無視する。
(⊕×⊕または⊖×⊖)

・$f(X_1, Y_1) \times f(X_1, Y_2) < 0$ のとき，点 (X_1, Y_1)，すなわち，これに
(⊕×⊖または⊖×⊕)

対応する (u_1, v_1) を海岸線の点として表示する。

以上のアルゴリズムにより，曲線 $f(x, y) = 0$ のグラフが XY 平面(uv 平面)上に点(画素)の集合体(今回は点と点とを線分で結んでいない)として表示できる。(ⅰ)(ⅱ)(ⅲ)の操作は，$u = 0, 1, 2, \cdots, 640$, $v = 0, 1, 2, \cdots, 399$ のすべて，つまり $641 \times 400 = 256400$ 回も行うことになる。手計算ではとても無理だけれど，コンピュータの計算を利用すれば，数秒から数十秒程度で結果を得ることができるんだね。それでは，今回のプログラムと，まず(1)のデカルトの正葉曲線のグラフを示そう。

```
10 REM ---------------------
20 REM  陰関数のグラフ1
30 REM ---------------------
35 DEF FNF(X,Y)=X^3+Y^3-3*X*Y
40 XMAX=4
50 XMIN=-4
60 DELX=1
70 YMAX=2
80 YMIN=-3
90 DELY=1
100 CLS 3
105 DEF FNX(U)=U*(XMAX-XMIN)/640+XMIN
106 DEF FNY(V)=YMAX-V*(YMAX-YMIN)/400
110 DEF FNU(X)=INT(640*(X-XMIN)/(XMAX-XMIN))
120 DEF FNV(Y)=INT(400*(YMAX-Y)/(YMAX-YMIN))
130 DELU=640*DELX/(XMAX-XMIN)
140 DELV=400*DELY/(YMAX-YMIN)
150 N=INT(XMAX/DELX):M=INT(-XMIN/DELX)
160 FOR I=-M TO N
170 LINE (FNU(0)+INT(I*DELU),0)-(FNU(0)+INT(I*DELU),
400),,,2
180 NEXT I
190 LINE (FNU(0),0)-(FNU(0),400)
200 N=INT(YMAX/DELY):M=INT(-YMIN/DELY)
210 FOR I=-M TO N
220 LINE (0,FNV(0)-INT(I*DELV))-(640,FNV(0)-INT(I*DE
LV)),,,2
230 NEXT I
240 LINE (0,FNV(0))-(640,FNV(0))
250 FOR U=0 TO 640
260 FOR V=0 TO 399
265 X=FNX(U):Y1=FNY(V):Y2=FNY(V+1)
270 IF FNF(X,Y1)*FNF(X,Y2)<=0 THEN PSET (U,V)
280 NEXT V
290 NEXT U
```

（40〜90行）$X_{Max}=4$，$X_{min}=-4$，$\Delta\overline{X}=1$，$Y_{Max}=2$，$Y_{min}=-3$，$\Delta\overline{Y}=1$ を代入。

（105〜106行）$(u, v)\to[X, Y]$へ変換

（110〜120行）$[X, Y]\to(u, v)$へ変換

（130〜240行）xy座標系の作成

（250〜290行）陰関数のグラフを描く。

35 行で，関数 $f(x,\ y)=x^3+y^3-3xy$ を定義した。**40**〜**90** 行で，**X** と **Y** の範囲を，$-4 \leqq X \leqq 4$，$-3 \leqq Y \leqq 2$ として，それぞれの目盛り幅を，$\Delta\overline{X}=1$，$\Delta\overline{Y}=1$ とした。**105**，**106** 行では，$(u,\ v) \to (X,\ Y)$ への変換式を定義した。**110**，**120** 行では，$(X,\ Y) \to (u,\ v)$ への変換式を定義した。**130**〜**240** 行で，xy 座標系を作成する。**250**〜**290** 行は **2** つの **FOR**〜**NEXT** 文が次のような入れ子構造になっている。

250 FOR U=0 TO 640

260 FOR V=0 TO 399

265 $u \to X$，$v \to Y_1$，$v+1 \to Y_2$ への変換

270 $FNF(X,\ Y_1) \times FNF(X,\ Y_2) \leqq 0$ のときのみ，
点 $(u,\ v)$ を uv 平面 (**XY** 平面) 上に表示する。

280 NEXT V

290 NEXT U

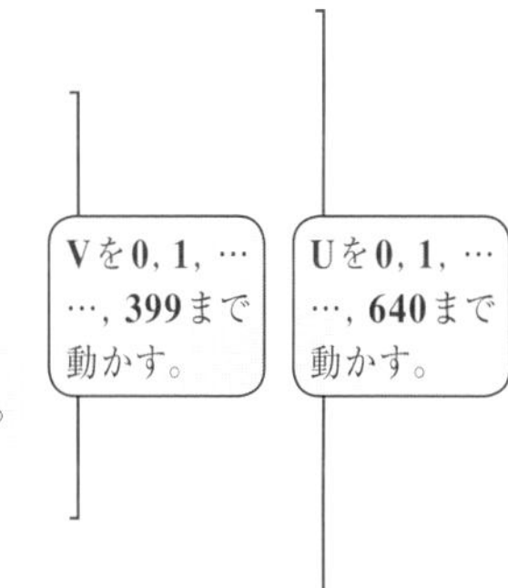

それでは，このプログラムを実行した結果得られるデカルトの正葉曲線のグラフを右図に示す。

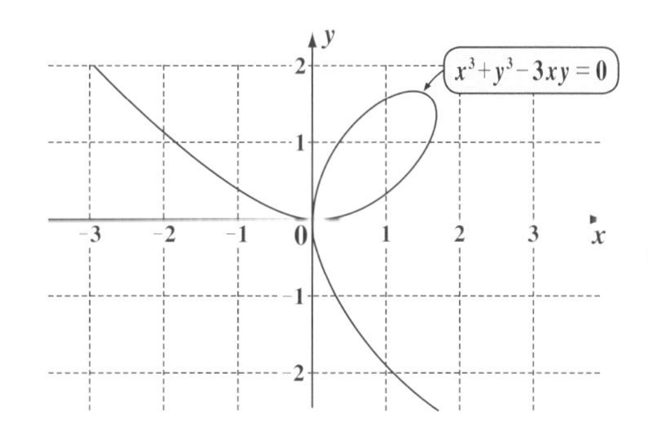

このプログラムでは，y 軸 (v 軸) 方向にスキャンして，$f(x,\ y) \fallingdotseq 0$ となる点を表示しているため，曲線で y 軸と平行な箇所は，点が少なくグラフが薄くなる傾向があるんだね。これを解決したければ，さらに x 軸 (u 軸) 方向にもスキャンして，$f(x,\ y) \fallingdotseq 0$ となる点を表示させればいいんだね。繰り返し計算の回数は倍近くになるんだけれど，コンピュータにやらせれば苦もなく計算して出力してくれるはずだ。各自この追加プログラムを加えて確認されることを勧める。

それでは，同様に，(**2**)，(**3**) の問題のグラフも描いてみよう。

(2) $f(x, y) = x^3 + y^3 - 3\sin xy = 0$ ……② $(-4 \leqq x \leqq 4,\ -3 \leqq y \leqq 3)$ とおく。35行で，この関数 $f(x, y)$ を定義した。40〜90行で，X と Y の範囲を，$-5 \leqq X \leqq 5$，$-4 \leqq Y \leqq 4$ として，それぞれの目盛り幅を $\Delta\overline{X} = 1$，$\Delta\overline{Y} = 1$ とおいた。100〜290行までは，すべて前問(1)(P46)で示したプログラムと同じだね。

```
10 REM ────────────────
20 REM  陰関数のグラフ2
30 REM ────────────────
35 DEF FNF(X,Y)=X^3+Y^3-3*SIN(X*Y)
40 XMAX=5
50 XMIN=-5
60 DELX=1
70 YMAX=4
80 YMIN=-4
90 DELY=1
```

← $X_{Max} = 5$，$X_{min} = -5$，$\Delta\overline{X} = 1$，$Y_{Max} = 4$，$Y_{min} = -4$，$\Delta\overline{Y} = 1$ の代入。

100〜290行 ← 例題 9(1)(P46) のプログラムと同じ。

このプログラムを実行した結果得られた曲線のグラフを右図に示す。各点は線分で連結されていないので，y 軸と平行な部分は薄くなっているが，キレイにグラフが描けていることが分かるはずだ。

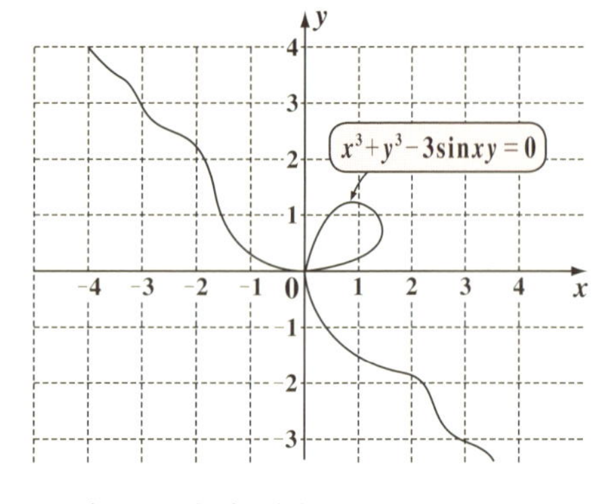

陰関数のグラフのプログラムでは今回もしたように，初めの35〜90行のみを変更すればいいだけだから非常に便利なんだね。したがって，たとえば，例題7(1)の陽関数 $y = \dfrac{\sin x}{x^2+1}$ も，$f(x, y) = y - \dfrac{\sin x}{x^2+1} = 0$ として陰関数のグラフとして描いても構わないんだね。面白いでしょう？

(3) $f(x,\ y) = x^5 + y^3 - 3xy^2 = 0$ ……③ $(-3 \leqq x \leqq 3,\ -5 \leqq y \leqq 5)$ とおく。

35行で，この関数 $f(x,\ y)$ を定義した。40～90行で，XとYの範囲を，$-5 \leqq X \leqq 5$，$-5 \leqq Y \leqq 5$ として，それぞれの目盛り幅を $\varDelta\overline{X} = 1$，$\varDelta\overline{Y} = 1$ とおいた。100～290行は，すべて例題9(1)(P46)で示したプログラムとまったく同じなので省略した。

```
10 REM --------------------
20 REM  陰関数のグラフ3
30 REM --------------------
35 DEF FNF(X,Y)=X^5+Y^3-3*X*Y^2
40 XMAX=5
50 XMIN=-5
60 DELX=1
70 YMAX=5
80 YMIN=-5
90 DELY=1
```

（40～90行：$X_{Max} = 5$，$X_{min} = -5$，$\varDelta\overline{X} = 1$，$Y_{Max} = 5$，$Y_{min} = -5$，$\varDelta\overline{Y} = 1$ の代入。）

100～290行 ←（例題9(1)(P46)のプログラムと同じ。）

このプログラムを実行して，得られた結果の曲線のグラフを右図に示す。このように，どのようなグラフになるか見当もつかなかったものが，コンピュータによれば容易に描けるようになるんだね。

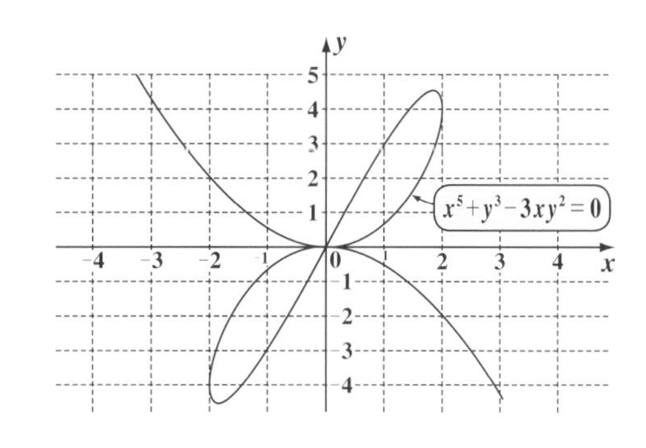

以上で，本格的な数値解析の解説に入る前のプロローグの講義は終了です。これで，基本的なアルゴリズムとBASICプログラミングを修得できるので，数値解析に慣れてない方は，よく復習して，次回以降の講義に臨んで下さい。

講義1 ● 数値解析のプロローグ　公式エッセンス

1. 水の流出問題

数値解析のアルゴリズム

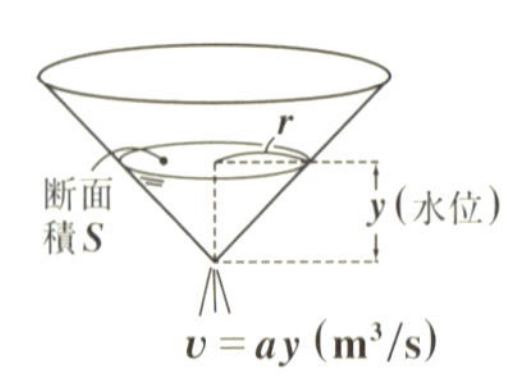

(i) まず，時刻 t における水位を y とする。

(ii) 時刻 t から $t+\Delta t$ 秒の間，y は一定として，水の流出速度 v を $v=ay$ (a：定数)により求める。

(iii) その結果，水位は，$\Delta y=\dfrac{v\cdot\Delta t}{S}=\dfrac{ay}{\pi r^2}\Delta t$ (m) だけ下がる。

(iv) 時刻 $t+\Delta t$ における水位 y を新たに $y-\Delta y$ として，(i)に戻る。

BASICプログラムでは，(i)～(iv)を次式で表す。

```
Y = Y-A*Y*DT/S
```

(新水位)(旧水位)

2. XY座標系の設定

BASICの画面上の uv 座標系 ($0\leqq u\leqq 640$，$0\leqq v\leqq 400$) と，この上に設定するXY座標系 ($X_{min}\leqq X\leqq X_{Max}$，$Y_{min}\leqq Y\leqq Y_{Max}$) の間の変換公式：$(u,\ v)\rightleftarrows(X,\ Y)$ を使って，X軸，Y軸とそれぞれの目盛を通る破線を描く。

3. 数値解析結果のグラフの作成

2で作成したXY座標系に，数値解析結果を，PSET文とLINE文を利用して，複数の折れ線でグラフの曲線を描く。

4. 一般の関数のグラフ

(i) 陽関数：$y=f(x)$ の場合，関数 $f(x)$ をFNF(X)と定義して，これをXY座標平面上に，LINE文を使ってグラフとして表す。

(ii) 媒介変数表示された関数：$x=f(t)$，$y=g(t)$ の場合，関数 $f(t)$ と $g(t)$ をFNF(T)とFNG(T)で定義して，XY平面上にグラフを表示する。

(iii) 陰関数：$f(x,\ y)=0$ の場合，関数 $f(x,\ y)$ をFNF(X, Y)と定義して，これがほぼ0となる点を検出して表示させて，グラフを作る。

連結タンクと1次元熱伝導方程式

▶ 連結タンクの水の移動

$$\left(\begin{array}{l}\begin{cases}\mathrm{Y1=Y1-A*(Y1-Y2)*DT/R1\hat{\ }2}\\ \mathrm{Y2=Y2+A*(Y1-Y2)*DT/R2\hat{\ }2}\end{cases}\\ \mathrm{Y(I)=Y(I)+A*(Y(I+1)+Y(I-1)-2Y(I))*DT/S}\end{array}\right)$$

▶ 1次元熱伝導方程式（1次元拡散方程式）

$$\left(\begin{array}{l}\dfrac{\partial y}{\partial t}=\alpha\dfrac{\partial^2 y}{\partial x^2}\\ y_i=y_i+\alpha(y_{i+1}+y_{i-1}-2y_i)\cdot\Delta t/(\Delta x)^2\end{array}\right)$$

§1. 連結タンクと水の移動の問題

ではこれから，本格的な数値解析の解説に入ろう。前回のプロローグでは，単一のタンクの水の流出問題について，その水位のグラフの作成の仕方も含めて，詳しく解説した。今回は，この応用として，まず**2**つのタンクを連結したときの，水の移動とそれぞれの水位の変化について，数値解析プログラムで調べてみよう。

次に，この連結タンクの数を**3**個，**4**個，…，n個と増やしていったときの各タンクの水位の変化の様子を調べよう。この**BASIC**プログラムを作る際に**配列**(はいれつ)が役に立つことになる。これについても詳しく解説しよう。

そして，次節の話になるけれど，この多数の連結タンクの水の移動の問題が，実は**1**次元の熱伝導方程式(拡散方程式)：$\frac{\partial y}{\partial t}=\alpha\frac{\partial^2 y}{\partial x^2}$と密接に関係することも教えよう。

どう？だんだん本格的な数値解析の講義になっていくことが分かるでしょう？それでは早速講義を始めよう！

● 2つの連結タンクの水の移動を調べよう！

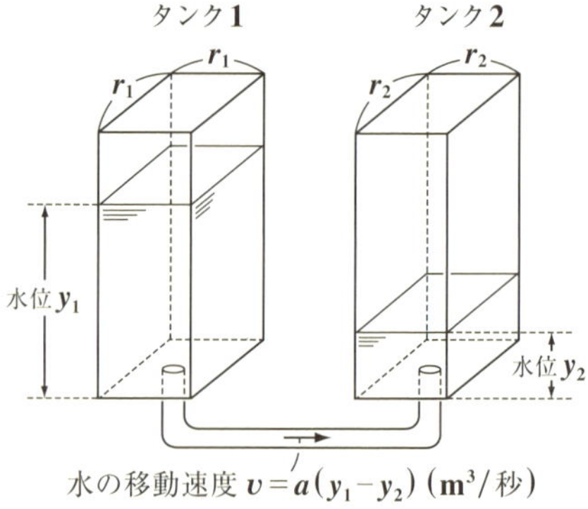

図**1**に示すように，**1**辺の長さがr_1とr_2の正方形の断面をもつ**2**つのタンクに水を溜め，これらの底を通して細いパイプで連結して，水が速度v(m^3/秒)で移動するものとする。この速度vは**2**つのタンクの水位差(y_1-y_2)に比例して，

$v=a(y_1-y_2)$ (m^3/秒)

で移動するものとする。このとき，

図1 2つの連結タンクの水の移動問題

タンク1　タンク2
r_1　r_2
水位y_1　水位y_2
水の移動速度$v=a(y_1-y_2)$ (m^3/秒)

$\begin{cases} \cdot\text{水位差}(y_1-y_2)\text{は，そのときの水の移動速度}v\text{で決まり，} \\ \cdot\text{水の移動速度}v\text{は，そのときの水位差}(y_1-y_2)\text{によって決まる} \end{cases}$

ことになって，これも，ニワトリが先か，卵が先か，のような堂々めぐりの議論になってしまう。よって，次のような計算手順(アルゴリズム)で解くことにする。

(i) まず，時刻 t における2つのタンク1，2の水位をそれぞれ y_1，y_2 とする。

(ii) 時刻 t から $t+\Delta t$ 秒の間の微小な Δt 秒間は，これら y_1 と y_2 は一定，すなわち，y_1-y_2 も一定として，水の移動速度 v を $v=a(y_1-y_2)$ (a：正の定数)により計算する。

- $y_1>y_2$ のとき，水はタンク1からタンク2に移動する。
- $y_1<y_2$ のとき，水はタンク2からタンク1に移動する。

(iii) その結果，タンク1の水位 y_1 は $\Delta y_1=\dfrac{v\cdot\Delta t}{S_1}=\dfrac{a(y_1-y_2)\cdot\Delta t}{r_1^2}$ (m)だけ減少し，タンク2の水位 y_2 は $\Delta y_2=\dfrac{v\cdot\Delta t}{S_2}=\dfrac{a(y_1-y_2)\cdot\Delta t}{r_2^2}$ (m)だけ増加する。(これは，$y_1>y_2$ を前提条件としている。もし，$y_1<y_2$ ならば，この2つのタンクの増・減は逆になる。)

(iv) 時刻 $t+\Delta t$ における水位 y_1 と y_2 をそれぞれ $y_1-\Delta y_1$，$y_2+\Delta y_2$ に置き換えて更新し，(i)に戻る。

では，次の例題で早速この連結タンクの水の移動問題を解いてみよう。

例題10 右図に示すように，断面積が $r_1^2=1^2$ (m²)，$r_2^2=1^2$ (m²)の2つのタンク1，2があり，時刻 $t=0$ (秒)のとき，それぞれの水位が $y_1=18$ (m)，$y_2=2$ (m)となるように水が貯水されていた。この2つのタンクの底には小さな穴があり，これらは細いパイプで連結されて，

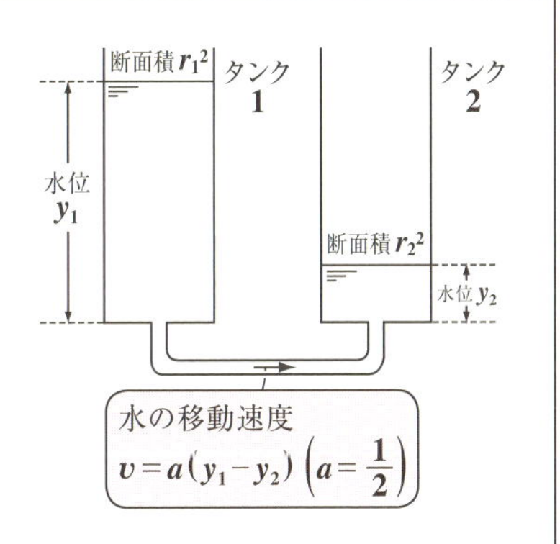

水が $v=\dfrac{1}{2}(y_1-y_2)$ (m³/秒)の速度で，タンク1からタンク2に移動するものとする。このとき，$0\leqq t\leqq 8$ の範囲における2つのタンクの水位 y_1 と y_2 の経時変化を数値解析により計算して，グラフで示せ。

それでは，$0 \leqq t \leqq 8$ において，**2** つのタンク **1**，**2** のそれぞれの水位 y_1 と y_2 の経時変化をグラフで表すプログラムを次に示す。**10** ～ **240** 行までは，グラフの座標系を作成する目慣れたプログラムであることが分かるはずだ。

```
10 REM ------------------------------
20 REM  2つのタンクの水位のグラフ1
30 REM ------------------------------
40 TMAX=8
50 TMIN=-1
60 DELT=1
70 YMAX=20
80 YMIN=-2
90 DELY=2
100 CLS 3
110 DEF FNU(T)=INT(640*(T-TMIN)/(TMAX-TMIN))
120 DEF FNV(Y)=INT(400*(YMAX-Y)/(YMAX-YMIN))
130 DELU=640*DELT/(TMAX-TMIN)
140 DELV=400*DELY/(YMAX-YMIN)
150 N=INT(TMAX/DELT):M=INT(-TMIN/DELT)
160 FOR I=-M TO N
170 LINE (FNU(0)+INT(I*DELU),0)-(FNU(0)+INT(I*DELU),
400),,,2
180 NEXT I
190 LINE (FNU(0),0)-(FNU(0),400)
200 N=INT(YMAX/DELY):M=INT(-YMIN/DELY)
210 FOR I=-M TO N
220 LINE (0,FNV(0)-INT(I*DELV))-(640,FNV(0)-INT(I*DE
LV)),,,2
230 NEXT I
240 LINE (0,FNV(0))-(640,FNV(0))
250 A=.5#:R1=1:R2=1
260 T=0:Y1=18:Y2=2
270 U0=FNU(0):DT=TMAX/(640-U0)
```

（40～90行）$T_{Max}=8$，$T_{min}=-1$，$\varDelta\overline{T}=1$，$Y_{Max}=20$，$Y_{min}=-2$，$\varDelta\overline{Y}=2$ を代入。

（110～120行）$[T, Y] \to (u, v)$ へ変換

（100～240行）ty 座標系の作成

```
280 FOR I=U0 TO 640
290 PSET (FNU(T),FNV(Y1))    ←[T, Y1]と[T, Y2]を
300 PSET (FNU(T),FNV(Y2))      uv平面上に表示
310 Y1=Y1-A*(Y1-Y2)*DT/R1^2  ←Y1とY2の更新
320 Y2=Y2+A*(Y1-Y2)*DT/R2^2
330 T=T+DT ←時刻tの更新
340 NEXT I
```

100～240 行は，ty 座標系を作成するプログラムで，これまでのものと同様だね。ただし，これからは，横軸は時間軸として，t 軸を採用する。つまり，これまでの xy 座標系から ty 座標系とした。

40～90 行で，時刻 t を $-1 \leqq t \leqq 8$，水位 y を $-2 \leqq y \leqq 20$ の範囲で表示し，目盛りの刻み幅はそれぞれ $\Delta\overline{t}=1$，$\Delta\overline{y}=2$ とした。

250～340 行が，今回の **2** つの連結タンク **1**，**2** の水位 y_1 と y_2 の経時変化を計算する主要プログラムになるんだね。まず，**250** 行で，水の速度の比例定数 $a=0.5$，**2** つの正方形の断面のタンクの **1** 辺の長さ $r_1=1$，$r_2=1$ を代入した。**260** 行で，時刻 $t=0$ のときの水位 y_1 と y_2 の初期値 $y_1=18$，$y_2=2$ を代入した。今回の問題では重要な時刻 t の微小な刻み幅 Δt について指定がなかったので，**270** 行でこれを決定した。時刻 t が，$0 \leqq t \leqq 8$ の範囲に相当する uv 座標の u の範囲は $\mathrm{U0} \leqq u \leqq 640$ となる。したがって，u は，**640－U0** 画素数だけ点が存在するので，この **1** 画素（ピクセル）の刻み幅に対応する $\frac{\mathrm{T_{Max}}}{640-\mathrm{U0}}=\frac{8}{640-\mathrm{U0}}$ を微小時間 Δt，すなわち，$\Delta t=\frac{8}{640-71} \fallingdotseq 0.014$（秒）

（Δt：目盛りの $\Delta\overline{t}$ とは異なる。）
（71：U0=FNU(0)=INT(640×(0+1)/(8+1)) ←T=0のときのuの値）

とおいた。これで，無駄なく **1** 画素（ピクセル）毎に計算していけるんだね。
280～340 行の **FOR～NEXT(I)** 文では，**I＝71**，**72**，**73**，…，**640** まで，u の **1** 画素毎に計算する。（71：U0=FNU(0)）具体的には，まず **I＝U0（＝71）** のとき，**290** と **300** 行で初期値の点 $(t, y_1)=(0, 18)$ と $(t, y_2)=(0, 2)$ に対応する点を uv 平面上に表す。次に Δt 秒後の新しい水位 y_1 と y_2 を **310**，**320** 行で，次のように求めているんだね。

310　$y_1 = y_1 - a(y_1-y_2)\times\Delta t / r_1^2$　とし，

（y_1：Δt 秒後の新水位）（y_1：$t=0$ のときの旧水位）（$a(y_1-y_2)\times\Delta t$：タンク1から流出する水量）（r_1^2：断面積）
（$a(y_1-y_2)\times\Delta t / r_1^2$ = Δy（水位の変化分））

320　$y_2 = y_2 + a(y_1-y_2)\times\Delta t / r_2^2$　としたんだね。そして，

（y_2：Δt 秒後の新水位）（y_2：$t=0$ のときの旧水位）（$a(y_1-y_2)\times\Delta t$：タンク2に流入する水量）（r_2^2：断面積）
（$a(y_1-y_2)\times\Delta t / r_2^2$ = Δy（水位の変化分））

330 行　$t = t + \Delta t$ で，時刻 t を更新する。
（t：新時刻）（t = **0**（旧時刻））

この後，**FOR～NEXT** 文により，また，**280** 行に戻ると，**I = 72** となり，**290**，**300** 行で，Δt 秒後の点 $(\Delta t, y_1)$，点 $(\Delta t, y_2)$ を uv 平面上に表示する。そして，次に **310** と **320** 行で $2\Delta t$ 秒後の y_1 と y_2 を計算し，**330** 行で $t = 2\Delta t$ に更新して，また **280** 行に戻る。以下，これを **I = 640** となるまで繰り返すんだね。今回は，u を **1** ドット毎に計算して y_1，y_2 を求めているため，これらの点は **LINE** で連結せず，**PSET** 文で **1** 点ずつ表示するだけで，結果として，y_1 と y_2 の経時変化を表すキレイな曲線が引けるんだね。

それでは，このプログラムを実行して得られた y_1 と y_2 のグラフを右図に示す。このグラフから，y_1 は **18** から減少し，y_2 は **2** から増加して，$t = 5$ 秒後にほぼ一致して，**10** となることが分かるんだね。アルゴリズムが分かって，グラフ化までできるようになると，数値解析の面白さが実感できるようになるはずだ。

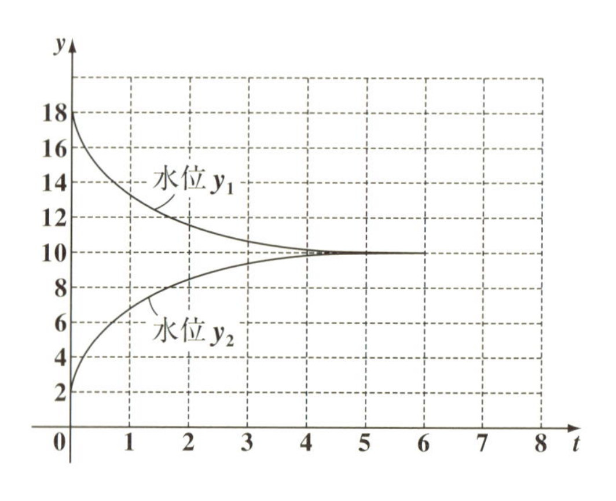

それでは，条件を少し変更した場合の出力結果についても，紹介しておこう。

(Ⅰ) $r_1 = \sqrt{2}$ とした場合，250行のみを変更して，

250 A=0.5#:R1=SQR(2):R2=1 とする。

（SQR(2) は $\sqrt{2}$ のこと。）

この場合，タンク1の断面積がタンク2の断面積の2倍となって，容量が大きくなるため，タンク1の水位 y_1 の減少の仕方は緩やかで，タンク2の水位 y_2 の増加の仕方は急激になる。このときの出力結果を右図に示す。このグラフから約7秒後に，2つの水位 y_1 と y_2 が一致して 12.666… となることが分かるんだね。

（12.666… は重み付き平均：$\dfrac{18\times2+2\times1}{2+1}=\dfrac{38}{3}$）

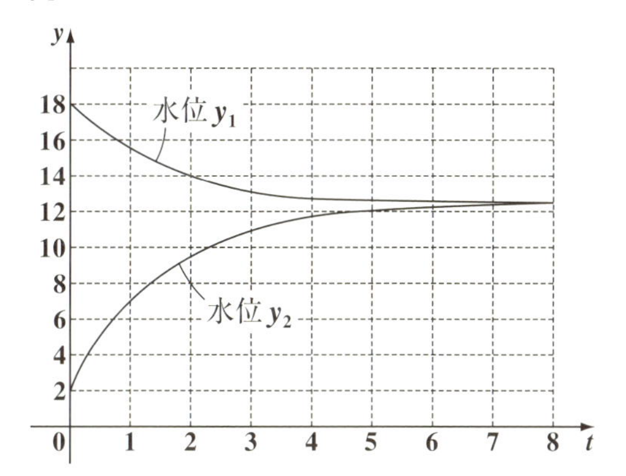

(Ⅱ) $r_1 = \sqrt{2}$，$a = 0.2$，t の範囲を $0 \leqq t \leqq 16$ とした場合，

40〜60行と，250行を変更して，

```
40 TMAX=16          250 A=.2#:R1=SQR(2):R2=1
50 TMIN=-1
60 DELT=2
```

とする。

今回は，$a = 0.2$ として，水の移動速度を低下させたため，時刻 t を $-1 \leqq t \leqq 16$，$\Delta t = 2$ として，長い時間をとって，y_1 と y_2 の経時変化を調べることにした。この場合の出力結果を右図に示す。$a = 0.2$ と小さくしているため，やはり，y_1 と y_2 がほぼ一致するまでの時間が前回の7秒より大幅に遅れて16秒後以降になっていることが分かる。

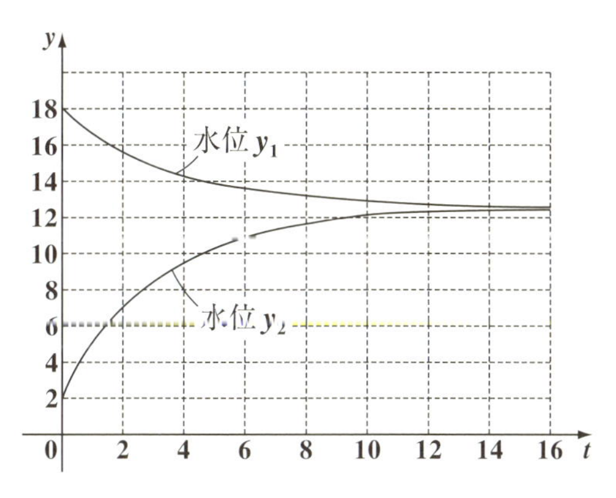

● 3つの連結タンクの水の移動を調べよう！

では次に，**3**つの連結タンクの水の移動についても調べてみよう。これについては，次の例題で問題を解きながら具体的に解説していくことにする。

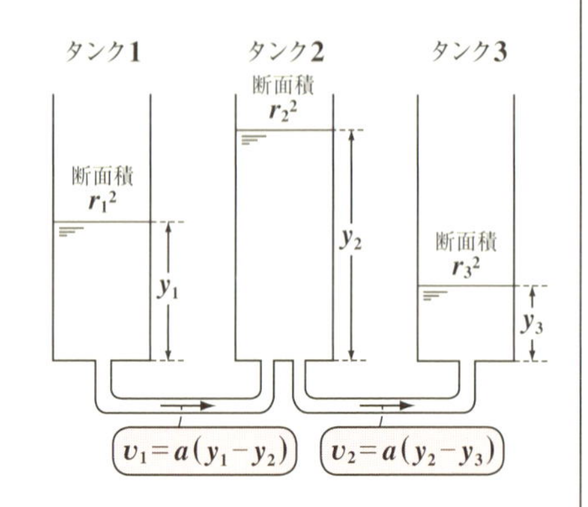

例題 11　右図に示すように，断面積が $r_1^2 = 1^2\,(\mathrm{m}^2)$，$r_2^2 = 1^2\,(\mathrm{m}^2)$，$r_3^2 = 1^2\,(\mathrm{m}^2)$ の**3**つのタンクがあり，時刻 $t = 0$（秒）のとき，それぞれの水位が $y_1 = 8\,(\mathrm{m})$，$y_2 = 20\,(\mathrm{m})$，$y_3 = 2\,(\mathrm{m})$ となるように水が貯水されていた。タンク**1**とタンク**2**，およびタンク**2**とタンク**3**は細いパイプで連結されていて，それぞれのパイプでの水の移動速度は，$v_1 = a(y_1 - y_2)\,(\mathrm{m}^3/秒)$，$v_2 = a(y_2 - y_3)\,(\mathrm{m}^3/秒)$（ただし，$a = 0.5$）であるものとする。このとき，$0 \leqq t \leqq 8$ の範囲における**3**つのタンクの水位 y_1，y_2，y_3 の経時変化を数値解析により計算して，グラフで示せ。

それでは，時刻 $0 \leqq t \leqq 8$ における**3**つのタンクの水位 y_1，y_2，y_3 の経時変化を数値解析により求めて，これを図示するプログラムを下に示そう。

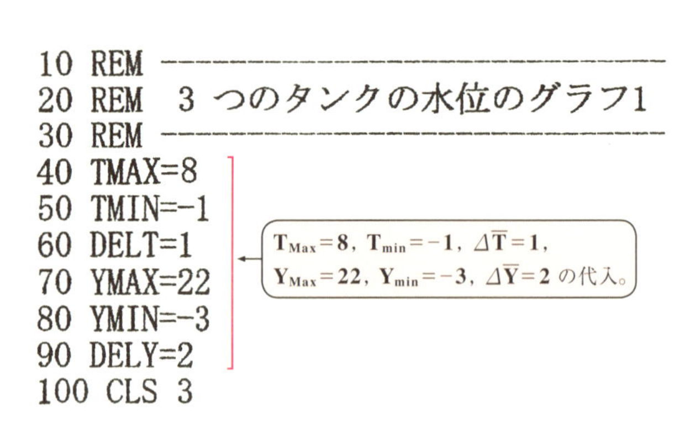

ty 座標系の作成

```
110 DEF FNU(T)=INT(640*(T-TMIN)/(TMAX-TMIN))
120 DEF FNV(Y)=INT(400*(YMAX-Y)/(YMAX-YMIN))
130 DELU=640*DELT/(TMAX-TMIN)
140 DELV=400*DELY/(YMAX-YMIN)
150 N=INT(TMAX/DELT):M=INT(-TMIN/DELT)
160 FOR I=-M TO N
170 LINE (FNU(0)+INT(I*DELU),0)-(FNU(0)+INT(I*DELU),
400),,,2
180 NEXT I
190 LINE (FNU(0),0)-(FNU(0),400)
200 N=INT(YMAX/DELY):M=INT(-YMIN/DELY)
210 FOR I=-M TO N
220 LINE (0,FNV(0)-INT(I*DELV))-(640,FNV(0)-INT(I*DE
LV)),,,2
230 NEXT I
240 LINE (0,FNV(0))-(640,FNV(0))
250 A=.5#:R1=1:R2=1:R3=1      ←(a, r1, r2, r3の代入。)
260 T=0:Y1=8:Y2=20:Y3=2       ←(t=0, 初期値 y1, y2, y3の代入。)
270 U0=FNU(0):DT=TMAX/(640-U0) ←(微小時間Δtの代入。)
280 FOR I=U0 TO 640
290 PSET (FNU(T),FNV(Y1))
300 PSET (FNU(T),FNV(Y2))
310 PSET (FNU(T),FNV(Y3))
320 Y1=Y1+A*(Y2-Y1)*DT/R1^2
330 Y2=Y2+A*(Y1-2*Y2+Y3)*DT/R2^2
340 Y3=Y3+A*(Y2-Y3)*DT/R3^2
350 T=T+DT
360 NEXT I
```

FOR～NEXT(I)文
3つの水位 y_1, y_2, y_3 の点の表示，
3つの水位 y_1, y_2, y_3 の更新，
時刻 t の更新。

まず，**40～90** 行で，t の範囲を $-1 \leqq t \leqq 8$，y の範囲を $-3 \leqq y \leqq 22$ とし，それぞれの目盛り幅を $\Delta \overline{t} = 1$，$\Delta \overline{y} = 2$ とした。**100～240** 行で，ty 座標系を作成する。そして **250** 行では，定数 $a = 0.5$，$r_1 = r_2 = r_3 = 1$ を代入した。これから，タンク **1**，**2**，**3** の断面積はすべて $1^2 = 1$ となる。**260** 行では，時刻 $t = 0$ とタン

ク **1**, **2**, **3** の初期水位として，$y_1 = 8$，$y_2 = 20$，$y_3 = 2$ を代入した。**270** 行では，$t = 0$ に対応する u の値を **U0** とおき，微小時間 Δt は，u の **1** 画素の刻み幅に対応させて，$\Delta t = \frac{T_{Max}}{640 - U0}$ とした。

280～**360** 行の **FOR**～**NEXT(I)** 文で，**I** = **U0**，**U0+1**，…，**640** まで，u の **1** 画素毎に計算する。まず，初めに **290**～**310** 行で，初期値の点 $(t, y_1) = (0, 8)$，$(t, y_2) = (0, 20)$，$(t, y_3) = (0, 2)$ を uv 平面上に変換して表す。

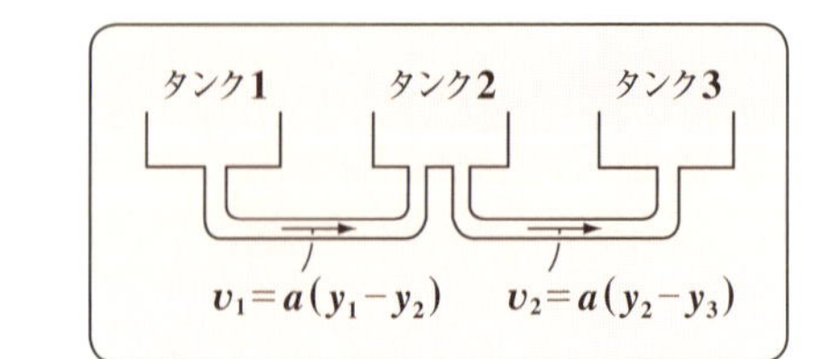

次に，**320**～**340** 行で，Δt 秒後の新たな y_1，y_2，y_3 を求める。右図より，

(i) y_1 から，$v_1 \Delta t = a(y_1 - y_2)\Delta t$ が流出するので，新たな y_1 は，

左から右のタンクに水は流れると考えて式を立てる。もちろん，**2** つのタンクの水位差によっては逆に流入することもあるが，それも，この式で表現している。

$$\underset{\text{新水位}}{y_1} = \underset{\text{旧水位}}{y_1} - \frac{a(y_1 - y_2)\Delta t}{r_1^2} = y_1 + a(y_2 - y_1)\Delta t / r_1^2$$ となり，

(ii) y_2 には，y_1 から，$v_1 \Delta t = a(y_1 - y_2)\Delta t$ が流入し，y_3 に $v_2 \Delta t = a(y_2 - y_3)\Delta t$ が流出するとして，新たな y_2 は，

$$\underset{\text{新水位}}{y_2} = \underset{\text{旧水位}}{y_2} + \frac{a(y_1 - y_2)\Delta t}{r_2^2} - \frac{a(y_2 - y_3)\Delta t}{r_2^2}$$

$$= y_2 + a(y_1 - 2y_2 + y_3) \cdot \Delta t / r_2^2$$ となる。そして，

(iii) y_3 には，y_2 から，$v_2 \Delta t = a(y_2 - y_3)\Delta t$ が流入するので，新たな y_3 は，

$$\underset{\text{新水位}}{y_3} = \underset{\text{旧水位}}{y_3} + \frac{a(y_2 - y_3)\Delta t}{r_3^2} = y_3 + a(y_2 - y_3)\Delta t / r_3^2$$ となる。

そして，**350** 行で，t も $\underset{\text{新時刻}}{t} = \underset{\text{旧時刻0}}{t} + \Delta t$ によって更新した後，**NEXT** 文により，また頭の **280** 行に戻って同様の操作を **I** = **640** まで繰り返す。

それでは，このプログラムを実行して得られる **3** つのタンクの水位 y_1，y_2，y_3

の経時変化のグラフを右図に示す。3つのタンクの断面積はすべて等しいので，y_1，y_2，y_3 の相加平均を $\overline{y}$ とおくと，

$$\overline{y}=\frac{y_1+y_2+y_3}{3}=\frac{8+20+2}{3}=10$$

となる。右図から明らかに $t=7$ 秒後に y_1，y_2，y_3 はすべてこの $\overline{y}=10$ にほぼ一致して一定となることが分かったんだね。

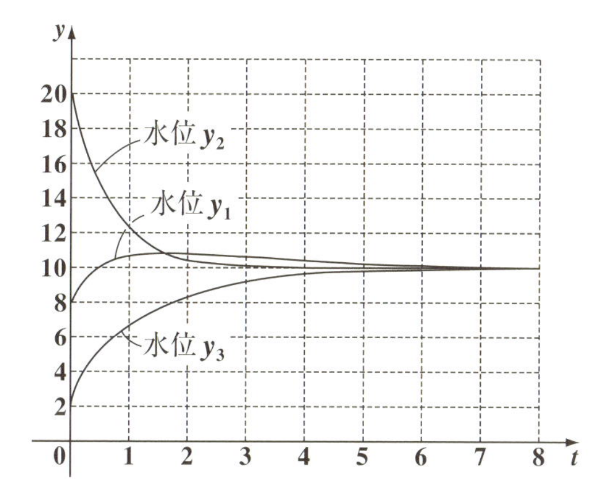

● 6つの連結タンクの水の移動も調べよう！

それでは，連結タンクの個数を増やして，6つの連結タンクの水の移動による各タンクの水位 y_i ($i=1, 2, \cdots, 6$) の経時変化についても調べてみよう。このようにタンクの数が大きくなると，BASICプログラムでは“**配列**(はいれつ)”を利用することによりスッキリ表現することができる。これまでの書き方では，6つのタンクの水位であれば **Y1**，**Y2**，…，**Y6** のように表現していたが，配列を利用すると，これらを **Y(1)**，**Y(2)**，…，**Y(6)** のように表す。そして，この6つのメモリの配列を利用するためには，BASICでは，まず次のような **DIM** 文で **Y(6)** を定義しておく必要がある。

DIM Y(6)

（*dimension*（次元）の略。これで6次元の配列 **Y(1)**，**Y(2)**，…，**Y(6)** を定義する。）

ここで，**DIM Y(6)** と宣言すると，コンピュータ上では実は **Y(0)** も含めて **Y(0)**，**Y(1)**，**Y(2)**，…，**Y(6)** の7つの配列メモリが利用できることに注意しよう。そして，このように配列が定義されると，たとえば，**FOR～NEXT** 文を使って，

```
FOR I=1 TO 6
Y(I)=……
NEXT I
```

のように，**Y(1)** から **Y(6)** までの計算を一括処理できるようになるんだね。また，

DIM A(10), B(20), C(30) のように複数の配列を1度に表現することもできる。

（これで **C(0)**，**C(1)**，…，**C(30)** の31個のメモリが使える。）

6つの連結タンクの水の移動の様子を図2に示す。図を簡略化するために，6つのタンクというより，1つの水槽を底にすき間のある5つの仕切り板で仕切ったような形で表現している。また，それぞれのタンクの水位も，表現を簡単にするために，配列 **Y(1)**，**Y(2)**，…，**Y(6)** の形ではなく，y_1，y_2，…，y_6 で表している。各タンクの断面積はすべて等しく S とし，すき間を通して流れる水の速度 v_1，v_2，…，v_5 の係数もすべて同じ a とする。このとき，各水位 y_1，y_2，…，y_6 の新水位を旧水位で具体的に表すと，次のようになる。

図2 6つの連結タンクの水の移動

(i) $\underbrace{y_1}_{\text{新水位}} = \underbrace{y_1}_{\text{旧水位}} - \underbrace{\frac{v_1 \cdot \Delta t}{S}}_{\text{流出分}} = y_1 - \frac{a(y_1 - y_2)\Delta t}{S}$

$= y_1 + a(y_2 - y_1)\Delta t / S$ ……………① となり，

(ii) $\underbrace{y_2}_{\text{新水位}} = \underbrace{y_2}_{\text{旧水位}} + \underbrace{\frac{v_1 \cdot \Delta t}{S}}_{\text{流入分}} - \underbrace{\frac{v_2 \cdot \Delta t}{S}}_{\text{流出分}} = y_2 + \frac{a(y_1 - y_2)\Delta t}{S} - \frac{a(y_2 - y_3)\Delta t}{S}$

$= y_2 + a(y_3 - 2y_2 + y_1) \cdot \Delta t / S$ ……② となり，

(iii) $\underbrace{y_3}_{\text{新水位}} = \underbrace{y_3}_{\text{旧水位}} + \underbrace{\frac{v_2 \cdot \Delta t}{S}}_{\text{流入分}} - \underbrace{\frac{v_3 \cdot \Delta t}{S}}_{\text{流出分}} = y_3 + \frac{a(y_2 - y_3)\Delta t}{S} - \frac{a(y_3 - y_4)\Delta t}{S}$

$= y_3 + a(y_4 - 2y_3 + y_2) \cdot \Delta t / S$ ……③ となり，以下同様に，

(iv) $y_4 = y_4 + \frac{v_3 \cdot \Delta t}{S} - \frac{v_4 \cdot \Delta t}{S} = y_4 + \frac{a(y_3 - y_4)\Delta t}{S} - \frac{a(y_4 - y_5)\Delta t}{S}$

$= y_4 + a(y_5 - 2y_4 + y_3) \cdot \Delta t / S$ ……④ となる。

(v) $y_5 = y_5 + \frac{v_4 \cdot \Delta t}{S} - \frac{v_5 \cdot \Delta t}{S} = y_5 + \frac{a(y_4 - y_5)\Delta t}{S} - \frac{a(y_5 - y_6)\Delta t}{S}$

$= y_5 + a(y_6 - 2y_5 + y_4) \cdot \Delta t / S$ ……⑤ となる。そして，最後に，

(vi) $\underset{\text{新水位}}{\underline{y_6}} = \underset{\text{旧水位}}{\underline{y_6}} + \underset{\text{流入分}}{\underline{\frac{v_5 \cdot \Delta t}{S}}} = y_6 + \frac{a(y_5 - y_6)\Delta t}{S}$

$= y_6 + a(-y_6 + y_5) \cdot \Delta t / S$ ……⑥ となるんだね。

以上①～⑥を列記すると，

$y_1 = y_1 + a(y_2 - y_1) \cdot \Delta t / S$ …………① ← これは，イレギュラー！

$y_2 = y_2 + a(y_3 - 2y_2 + y_1) \cdot \Delta t / S$ ……②

$y_3 = y_3 + a(y_4 - 2y_3 + y_2) \cdot \Delta t / S$ ……③

$y_4 = y_4 + a(y_5 - 2y_4 + y_3) \cdot \Delta t / S$ ……④

$y_5 = y_5 + a(y_6 - 2y_5 + y_4) \cdot \Delta t / S$ ……⑤

← これは，次のように一般化できる。
$y_k = y_k + a(y_{k+1} - 2y_k + y_{k-1}) \cdot \Delta t / S$
$(k = 2, 3, 4, 5)$

$y_6 = y_6 + a(-y_6 + y_5) \cdot \Delta t / S$ …………⑥ ← これも，イレギュラー！

となり，②～⑤は，$\underset{\text{新水位}}{\underline{y_k}} = \underset{\text{旧水位}}{\underline{y_k}} + a(y_{k+1} - 2y_k + y_{k-1}) \cdot \Delta t / S$ ……(＊) $(k = 2, 3, 4, 5)$

として，一般式で表せるけれど，①は流出分だけ，②は流入分だけなので，この **2** 式はイレギュラー（不規則）な形をしているんだね。でも，ここで一工夫してみよう！

(i) y_1 について，

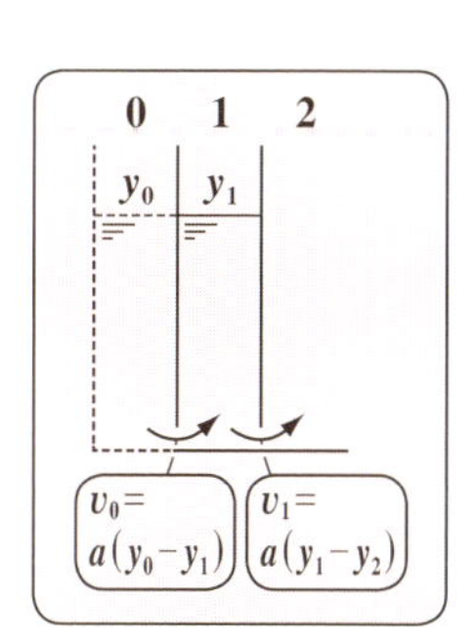

右図に示すように，仮想的なタンク **0** を設け，この水位 y_0 は常に $y_0 = y_1$ となるようにする。すると，タンク **0** から **1** への流入分 $\frac{v_0 \cdot \Delta t}{S} = a(y_0 - y_1)\Delta t / S = 0$ となるので，これを①に加えても変化しないが，

$$y_1 = y_1 + \frac{v_0 \cdot \Delta t}{S} - \frac{v_1 \cdot \Delta t}{S}$$

$$= y_1 + \frac{a(y_0 - y_1)}{S} - \frac{a(y_1 - y_2)\Delta t}{S} = y_1 + a(y_2 - 2y_1 + y_0) \cdot \Delta t / S \quad \cdots\cdots ①'$$

となって，一般式(＊)の $k = 1$ に対応させることができるんだね。

(ii) y_6 についても同様に，

タンク **6** の右にもう **1** つ仮想的なタンク **7** を設け，この水位 y_7 は常に $y_7 = y_6$ となるようにとると，これも形式的に，

$$y_6 = y_6 + \frac{v_5 \cdot \Delta t}{S} - \underbrace{\frac{v_6 \cdot \Delta t}{S}}_{0となる。} = y_6 + \frac{a(y_5 - y_6)\Delta t}{S} - \frac{a(y_6 - y_7)\Delta t}{S}$$

$$= y_6 + a(y_7 - 2y_6 + y_5) \cdot \Delta t / S \cdots\cdots ⑥'$$

となって，これも，一般式(＊)の $k = 6$ のときに対応させることができるんだね。

一般式：
$y_k = y_k + a(y_{k+1} - 2y_k + y_{k-1}) \cdot \Delta t / S$ ……(＊)

以上より，6つの連結タンクの新水位と旧水位の関係は一般式：

$$\underbrace{y_k}_{新水位} = \underbrace{y_k}_{旧水位} + a(y_{k+1} - 2y_k + y_{k-1}) \cdot \Delta t / S \cdots\cdots(＊)$$

$(k = 1, 2, \cdots, 6)$（ただし，$y_0 = y_1$，$y_7 = y_6$ とする。）

で表すことができるんだね。

以上で準備が整ったので，次の例題を解いてみよう。

例題 12　右図に示すように，断面積 $S = 1\,(m^2)$ の6つのタンクがあり，時刻 $t = 0$（秒）のとき，各水位が $y_1 = 3\,(m)$，$y_2 = 10\,(m)$，$y_3 = 6\,(m)$，$y_4 = 7\,(m)$，$y_5 = 2\,(m)$，$y_6 = 8\,(m)$ となるように水が貯水されていた。タンク1と2，2と3，3と4，4と5，5と6は底部にすき間があり，これを通して移動する水の速度を v_k とおくと，$v_k = a(y_k - y_{k+1})\,(m^3/秒)$ $(k = 1, 2, \cdots, 5)$（ただし，$a = 1$）である。このとき，$0 \leqq t \leqq 5$ の範囲における各タンクの水位 y_k $(k = 1, 2, \cdots, 6)$ の経時変化を数値解析により計算して，グラフで示せ。

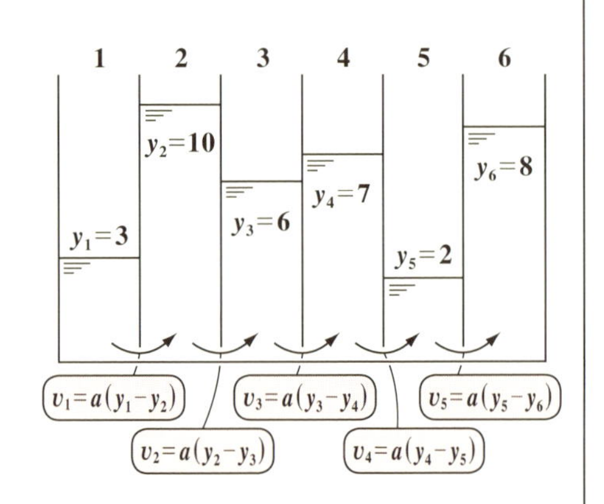

それでは，時刻 $0 \leqq t \leqq 5$ における6つのタンクの水位 $y_1, y_2, \cdots, y_6$ の経時変化を数値解析により求めて，これを図示するプログラムを示す。ただし，100～240行の ty 座標系を作成するプログラムは例題11（P58，59）のものとまったく同じなので，これは省略して，示すことにしよう。

```
10 REM ──────────────────────────
20 REM  6 つのタンクの水位のグラフ1
30 REM ──────────────────────────
35 DIM Y(7)        ←配列Y(7)の定義。
40 TMAX=5
50 TMIN=-1
60 DELT=1
70 YMAX=11
80 YMIN=-1
90 DELY=1
```

($T_{Max}=5$, $T_{min}=-1$, $\Delta\overline{T}=1$, $Y_{Max}=11$, $Y_{min}=-1$, $\Delta\overline{Y}=1$ の代入。)

100～240行 ←例題11(P58, 59)のプログラムと同じ。

```
250 A=1:S=1:Y(1)=3:Y(2)=10:Y(3)=6
260 Y(4)=7:Y(5)=2:Y(6)=8:Y(0)=Y(1):Y(7)=Y(6):T=0
270 U0=FNU(0):DT=TMAX/(640-U0)   ←Δtの代入。
280 FOR I=U0 TO 640
290 FOR K=1 TO 6
300 PSET (FNU(T),FNV(Y(K)))
310 NEXT K
320 FOR J=1 TO 6
330 Y(J)=Y(J)+A*(Y(J+1)-2*Y(J)+Y(J-1))*DT/S
340 NEXT J
350 Y(0)=Y(1):Y(7)=Y(6)
360 T=T+DT
370 NEXT I
```

(250～260行：a, S, y_k $(k=1, 2, \cdots, 6)$, y_0, y_7, $t=0$ の代入。)

(280～370行：FOR～NEXT(I))

まず，**35**行で，配列**Y(7)**を定義する。これにより，**Y(0)**, **Y(1)**, **Y(2)**, …, **Y(6)**, **Y(7)**の**8**つの配列メモリが利用できる。実際のタンクの水位は**Y(1)**～**Y(6)**であるが，仮想的にタンク**0**と**7**を設け，これらの水位は**Y(0)**＝**Y(1)**, **Y(7)**＝**Y(6)**となるようにしておけば，水位の計算をすべて一般式で行えるんだね。次に，**40**～**90**行で，時刻tの範囲を$-1 \leqq t \leqq 5$，水位yの範囲を$-1 \leqq y \leqq 11$，それぞれの目盛りの刻み幅を$\Delta\overline{t}=1$, $\Delta\overline{y}=1$とした。**100**～**240**行のty座標系を作成するプログラムは例題**11**(**P58**, **59**)のものと

全く同じなので省略した。

250，**260** 行で，$a=1$，$S=1$ を代入し，水位の各初期値 $y_1=3$，$y_2=10$，$y_3=6$，$y_4=7$，$y_5=2$，$y_6=8$，そして，仮想タンク **0** と **7** の水位は，$y_0=y_1$，$y_7=y_6$ とし，時刻 $t=0$ を代入した。**270** 行では，時刻 $t=0$ に対応する u の値を **U0** とおき，微小時間 Δt を，u の **1** 画素に対応させて，$\Delta t=\dfrac{T_{Max}}{640-U0}$ とした。

次に，このプログラムの主要部分である **280**～**370** 行の **FOR**～**NEXT(I)** 文について解説しよう。この **FOR**～**NEXT(I)** の中には，さらに，**FOR**～**NEXT(K)** と **FOR**～**NEXT(J)** が入っていて，入れ子構造になっている。

```
280 FOR I=U0 TO 640
290 FOR K=1 TO 6
300 PSET (FNU(T),FNV(Y(K)))
310 NEXT K
320 FOR J=1 TO 6
330 Y(J)=Y(J)+A*(Y(J+1)-2*Y(J)+Y(J-1))*DT/S
340 NEXT J
350 Y(0)=Y(1):Y(7)=Y(6)
360 T=T+DT
370 NEXT I
```

FOR～NEXT(K)
FOR～NEXT(J)
FOR～NEXT(I)

全体の **FOR**～**NEXT(I)** 文では，**I** = **U0**，**U0+1**，…，**640** と，u の **1** 画素毎に対応する時刻 **0**，Δt，$2\cdot\Delta t$，$3\cdot\Delta t$，…，$(640-U0)\cdot\Delta t$ での **6** つの水位 **Y(1)**，**Y(2)**，…，**Y(6)** を計算して，これをグラフに表示する。

まず，$t=0$ のとき，**290**～**310** 行の **FOR**～**NEXT(K)** で，初期値の点 $(t,\ y_1)=(0,\ 3)$，$(t,\ y_2)=(0,\ 10)$，…，$(t,\ y_6)=(0,\ 8)$ を uv 平面上の点に変換して表示する。

次に，**320**～**340** 行の **FOR**～**NEXT(J)** では，**J** = **1**，**2**，…，**6** と変化させて，各 Δt 秒後の新水位を $t=0$ (秒) のときの旧水位から，次の一般式により求める。

$$y_j = y_j + a\cdot(y_{j+1}-2y_j+y_{j-1})\cdot\Delta t/S$$

新水位　旧水位　旧水位

$j=1$ のとき，$y_{j-1}=y_0$ が現れるし，$j=6$ のとき，$y_{j+1}=y_7$ が現れるが，これ

ら仮想水位も定義しているので問題ないんだね。このようにして新水位 y_1，y_2，…，y_6 を求めた後，仮想水位 y_0 と y_7 も **350** 行により，$y_0 = y_1$，$y_7 = y_6$ として更新する。さらに，**360** 行で，$t = \underset{\text{⓪}}{t} + \Delta t$ より，$t = 0$ から $t = \Delta t$ に更新して，**FOR**〜**NEXT(I)** の最初の **280** 行に戻る。次に，**290**〜**310** 行の **FOR**〜**NEXT(K)** 文によって，$t = \Delta t$ における **6** つの点 $(t,\ y_1)$，$(t,\ y_2)$，…，$(t,\ y_6)$ を uv 座標平面上に表示する。次に，**320**〜**340** 行において，$t = 2\cdot\Delta t$ における新水位 y_1，y_2，…，y_6 を $t = \Delta t$ における旧水位から一般式を使って求める。…，以下同様に計算と点の表示を繰り返していくんだね。

それでは，このプログラムを実行して得られる **6** つのタンクの水位 y_1，y_2，y_3，…，y_6 の経時変化のグラフを右図に示す。**6** つのタンクの断面積 S は等しいので，この **6** つの水位の相加平均 $\overline{y}$ を求めると，

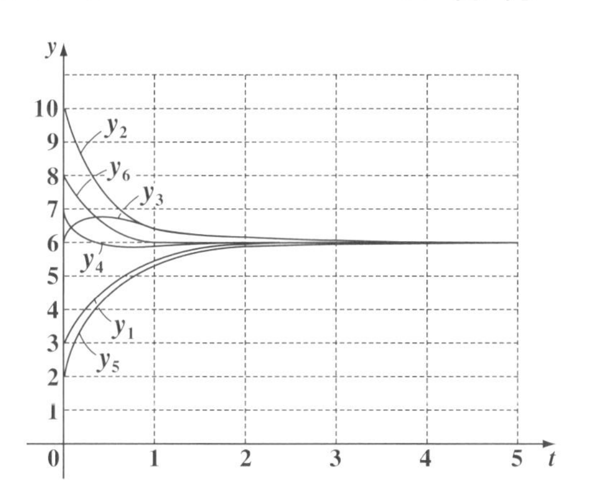

$$\overline{y} = \frac{y_1 + y_2 + \cdots + y_6}{6}$$

$$= \frac{3 + 10 + \cdots + 8}{6} = 6$$

となる。

よって，このグラフから **6** つの水位 y_1，y_2，…，y_6 はその値を変化させながら最終的に時刻 $t = 5$ 秒後にはほぼ平均値 $\overline{y} = 6$ に収束していくことが分かったんだね。面白かった？

以上の解説から，たとえば，タンクの数が **100** 個になったとしても，**35** 行で **DIM Y(101)** として配列を定義し，**250** 行では，たくさんの初期値を代入しないといけないが，後は，**290** 行，**320** 行，**350** 行を

290 FOR K=1 TO 100

320 FOR J=1 TO 100

350 Y(0)=Y(1):Y(101)=Y(100) とすれば，同様に **100** 個の水位 y_1，y_2，…，y_{100} の経時変化も求めることができるんだね。大丈夫？

● 物理的な類似問題を考えよう！

2つの連結タンク**1**，**2**について，水位差(y_1-y_2)に比例して，水の移動速度vが決まる，つまり，$v=a(y_1-y_2)$（a：正の定数）が成り立つんだね。

実は，この「○○差に比例して□□が移動する」という現象は様々な物理現象の中で見出すことができる。いくつか例を示そう。

(Ⅰ) 電位差に比例して電荷が移動する。

図**3** 電位差と電荷の移動

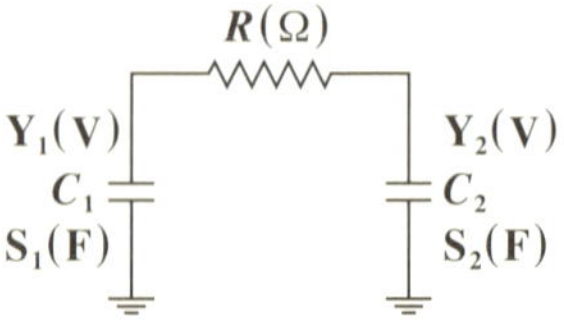

$R(\Omega)$
$Y_1(V)$
C_1
$S_1(F)$
$Y_2(V)$
C_2
$S_2(F)$

図**3**に示すように，**2**つの接地したコンデンサーC_1とC_2がある。C_1, C_2それぞれの電気容量はS_1(F)（ファラッド）とS_2(F)で，電位はY_1(V)（ボルト）とY_2(V)であるとする。

> よって，C_1にはY_1S_1(C)（クーロン）の電荷が，また，C_2にはY_2S_2(C)の電荷が与えられている。水の問題でのタンクの断面積に相当するのが電気容量S_1, S_2であり，水位に相当するのが，電位Y_1, Y_2なんだね。

これらを，抵抗Rの導線で連結すると，電位差(Y_1-Y_2)に比例して電荷が移動する。この移動速度が電流iで，微小時間Δtに移動する電荷$\Delta Q=i\Delta t$は，

$$\Delta Q=i\Delta t=\frac{Y_1-Y_2}{R}\Delta t=\frac{1}{R}(Y_1-Y_2)\Delta t=a(Y_1-Y_2)\Delta t\ (\mathrm{C})$$ となる。

> $\frac{1}{R}=a$とおくと，aは電荷の移動のしやすさを表すコンダクタンスであり，単位はs(ジーメンス)である。よって，a(s)と表される。

したがって，$Y_1>Y_2$ならば，Δt秒後にC_1の電位Y_1は$\Delta Y_1=\frac{\Delta Q}{S_1}$だけ減り，$C_2$の電位$Y_2$は$\Delta Y_2=\frac{\Delta Q}{S_2}$だけ増えることになるんだね。どう？水の流出問題とソックリでしょう？

(Ⅱ) 温度差に比例して熱量が移動する。

図**4**に示すように，**2**つの物体**1**，**2**がある。この物体**1**，**2**のそれぞれの熱容量はS_1(J/K)（ジュール/ケー）とS_2(J/K)であり，また，それぞれの温度は，Y_1(K)（ケー），

Y_2(K) であるものとする。よって，物体 **1** には Y_1S_1(J) の熱量が，また物体 **2** には Y_2S_2(J) の熱量が貯えられていることになる。水の問題でのタンクの断面積に相当するものが，熱容量 S_1，S_2 で，水位に相当するものが，温度 Y_1，Y_2 なんだね。

図4　温度差と熱量の移動

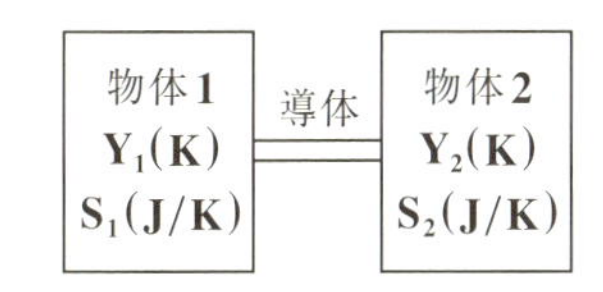

これらを，熱の通りやすさを示す係数 a の導体で連結すると，温度差 $(Y_1 - Y_2)$ に比例して，熱量 Q が移動する。よって，微小時間 Δt に移動する熱量 ΔQ は，$\Delta Q = a(Y_1 - Y_2)\Delta t$ (J) となる。

係数 a は，a = (導体の断面積)×(熱伝導率)/(導体の長さ) となる。熱伝導率の単位は [J/msK] より，a の単位は，$\left[m^2 \cdot \frac{J}{msK} \cdot \frac{1}{m}\right]$ = [J/sK] より，a(J/sK) と表される。これは上式から導かれる a の単位と一致しているんだね。

よって，$Y_1 > Y_2$ ならば，Δt 秒後に物体 **1** の温度 Y_1 は $\Delta Y_1 = \frac{\Delta Q}{S_1}$ だけ減り，物体 **2** の温度 Y_2 は $\Delta Y_2 = \frac{\Delta Q}{S_2}$ だけ増えることになる。これも大丈夫だね。

(Ⅲ) 濃度差に比例して物質が移動する。

図 **5** に示すように，**2** つの細胞 **1**，**2** がある。細胞 **1**，**2** のそれぞれの質量は S_1(kg)，S_2(kg) であり，また，それぞれの物質の濃度は，Y_1(ppm)，Y_2(ppm) であるものとする。ここでは，細胞の塩分濃度とでも考えてくれたらいい。単位の **ppm** とは "***parts per million***" (百万分の **1**) のことで，これは無次元の単位 (−) となる。この **2** つの細胞の間に物質の移動率が a(kg/s) の浸透膜があるものとすると，濃度差 $(Y_1 - Y_2)$ に比例して，物質 Q が移動する。よって，微小時間 Δt に移動する物質の量 ΔQ は，$\Delta Q = a(Y_1 - Y_2)\Delta t$ (kg) となる。

図5　濃度差と物質の移動

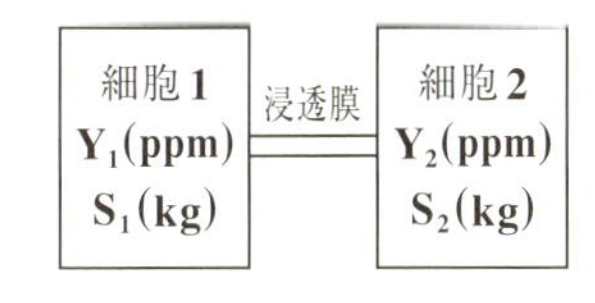

よって，$Y_1 > Y_2$ ならば，Δt 秒後に細胞 **1** の濃度 Y_1 は $\Delta Y_1 = \frac{\Delta Q}{S_1} \times 10^6$ だけ減り，細胞 **2** の濃度 Y_2 は $\Delta Y_2 = \frac{\Delta Q}{S_2} \times 10^6$ だけ増えることになるんだね。

● 5つの連結したコンデンサーの問題を調べよう！

それでは，5つの連結したコンデンサーについて，次の例題を解いてみよう。

例題 13　右図に示すように，電気容量 $S=1(F)$ の5つのコンデンサー C_2, C_3, C_4, C_5, C_6 がある。時刻 $t=0$(秒)のとき，各コンデンサーの電位は，$y_2=1(V)$, $y_3=7(V)$, $y_4=8(V)$, $y_5=2(V)$, $y_6=4(V)$ であった。これらのコンデンサーを図のように同じコンダクタンス $a=3(s)$ の導線で連結し，入力 y_1 として，次のような電圧を加えるものとする。

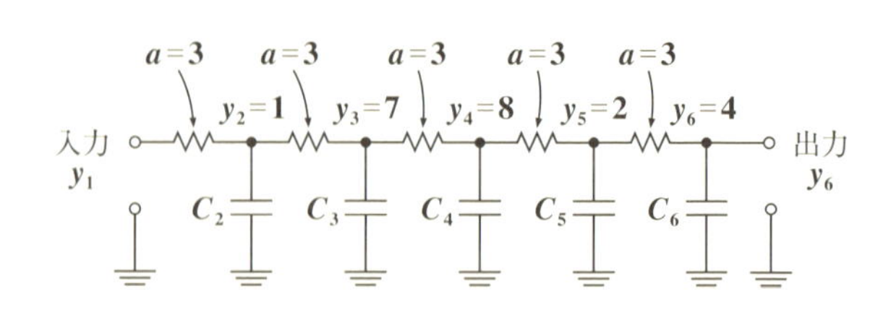

$$y_1=\begin{cases}6-3\sin t & (0\leqq t\leqq 4\pi \text{のとき})\\ 0 & (4\pi<t \text{のとき})\end{cases} \quad \cdots\cdots①$$

このとき，時刻 $0\leqq t\leqq 8\pi$ における出力 y_6(コンデンサー6の電位)の経時変化を数値解析により計算して，グラフで示せ。

上図から明らかなように，連結タンクの水の流出問題では入っていたタンク1に相当するコンデンサー C_1 がなく，その代わりに，入力として右図に示すように，電位 y_1 が①で t の関数として与えられている。これは，水位よりも電位の方が制御しやすいので，連結した5つのコンデンサーを1つの系(システム)と考えて，この系に，y_1 という人為的な信号を入力したときに，y_6 で得られる電位の信号を出力として検出する形の問題になっているんだね。

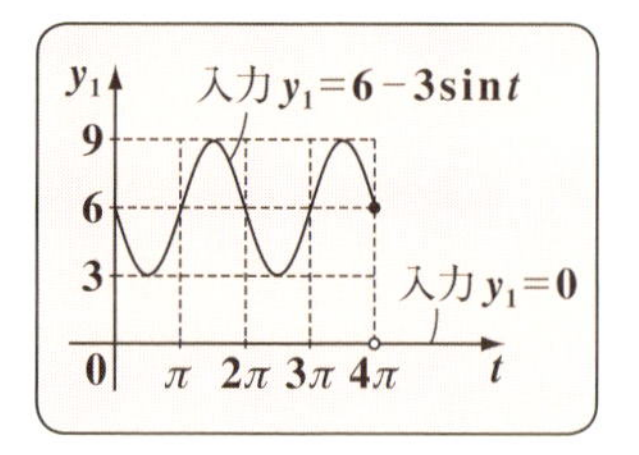

これで，この問題の本質的な意味を理解して頂けたと思うので，これから，時刻 $-\pi\leqq t\leqq 9\pi$ の範囲で，電位 y_6 の経時変化を出力する具体的なプログラムを次に示そう。前問同様，ty 座標系を作成する100〜240行のプログラムは省略して示す。

```
10 REM ---------------------------------------------
20 REM  1列に連結した5つのコンデンサーの電位1
30 REM ---------------------------------------------
35 DIM Y(7)          ← 配列の定義
36 PI=3.14159#       ← pi(π)の代入。
40 TMAX=9*PI
50 TMIN=-PI
60 DELT=PI
70 YMAX=10
80 YMIN=-2
90 DELY=1
```

(40〜90行) $T_{Max}=9\pi$, $T_{min}=-\pi$, $\Delta\overline{T}=\pi$, $Y_{Max}=10$, $Y_{min}=-2$, $\Delta\overline{Y}=1$ の代入。

100〜240 行 ← 例題 **11**(**P58, 59**)のプログラムと同じ。

```
250 A=3:S=1:Y(1)=6:Y(2)=1:Y(3)=7
260 Y(4)=8:Y(5)=2:Y(6)=4:Y(7)=Y(6):T=0
270 U0=FNU(0):DT=TMAX/(640-U0)   ← Δtの代入。
280 FOR I=U0 TO 640
290 PSET (FNU(T),FNV(Y(1))):PSET (FNU(T),FNV(Y(6)))
300 FOR J=2 TO 6
310 Y(J)=Y(J)+A*(Y(J+1)-2*Y(J)+Y(J-1))*DT/S
320 NEXT J
330 T=T+DT:IF T<=4*PI THEN Y(1)=6-3*SIN(T) ELSE Y(1)=0
340 Y(7)=Y(6)
350 NEXT I
```

(250〜260行) a, S, y_k $(k=1, 2, \cdots, 7)$, $t=0$ の代入。

(280〜350行) FOR〜NEXT(I)

まず，**35** 行で配列 **Y(7)** を定義する。これにより，**Y(0)**，**Y(1)**，**Y(2)**，…，**Y(7)** の **8** つの配列メモリが利用できるようになるんだけれど，今回 **Y(1)** は①式で与えられるので，**Y(0)** のメモリを利用することはない。電位 $y(2)$，$y(3)$，…，$y(6)$ については，水位の計算のときと同様に，一般式 $y_j=y_j+a(y_{j+1}-2y_j+y_{j-1})\cdot\Delta t/S$ $(j=2, 3, \cdots, 6)$ を利用して求めるんだね。

40～90 行で，時刻 t の範囲を $-\pi \leqq t \leqq 9\pi$，電位 y の範囲を $-2 \leqq y \leqq 10$ とし，それぞれの目盛りの刻み幅を $\Delta\overline{t} = \pi$，$\Delta\overline{y} = 1$ とした。100～240 行で ty 座標系を作成するプログラムは例題 11 (P58，59) のものと全く同じなので省略している。250，260 行では，コンダクタンス $a = 3$(s)，電気容量 $S = 1$(F)，そして，各コンデンサーの初期電位 $y_1 = 6$(V)，$y_2 = 1$(V)，$y_3 = 7$(V)，$y_4 = 8$(V)，$y_5 = 2$(V)，$y_6 = 4$(V) を代入し，$y_7 = y_6$ として，初めの時刻 $t = 0$ を代入した。そして，270 行では，$t = 0$ に対応する u の値を U0 とおき，微小時間 Δt を u の 1 画素に対応させて，$\Delta t = \dfrac{T_{Max}}{640 - U0}$ とした。

それでは，このプログラムの主要部分である 280～350 行の FOR～NEXT(I) 文について解説しよう。この FOR～NEXT(I) 文の中には，さらに，FOR～NEXT(J) が入っていて，入れ子の構造になっている。

```
280 FOR I=U0 TO 640
290 PSET (FNU(T),FNV(Y(1))):PSET (FNU(T),FNV(Y(6)))
300 FOR J=2 TO 6
310 Y(J)=Y(J)+A*(Y(J+1)-2*Y(J)+Y(J-1))*DT/S
320 NEXT J
330 T=T+DT:IF T<=4*PI THEN Y(1)=6-3*SIN(T) ELSE Y(1)=0
340 Y(7)=Y(6)
350 NEXT I
```

FOR～NEXT(J)　FOR～NEXT(I)

全体の FOR～NEXT(I) 文では，I = U0，U0+1，…，640 と変化させて，u の 1 画素に対応する時刻 Δt，$2 \cdot \Delta t$，$3 \cdot \Delta t$，…，$(640 - U0) \cdot \Delta t$ での 5 つの電位 Y(2)，Y(3)，…，Y(6) を計算し，入力 Y(1) と出力 Y(6) の経時変化のグラフを示す。

まず，$t = 0$ のとき，290 行で，初期値の点 $(t, y_1) = (0, 6)$，点 $(t, y_6) = (0, 4)$ を uv 平面上の点に変換して表示する。次に，300～320 行の FOR～NEXT(J) 文では，J = 2，3，…，6 と変化させて，各コンデンサーの Δt 秒後の新電位を $t = 0$ (秒) のときの旧電位から，次の一般式で求める。

$$y_j = y_j + a \cdot (y_{j+1} - 2y_j + y_{j-1}) \cdot \Delta t / S$$

新電位　旧電位　旧電位

このようにして新電位 y_2, y_3, …, y_6 を求めた後，**330** 行で，$t=t+\Delta t$ として時刻 t を更新し，IF 文によって，$t \leqq 4\pi$ のとき，$y(1)=6-3\sin t$ とし，そうでないときは $y(1)=0$ として，①の関数をプログラムに反映させた。**340** 行で仮想電位 y_7 を $y_7=y_6$ として，**280** 行の **FOR～NEXT(I)** 文の頭に戻り，**290** 行で，$t=\Delta t$ における点 (t, y_1) と点 (t, y_6) を uv 座標平面上に変換して表示する。次に，**300～320** 行の **FOR～NEXT(J)** 文で，$t=2\cdot\Delta t$ における新電位 y_2, y_3, …, y_6 を計算する。…，以下同様に，$t=(640-\mathrm{U0})\cdot\Delta t$ $(=\mathrm{T_{Max}})$ となるまで，この操作を繰り返し続けるんだね。

それでは，このプログラムを実行した結果得られる入力の電位 y_1 と出力の電位 y_6 の経時変化のグラフを右図に示す。

・$0 \leqq t \leqq 4\pi$ のとき，入力 $y_1=6-3\sin t$ により，出力 y_6 も時間遅れはあるが変動しながら増加する。しかし，

・$4\pi < t$ のとき，入力 $y_1=0$ となるため，出力 y_6 もその後，単調に減少して，**0** に近づいていくことが分かったんだね。面白かった？

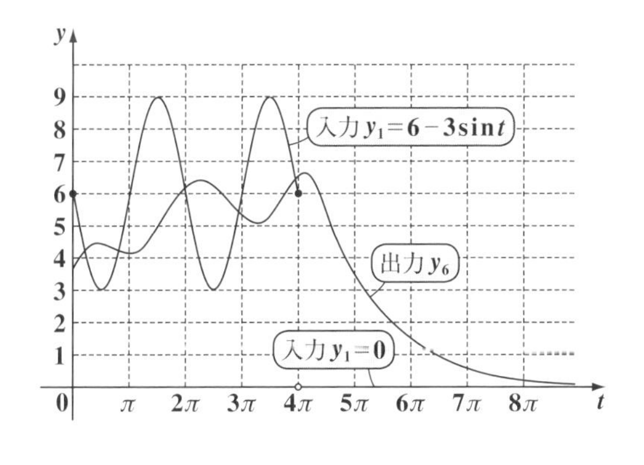

以上で，連結タンクの水の移動とその応用問題の解説は終了です。次回はこれら離散的なアルゴリズムを用いたプログラムが，実は，**1** 次元の熱伝導方程式(拡散方程式)：$\dfrac{\partial y}{\partial t}=\alpha\dfrac{\partial^2 y}{\partial x^2}$ と密接に関係していることを示そう。

したがって，これを逆に考えれば，偏微分方程式である **1** 次元拡散方程式がこのような数値解析によって，近似解を求めることができるということなんだね。数値解析の有用性と面白さがさらに増していくことになるんだね。

§ 2. 1次元熱伝導方程式

これまで，複数の連結タンクの水の移動問題が，複数の連結コンデンサーの電荷の移動や，温度差のある物体間の熱の移動などと同じ数値解析モデルであり，その水位や電位や温度は，同じ一般式：

$y_i = y_i + a\cdot(y_{i+1} - 2y_i + y_{i-1})\cdot\Delta t/S$ ……(∗) を利用して，計算できることを学んだんだね。

ここでは，この(∗)の一般式を基に，1次元の熱伝導方程式(または，1次元の拡散方程式という)：

$\frac{\partial y}{\partial t} = \alpha\frac{\partial^2 y}{\partial x^2}$ ……(∗)′ が導けることを示そう。そして，逆に，この1次元の熱伝導方程式(∗)′を変形して差分(さぶん)方程式にしたものが，(∗)の一般式なんだ。そして，この一般式により，様々な熱伝導の問題を数値解析により解くことができるようになるんだね。

ン？熱伝導問題は，フーリエ解析を使って解けるって!? その通り。よく勉強しているね。しかし，ここでは，数値解析を使って熱伝導問題を解き，その結果がフーリエ解析によるものと一致することも示そう。

● 一般式から、1次元熱伝導方程式を導こう！

複数の連結タンクの水の移動問題での水位 y_i を求める一般式は，

$$y_i = y_i + a\cdot(y_{i+1} - 2y_i + y_{i-1})\cdot\Delta t/S \quad \cdots\cdots ① \quad (i = 1, 2, 3, \cdots, n)$$

(左辺の y_i：新水位 $y_i(t+\Delta t)$，右辺第1項の y_i：旧水位 $y_i(t)$，y_{i+1}, y_i, y_{i-1}：旧水位)

で与えられるんだね。ここで，水位 y_i を連続型の関数とすると，これは時刻 t と位置 x の2変数関数 $y(x, t)$ ということになる。従って，まず時刻 t と $t+\Delta t$ にのみ着目して，①の右辺第1項を時刻 t における旧水位として $y_i(t)$，①の左辺を時刻 $t+\Delta t$ における新水位として $y_i(t+\Delta t)$ とおくと，①は，

$$y_i(t+\Delta t) = y_i(t) + \frac{a}{S}(y_{i+1} - 2y_i + y_{i-1})\cdot\Delta t \text{ より，}$$

(これらも，$y_{i+1}(t)$，$y_i(t)$，$y_{i-1}(t)$ とおけるが，このままにした。)

$$\frac{y_i(t+\Delta t) - y_i(t)}{\Delta t} = \frac{a}{S}(y_{i+1} - 2y_i + y_{i-1}) \quad \cdots\cdots ② \text{ となる。}$$

ここで，②の左辺と右辺を個別に考えよう。まず，

(i) ②の左辺について，$\Delta t \to 0$ の極限を求めると，

$$\lim_{\Delta t \to 0} \frac{y_i(t+\Delta t)-y_i(t)}{\Delta t} = \frac{\partial y}{\partial t} \quad \cdots\cdots ③$$ となる。

（$y_i(t)=y(x,\ t)$ より，これを t で偏微分したものになる。）

(ii) ②の右辺はすべて時刻 t は一定なので，x の式と考える。

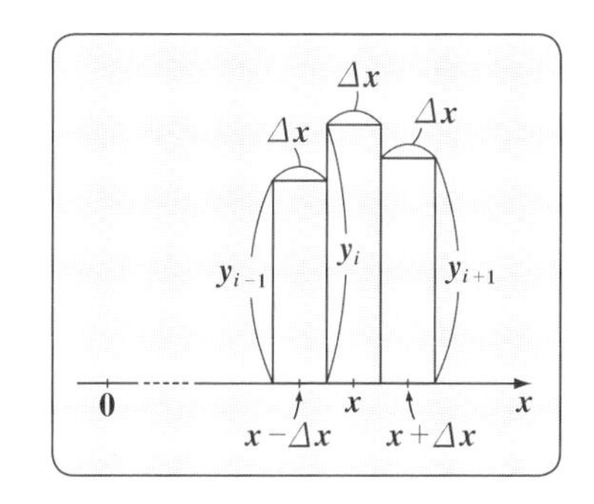

右図に示すように，ある棒状の物体が存在する区間を微小な Δx の幅で区切って，i 番目の温度を y_i と

（もはや，連結タンクでは考えづらいので，x 軸方向におかれた棒状の物体の温度分布と考えて解説しよう。）

おき，この区間のまん中の座標を x とおくと，$y_i = y(x)$ ……④ となる。

これから，y_{i+1} は，$x+\Delta x$ のときの温度，y_{i-1} は，$x-\Delta x$ のときの温度を表すので，

$y_{i+1} = y(x+\Delta x)$ ……④′　　$y_{i-1} = y(x-\Delta x)$ ……④″

また，この棒の奥行きを単位長さ 1 であるとすると，それぞれの区間の断面積 S は，

$S = \Delta x \times 1 = \Delta x$ ……⑤ となる。

さらに，熱量の伝わりやすさを表す係数 a は，Δx が大きいと小さく，Δx が小さいと大きくなる（分厚いと伝わりにくく，薄いと伝わりやすい）はずなので，これは Δx に反比例すると考えて，

$a = \dfrac{\alpha}{\Delta x}$ ……⑥（α：正の定数）とおく。

以上④，④′，④″，⑤，⑥を②の右辺に代入すると，

$$\frac{a}{S}(y_{i+1}-2y_i+y_{i-1}) = \frac{\alpha}{(\Delta x)^2}\{\underbrace{y(x+\Delta x)-2y(x)+y(x-\Delta x)}_{\{y(x+\Delta x)-y(x)\}-\{y(x)-y(x-\Delta x)\}}\}$$

$$= \alpha \cdot \frac{1}{\Delta x} \cdot \left\{ \frac{y(x+\Delta x)-y(x)}{\Delta x} - \frac{y(x)-y(x-\Delta x)}{\Delta x} \right\}$$

ここで，$\Delta x \to 0$ の極限をとり，$\displaystyle\lim_{\Delta x \to 0} \frac{y(x)-y(x-\Delta x)}{\Delta x} = \frac{\partial y(x)}{\partial x}$ とおくと，

$\lim_{\Delta x \to 0} \frac{y(x+\Delta x)-y(x)}{\Delta x} = \frac{\partial y(x+\Delta x)}{\partial x}$ となるので，②の右辺の極限は，

$$\lim_{\Delta x \to 0} \frac{a}{S}(y_{i+1}-2y_i+y_{i-1})$$

$$= \lim_{\Delta x \to 0} \alpha \cdot \frac{1}{\Delta x} \cdot \left\{ \frac{y(x+\Delta x)-y(x)}{\Delta x} - \frac{y(x)-y(x-\Delta x)}{\Delta x} \right\} = \alpha \frac{\partial^2 y}{\partial x^2} \cdots\cdots ⑦$$

$\frac{y(x+\Delta x)-y(x)}{\Delta x}$ → $\frac{\partial y(x+\Delta x)}{\partial x}$，$\frac{y(x)-y(x-\Delta x)}{\Delta x}$ → $\frac{\partial y(x)}{\partial x}$，$\frac{1}{\Delta x}\{\cdots\}$ → $\frac{\partial^2 y}{\partial x^2}$

となる。

以上より，$\frac{y_i(t+\Delta t)-y_i(t)}{\Delta t} = \frac{a}{S}(y_{i+1}-2y_i+y_{i-1})$ ……② の両辺について，

左辺 → $\frac{\partial y}{\partial t}$（③より），右辺 → $\alpha \frac{\partial^2 y}{\partial x^2}$（⑦より）

$\Delta t \to 0$ かつ $\Delta x \to 0$ の極限を求めると，③，⑦より，次の **1** 次元熱伝導方程式：$\frac{\partial y}{\partial t} = \alpha \frac{\partial^2 y}{\partial x^2}$ ……⑧（α：正の定数）が導ける。← 定数 α は，温度伝導率という。

逆に，⑧の偏微分方程式を数値解析するために近似的に，

$$\frac{y_i(t+\Delta t)-y_i(t)}{\Delta t} = \alpha \cdot \frac{1}{(\Delta x)^2}(y_{i+1}-2y_i+y_{i-1})$$ とし，

$$y_i = y_i + \alpha \cdot (y_{i+1}-2y_i+y_{i-1}) \cdot \Delta t/(\Delta x)^2 \cdots\cdots ②'$$ に変形できる。

（左辺の y_i は $y_i(t+\Delta t)$，右辺の y_i は $y_i(t)$ のこと）← 左辺は $t+\Delta t$，右辺は t のときの式なので，プログラム上は区別しなくてもよい。

この②′を⑧の“**差分方程式**（さぶん）”という。このように偏微分方程式を差分方程式にすると，微分・積分など一切使わず四則演算（+，−，×，÷）だけの単純な式で表されることが分かって，面白いでしょう？

この②′を利用する上で注意しないといけないのは，Δt と Δx の取り方なんだね。たとえば，x が $0 \leqq x \leqq 1$ で定義されている場合，これを細分化して $\Delta x = 10^{-2} = 0.01$ とした場合，②′の分母は $(\Delta x)^2 = (10^{-2})^2 = 10^{-4}$ となって非常に小さな値になる。これは，タンクの断面積だと考えると，非常に短時間に水位は変化することになるので，t から $t+\Delta t$ の間の Δt 秒間，水の流出速度は変化しないという仮定を満たすためには，定数 $\alpha = 1$

程度とすると，この場合Δtは$(\Delta x)^2 = 10^{-4}$よりさらに1桁小さい$\Delta t = 10^{-5}$程度とする必要があるんだね。常に，ΔxとΔtの値をどうするか？には注意を払うようにしよう。

● 放熱条件で、1次元熱伝導方程式を解こう！

それでは，準備も整ったので，これから，数値解析を使って実際に次の例題で1次元熱伝導方程式を解いてみることにしよう。この問題の設定条件はマセマの「**フーリエ解析キャンパス・ゼミ**」で掲載したものとまったく同じなんだね。

例題 14　次の1次元熱伝導方程式が与えられている。

$$\frac{\partial y}{\partial t} = \frac{\partial^2 y}{\partial x^2} \quad \cdots\cdots ① \quad (0 < x < 1,\ t > 0)$$ ← 定数$\alpha = 1$とした

境界条件：$y(0,\ t) = y(1,\ t) = 0$ ← 放熱条件

初期条件：$y(x,\ 0) = \begin{cases} 10 & \left(0 < x \leqq \frac{1}{2}\right) \\ 0 & \left(\frac{1}{2} < x \leqq 1\right) \end{cases}$

①を差分方程式（一般式）で表し，$\Delta x = 10^{-2}$，$\Delta t = 10^{-5}$として数値解析により，時刻$t = 0.001$，0.002，0.004，0.008，0.016，0.032，0.064（秒）における温度yのグラフをxy平面上に図示せよ。

この1次元熱伝導方程式では，定数$\alpha = 1$（"**温度伝導率**"という）としている。これは$0 \leqq x \leqq 1$におかれた棒状の物体の温度分布の経時変化の問題だと考えるといい。時刻$t = 0$のときの温度分布（初期条件）のグラフを右図に示す。

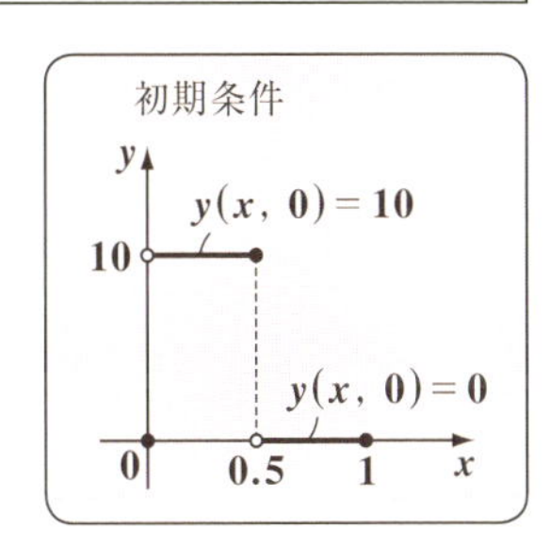

境界条件より，両端点$x = 0,\ 1$における温度は常に0（℃）に保たれているので，当然この両端点から熱は外に流出する。よって，十分に時間が経過した後は，この1次元の物体の温度は0（℃）の一様分布になることが予想できるんだね。

1次元熱伝導方程式：$\frac{\partial y}{\partial t}=\frac{\partial^2 y}{\partial x^2}$ ……① を差分方程式に変形して，

新　旧

$$\frac{y_i - y_i}{\Delta t}=\frac{1}{(\Delta x)^2}(y_{i+1}-2y_i+y_{i-1})$$ より，

$y_i = y_i + (y_{i+1}-2y_i+y_{i-1})\cdot\Delta t/(\Delta x)^2$ ……② $(\Delta x = 10^{-2},\ \Delta t = 10^{-5})$

となる。これを y_i $(i=1,\ 2,\ \cdots 99)$ を求めるための一般式として，プログラムを，次のように作ればいいんだね。

```
10 REM -----------------------------------
20 REM   1次元熱伝導方程式1(放熱条件)
30 REM -----------------------------------
35 DIM Y(100)
40 XMAX=1.2#
50 XMIN=-.2#
60 DELX=.5#
70 YMAX=12
80 YMIN=-2
90 DELY=2
100 CLS 3
110 DEF FNU(X)=INT(640*(X-XMIN)/(XMAX-XMIN))
120 DEF FNV(Y)=INT(400*(YMAX-Y)/(YMAX-YMIN))
130 DELU=640*DELX/(XMAX-XMIN)
140 DELV=400*DELY/(YMAX-YMIN)
150 N=INT(XMAX/DELX):M=INT(-XMIN/DELX)
160 FOR I=-M TO N
170 LINE (FNU(0)+INT(I*DELU),0)-(FNU(0)+INT(I*DELU),
400),,,2
180 NEXT I
190 LINE (FNU(0),0)-(FNU(0),400)
200 N=INT(YMAX/DELY):M=INT(-YMIN/DELY)
```

配列の定義

$X_{Max}=1.2$，$X_{min}=-0.2$，$\Delta\overline{X}=0.5$，
$Y_{Max}=12$，$Y_{min}=-2$，$\Delta\overline{Y}=2$ を代入。

xy 座標系の作成

```
210 FOR I=-M TO N
220 LINE (0,FNV(0)-INT(I*DELV))-(640,FNV(0)-INT(I*DE
LV)),,,2
230 NEXT I
240 LINE (0,FNV(0))-(640,FNV(0))
250 T=0:DT=1D-005:DX=.01          ←(t=0, Δt=10^-5, Δx=10^-2 の代入)
260 FOR I=1 TO 100
270 IF I=<50 THEN Y(I)=10 ELSE Y(I)=0   FOR~NEXT(I)
280 NEXT I
290 Y(0)=0
300 PSET (FNU(0),FNV(Y(0)))
310 FOR I=1 TO 100
320 LINE -(FNU(I*DX),FNV(Y(I)))          FOR~NEXT(I)
330 NEXT I
340 N=6400
350 FOR K=1 TO N
360 FOR I=1 TO 99
370 Y(I)=Y(I)+(Y(I+1)-2*Y(I)+Y(I-1))*DT/(DX)^2   FOR~NEXT(I)
380 NEXT I
390 T=T+DT                                        FOR~NEXT(K)
400 FOR J=0 TO 6
410 IF K=(2^J)*100 THEN GOTO 460                  FOR~NEXT(J)
420 NEXT J
430 NEXT K
440 STOP
450 END
460 PSET (FNU(0),FNV(Y(0)))
470 FOR I=1 TO 100
480 LINE -(FNU(I*DX),FNV(Y(I)))          FOR~NEXT(I)
490 NEXT I:GOTO 430
```

まず，35行で配列Y(100)を定義して，101個の配列メモリY(0)，Y(1)，…，Y(100)を利用できるようにする。これにより，$0 \leqq x \leqq 1$で定義される物体を微小区間$\Delta x = 10^{-2}$に分割して，離散的な温度分布Y(0)，Y(1)，…，Y(100)を調べることにする。40〜90行で，xの範囲を$-0.2 \leqq x \leqq 1.2$，yの範囲を$-2 \leqq y \leqq 12$とし，それぞれの目盛りの刻み幅を$\Delta \overline{x} = 0.5$，$\Delta \overline{y} = 2$とした。100〜240行で，以上の設定に従って，$xy$座標系を作成する。250行で，初期時刻$t = 0$と，微小時間$\Delta t = 10^{-5}$と微小区間$\Delta x = 10^{-2}$を代入した。

微小区間Δxと区別するため，目盛り幅は$\Delta \overline{x}$と表すことにする。

260〜280行のFOR〜NEXT(I)文で，初期条件の値Y(1)＝Y(2)＝…＝Y(50)＝10，Y(51)＝Y(52)＝…＝Y(100)＝0を代入し，290行でY(0)＝0を代入した。

300行で，初期条件の初めの点$(x, y) = (0, 0)$に相当する点をuv座標上に表示し，その後の310〜330行により，$(\Delta x, y(1))$，$(2\Delta x, y(2))$，…，$(100 \cdot \Delta x, y(100))$に相当する点を順次結んで，時刻$t = 0$における初期条件のグラフを表示した。

340行で，N＝6400を代入して，350〜430行のFOR〜NEXT(K)文により，K＝1，2，3，…，6400と変化させながら計算を行う。この中にはさらに，2つのFOR〜NEXT文が入れ子構造で入っており，まず，K＝1のとき，360〜380行のFOR〜NEXT(I)文で，時刻$t = \Delta t$（秒）のときの新たな温度Y(1)，Y(2)，…，Y(99)を一般式により求める。Y(0)とY(100)は，境界条件により，0のまま保存される。390行でtを0からΔtに更新する。この後，K＝2のとき，$t = 2\Delta t$のときのY(1)，Y(2)，…，Y(99)を計算し，以下同様にK＝6400となるまで計算して，440，450行により，プログラムを停止・終了する。その途中で400〜420行のFOR〜NEXT(J)文により，J＝0，1，2，3，4，5，6のとき，すなわち，K＝$2^0 \times 100$，$2^1 \times 100$，$2^2 \times 100$，…，$2^6 \times 100$（つまり，K＝100，200，400，800，1600，3200，6400で，これに対応するtは，$t = 0.001$，0.002，0.004，…，0.064のときのみ，460行に飛び，460行で，まず，$(x, y) = (0, 0)$に相当する点をuv座標平面上に表示する。そして，470〜490行のFOR〜NEXT(I)文により，$(\Delta x, y(1))$，

$(2\Delta x,\ y(2))$，…，$(100\cdot\Delta x,\ y(100))$ に相当する点を連結して，これら各 t の値のときの温度 y の分布のみをグラフにして表示する。各 t の値に対するグラフの作図が終わる毎に，**490** 行の **GOTO 430** により，**350**～**430** 行の **FOR**～**NEXT(K)** のループに戻す。

以上により，時刻 $t=0$ のときの初期条件の y のグラフが，$t=0.001$，0.002，0.004，…，0.064 (秒) でどのように変化していくか，その経時変化をグラフでヴィジュアルに把握できるようになるんだね。

それでは，このプログラムを実行した結果得られるグラフを右図に示そう。$x=0$ と 1 で温度 $y=0$ より，この両端点から熱が放出されるため，温度分布のグラフは，時刻の経過と供に，ほぼ **0(℃)** の一様分布に近づいていくことが分かると思う。このように，数値解析により，容易に偏微分方程式 (1次元熱伝導方程式) が，解けることがご理解頂けたと思う。

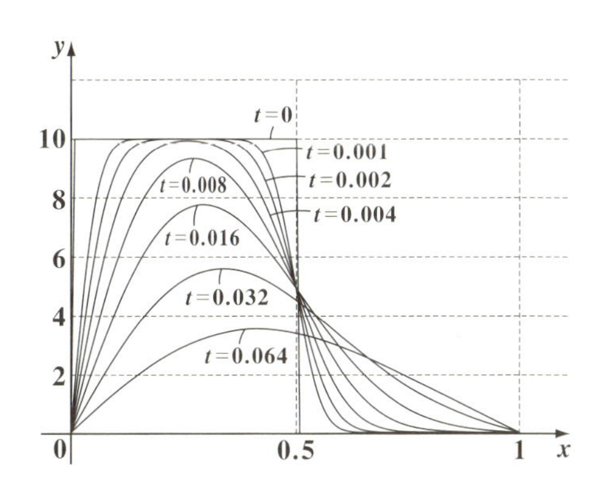

そして，これと同じ問題は，「**フーリエ解析キャンパス・ゼミ**」(マセマ) で，フーリエ級数展開を使って解析的に求めているんだね。その結果のみを示すと，

$y(x,\ t)=\dfrac{20}{\pi}\displaystyle\sum_{k=1}^{\infty}\dfrac{1-\cos\dfrac{k\pi}{2}}{k\cdot e^{k^2\pi^2 t}}\sin k\pi x$ となる。もちろん，この無限級数は実際には計算できないので，この **60** 項までの部分和をとって，近似解として，

$y(x,\ t)\fallingdotseq\dfrac{20}{\pi}\displaystyle\sum_{k=1}^{60}\dfrac{1-\cos\dfrac{k\pi}{2}}{k\cdot e^{k^2\pi^2 t}}\sin k\pi x$ として，グラフを描いた。そして，そのときに描いたグラフと，今回示した上のグラフとは，ほとんど見分けがつかない程一致している。

各自，「**フーリエ解析キャンパス・ゼミ**」で確認されるとよい。

● 放熱条件で、様々な1次元熱伝導方程式を解こう！

それでは次，初期条件の温度分布がデルタ関数 $\delta\left(x-\frac{1}{2}\right)$ である場合の，放熱条件での1次元熱伝導方程式を数値解析で解いてみよう。

例題 15　次の1次元熱伝導方程式が与えられている。

$$\frac{\partial y}{\partial t}=\frac{\partial^2 y}{\partial x^2}\ \cdots\cdots①\quad(0<x<1,\ t>0)$$ ←定数 $\alpha=1$

境界条件：$y(0,\ t)=y(1,\ t)=0$ ←放熱条件

初期条件：$y(x,\ 0)=\delta\left(x-\frac{1}{2}\right)\quad(0\leqq x\leqq 1)$

①を差分方程式（一般式）で表し，$\Delta x=10^{-2}$，$\Delta t=10^{-5}$ として，数値解析により，時刻 $t=0.001,\ 0.002,\ 0.004,\ 0.008,\ 0.016,\ 0.032,\ 0.064$（秒）における温度 y のグラフを xy 平面上に図示せよ。

初期条件：$y(x,\ 0)=\delta\left(x-\frac{1}{2}\right)$ は，右図に示すように，$x=\frac{1}{2}$ のときのみ $y=\infty$ となり，$0\leqq x<\frac{1}{2}$，$\frac{1}{2}<x\leqq 1$ のときは，$y=0$ となる。また，$\int_0^1\delta\left(x-\frac{1}{2}\right)dx=1$ より，これを $\Delta x=10^{-2}$ で差分化した場合，この温度分布は，$\mathrm{Y}(50)$ のみ 100 で，他は 0 とすればいい。すなわち，$\mathrm{Y}(0)=\mathrm{Y}(1)=\cdots=\mathrm{Y}(49)=\mathrm{Y}(51)=\cdots=\mathrm{Y}(100)=0$ で，かつ $\mathrm{Y}(50)=100$ とすればよい。

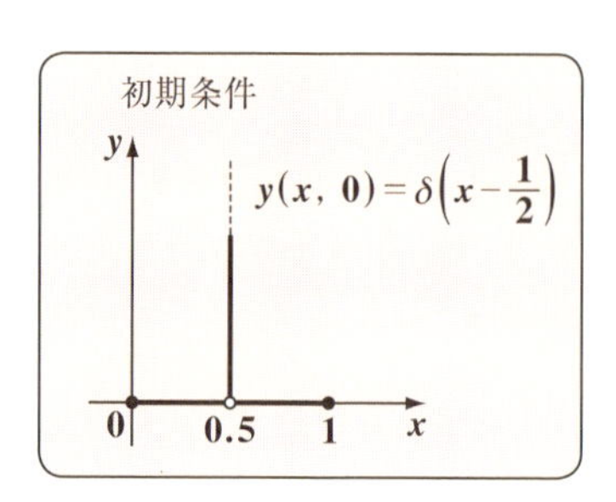

$\Delta x=10^{-2}=\frac{1}{100}$ より，$\Delta x\cdot\mathrm{Y}(50)=\frac{1}{100}\times 100=1$ となって，$\int_0^1\delta\left(x-\frac{1}{2}\right)dx=1$ をみたすからなんだね。

$t=0$ のとき，$y=\delta\left(x-\frac{1}{2}\right)$ で表される温度分布が，どのように経時変化して

いくのか，数値解析で計算してグラフで示そう。では，今回のプログラムを下に示す。ただし，**100～240**行の***xy***座標系を作るプログラムは例題**14(P78，79)**のものとまったく同じなので，ここでは省略して示す。

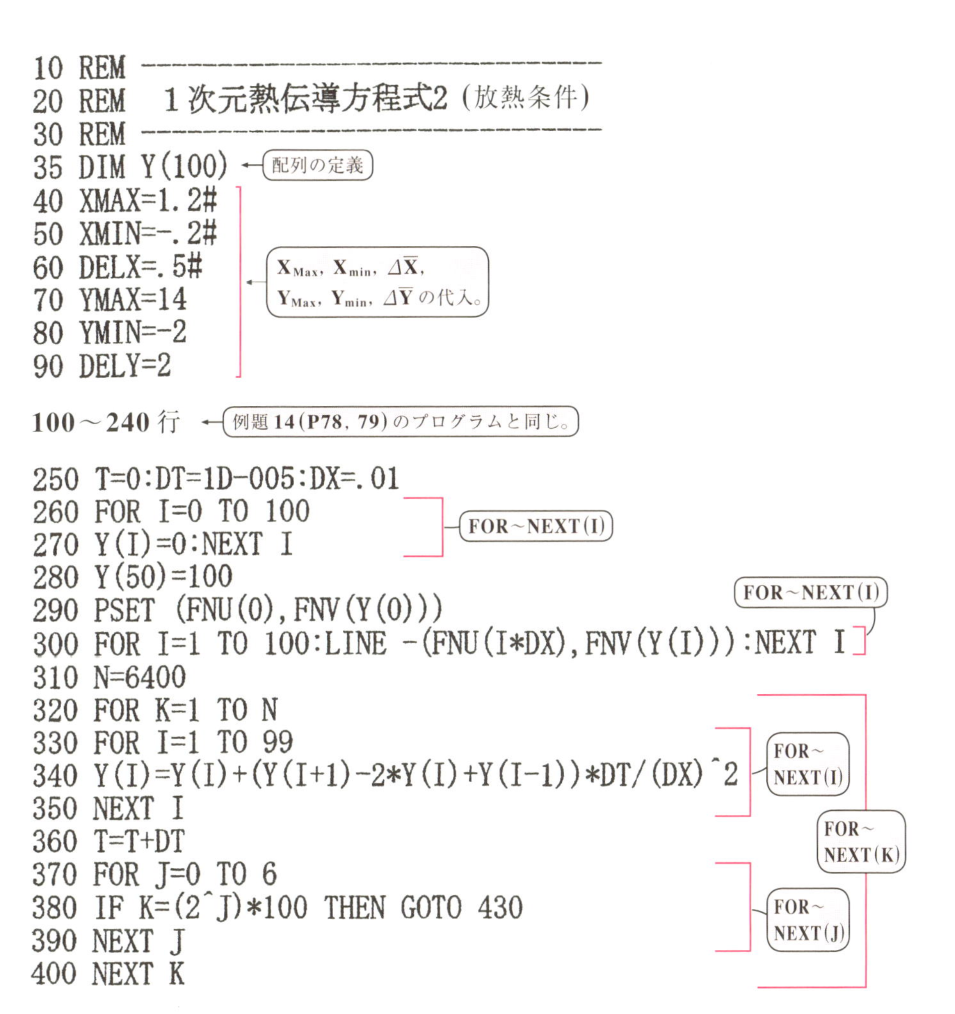

```
10 REM ----------------------------------
20 REM  1次元熱伝導方程式2 (放熱条件)
30 REM ----------------------------------
35 DIM Y(100)
40 XMAX=1.2#
50 XMIN=-.2#
60 DELX=.5#
70 YMAX=14
80 YMIN=-2
90 DELY=2
```

100～240行

```
250 T=0:DT=1D-005:DX=.01
260 FOR I=0 TO 100
270 Y(I)=0:NEXT I
280 Y(50)=100
290 PSET (FNU(0),FNV(Y(0)))
300 FOR I=1 TO 100:LINE -(FNU(I*DX),FNV(Y(I))):NEXT I
310 N=6400
320 FOR K=1 TO N
330 FOR I=1 TO 99
340 Y(I)=Y(I)+(Y(I+1)-2*Y(I)+Y(I-1))*DT/(DX)^2
350 NEXT I
360 T=T+DT
370 FOR J=0 TO 6
380 IF K=(2^J)*100 THEN GOTO 430
390 NEXT J
400 NEXT K
```

```
410 STOP
420 END
430 PSET (FNU(0),FNV(Y(0)))
440 FOR I=1 TO 100
450 LINE -(FNU(I*DX),FNV(Y(I)))
460 NEXT I:GOTO 400
```

FOR～NEXT(I)

まず，**35** 行で配列 **Y(100)** を定義して，**Y(0)** ～ **Y(100)** の **101** 個の配列メモリを用意する。これにより，$0 \leqq x \leqq 1$ の範囲に存在する物体を微小区間 $\Delta x = 10^{-2}$ に分割して，その温度分布を表示する。**40** ～ **90** 行で，x の範囲を $-0.2 \leqq x \leqq 1.2$，y の範囲を $-2 \leqq y \leqq 14$ とし，それぞれの目盛りの幅を $\Delta\overline{x} = 0.5$，$\Delta\overline{y} = 2$ とした。**100** ～ **240** 行で，以上の設定に従い，xy 座標系を作成する。**250** 行で，初期時刻 $t = 0$ と，微小時間 $\Delta t = 10^{-5}$ と微小区間 $\Delta x = 10^{-2}$ を代入した。**260** ～ **270** 行の **FOR**～**NEXT(I)** 文で，**Y(0)** ～ **Y(100)** すべての温度に **0(℃)** を代入した後，初期条件 $y = \delta\left(x - \frac{1}{2}\right)$ の離散表示として，**280** 行で **Y(50) = 100(℃)** を代入した。**290** 行で，$(x, y) = (0, 0)$ に相当する点を uv 座標上に表示し，次の **300** 行の **FOR**～**NEXT(I)** 文により，$(\Delta x, y(1))$，$(2\Delta x, y(2))$，…，$(100 \cdot \Delta x, y(100))$ に相当する点を順次連結して，時刻 $t = 0$ における初期条件のグラフを表示した。

310 行で，**N = 6400** を代入して，**320** ～ **400** 行の **FOR**～**NEXT(K)** 文により，**K = 1，2，3，…，6400** と変化させながら，ループ計算を行う。この中にはさらに，**2** つの **FOR**～**NEXT** 文が入れ子構造で入っており，まず，**K = 1** のとき，**330** ～ **350** 行の **FOR**～**NEXT(I)** 文で，時刻 $t = \Delta t$ (秒) のときの新たな温度の値 **Y(1)**，**Y(2)**，…，**Y(99)** を，**340** 行の一般式により求める。**Y(0)** と **Y(100)** は境界条件により，常に **0(℃)** のまま保存する。**360** 行の $t = t + \Delta t$ により，時刻 t も **0** から Δt に更新する。この後，**K = 2** のとき，$t = 2 \cdot \Delta t$ における **Y(1)**，**Y(2)**，…，**Y(99)** を計算し，**K = 3** のとき，$t = 3 \cdot \Delta t$ での **Y(1)**，**Y(2)**，…，**Y(99)** を計算し，以下同様に **K = 6400** となるまで計算

して，410，420行により，プログラムを停止・終了する。その途中で，370～390行のFOR～NEXT(J)文により，J=0，1，2，3，4，5，6のとき，すなわち，$K=2^0\times100$，$2^1\times100$，$2^2\times100$，…，$2^6\times100$（つまり，K=100，200，400，800，1600，3200，6400で，これに対応するtは，$t=0.001$，0.002，0.004，…，0.064）のときのみ，430行に飛び，430行でまず，$(x, y)=(0, 0)$に相当する点をuv平面上に表示する。そして，440～460行のFOR～NEXT(I)文により，$(\Delta x, y(1))$，$(2\Delta x, y(2))$，…，$(100\cdot\Delta x, y(100))$に相当する点をつないで，これら各$t$の値のときの温度分布のみをグラフにして表示する。各tの値についてのグラフの作成が終了する毎に，460行のGOTO 400により，320～400行のFOR～NEXT(K)のループ計算に戻す。

それでは，このプログラムを実行した結果得られるグラフを右図に示そう。$x=0$と1の両端の温度は0(℃)で保たれているため，この両端点から熱が放出される。したがって，$t=0$(秒)のとき，デルタ関数で表されるように$x=0.5$においてのみ高温だった温度分布も時刻が経過すると供に，徐々に拡散して，やがては0(℃)の一様分布に冷却されていく様子がご理解頂けたと思う。

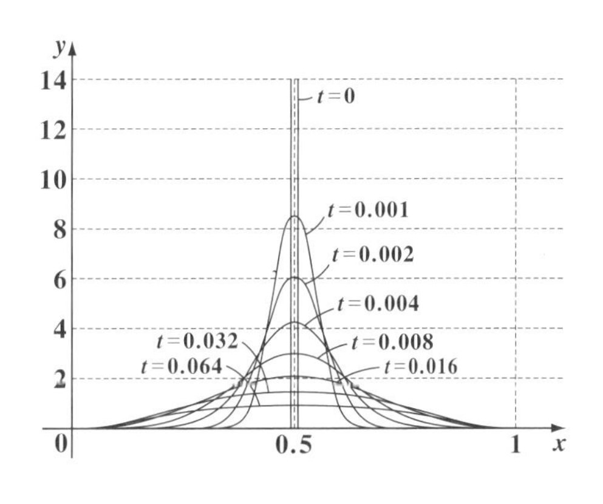

プログラムで，実際に各時刻tの温度分布を計算する主要部分は，320～400行のFOR～NEXT(K)のみで，他はほとんどデータの代入文とグラフの作図のためのものなんだね。このように簡単なアルゴリズムで，偏微分方程式（1次元熱伝導方程式）が，ほぼ正確に解けてしまうことに驚かれた方も多いと思う。数値解析は，数学や物理学を学ぶ上で必要不可欠なツール（道具）であることが分かると思う。それではもう1題，放熱条件の下で，1次元熱伝導方程式を数値解析で解いてみよう。

例題 16　次の **1** 次元熱伝導方程式が与えられている。

$$\frac{\partial y}{\partial t} = \frac{\partial^2 y}{\partial x^2} \quad \cdots\cdots① \quad (0 < x < 1,\ t > 0)$$ ←(定数 $\alpha = 1$)

境界条件：$y(0,\ t) = y(1,\ t) = 0$ ←(放熱条件)

$$\text{初期条件：} y(x,\ 0) = \begin{cases} 12 & \left(\frac{1}{4} \leqq x \leqq \frac{1}{2}\right) \\ 7 & \left(\frac{3}{4} \leqq x \leqq \frac{9}{10}\right) \\ 0 & \left(0 < x < \frac{1}{4},\ \frac{1}{2} < x < \frac{3}{4},\ \frac{9}{10} < x < 1\right) \end{cases} \quad \cdots\cdots②$$

①を差分方程式で表し，$\Delta x = 10^{-2}$，$\Delta t = 10^{-5}$ として，数値解析により，時刻 $t = 0.001,\ 0.002,\ 0.004,\ 0.008,\ 0.016,\ 0.032,\ 0.064$（秒）における温度 y のグラフを xy 平面上に図示せよ。

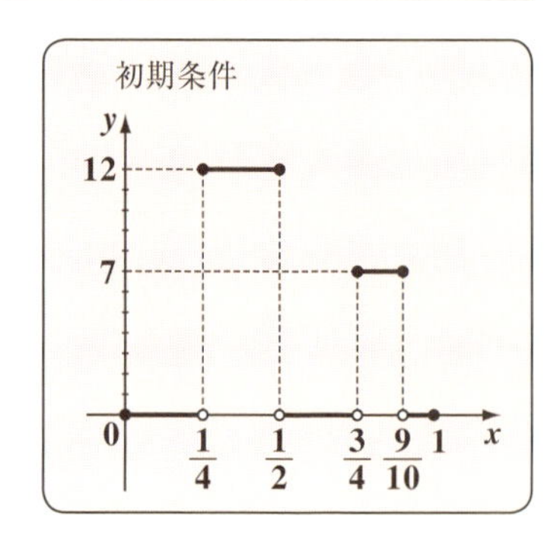

今回も，**1** 次元熱伝導方程式①の定数 α は $\alpha = 1$ としている。$0 \leqq x \leqq 1$ において，$t = 0$（秒）での温度 y(℃) の初期条件②の分布を示すと，右図のようになる。これからスタートして，時刻 t の経過と供に，この温度分布がどのように変化していくか？①の偏微分方程式を差分化して，$\Delta x = 10^{-2}$，$\Delta t = 10^{-5}$ として数値解析により，調べていくことにしよう。

それでは，今回のプログラムを次に示そう。ただし，xy 座標系を作成するための **100**～**240** 行のプログラムは省略して示す。

```
10 REM ────────────────────
20 REM   1次元熱伝導方程式3 (放熱条件)
30 REM ────────────────────
35 DIM Y(100)  ←(配列の定義)
40 XMAX=1.2#
```

```
50 XMIN=-.2#
60 DELX=.5#
70 YMAX=15
80 YMIN=-2
90 DELY=2
```

← X_{Max}, X_{min}, $\Delta\overline{X}$, Y_{Max}, Y_{min}, $\Delta\overline{Y}$ の代入。

100～240 行 ← 例題 **14**(**P78, 79**) のプログラムと同じ。

```
250 T=0:DT=1D-005:DX=.01
260 FOR I=0 TO 100
270 Y(I)=0:NEXT I
280 FOR I=25 TO 50
290 Y(I)=12:NEXT I
300 FOR I=75 TO 90
310 Y(I)=7:NEXT I
320 PSET (FNU(0),FNV(Y(0)))
330 FOR I=1 TO 100
340 LINE -(FNU(I*DX),FNV(Y(I))):NEXT I
350 N=6400
360 FOR K=1 TO N
370 FOR I=1 TO 99
380 Y(I)=Y(I)+(Y(I+1)-2*Y(I)+Y(I-1))*DT/(DX)^2
390 NEXT I
400 T=T+DT
410 FOR J=0 TO 6
420 IF K=(2^J)*100 THEN GOTO 470
430 NEXT J
440 NEXT K
450 STOP
460 END
470 PSET (FNU(0),FNV(Y(0)))
480 FOR I=1 TO 100
490 LINE -(FNU(I*DX),FNV(Y(I)))
500 NEXT I:GOTO 440
```

注記:
- 250行: $t=0$, $\Delta t=10^{-5}$, $\Delta x=10^{-2}$ の代入
- 260～310行: 初期条件の温度分布の代入
- 320～340行: 初期条件の温度分布のグラフの作成
- 350行: 計算回数Nの代入
- 370～390行: FOR～NEXT(I)
- 410～430行: FOR～NEXT(J)
- 360～440行: FOR～NEXT(K)
- 480～500行: FOR～NEXT(I)

まず，**35** 行で配列 **Y(100)** を定義して，**Y(0)**～**Y(100)** の **101** 個の配列メモリを用意する。これにより，$0 \leqq x \leqq 1$ の範囲に存在する物体を微小区間 $\Delta x = 10^{-2}$ に分割して，その温度分布を表示する。**40**～**90** 行で，x の範囲を $-0.2 \leqq x \leqq 1.2$，y の範囲を $-2 \leqq y \leqq 15$ とし，それぞれの目盛りの幅を $\Delta\overline{x} = 0.5$，$\Delta\overline{y} = 2$ とした。**100**～**240** 行で，以上の設定に従い，xy 座標系を作成する。**250** 行で，初期時刻 $t = 0$ と，微小時間 $\Delta t = 10^{-5}$ と微小区間 $\Delta x = 10^{-2}$ を代入した。**260**，**270** 行の **FOR～NEXT(I)** 文でまず，**Y(0)**～**Y(100)** すべての温度に **0**(℃) を代入する。その後，②の初期条件の離散的な表現として，**280**，**290** 行の **FOR～NEXT(I)** 文で，**Y(25)**～**Y(50)** に **12**(℃) を代入し，**300**，**310** 行の **FOR～NEXT(I)** 文で，**Y(75)**～**Y(90)** に **7**(℃) を代入した。境界条件より，**Y(0)** と **Y(100)** はこの後も常に **0** (℃) に保たれる。
320 行で，$(x, y) = (0, 0)$ に相当する点を uv 平面上に表示し，次の **330**，**340** 行の **FOR～NEXT(I)** 文により，$(\Delta x, y(1))$，$(2\Delta x, y(2))$，…，$(100 \cdot \Delta x, y(100))$ に相当する点を順に連結して，時刻 $t = 0$ における②の初期条件の温度分布のグラフを表示した。
350 行で，計算回数 **N＝6400** を代入して，**360**～**440** 行の **FOR～NEXT(K)** 文により，**K＝1**，**2**，**3**，…，**6400** と変化させながら，ループ計算を行う。このループの中には，さらに **2** つの **FOR～NEXT** 文が入っている入れ子構造になっている。まず，**K＝1** のとき，**370**～**390** 行の **FOR～NEXT(I)** 文で，時刻 $t = \Delta t$ (秒) 後の新たな温度の値 **Y(1)**，**Y(2)**，…，**Y(99)** を **380** 行の一般式を使って算出する。**Y(0)** と **Y(100)** は **0** のままである。**400** 行の $t = t + \Delta t$ により，時刻 t も **0** から Δt に更新する。この後は，ループ計算により，**K＝2** のとき，$t = 2 \cdot \Delta t$ における **Y(1)**，**Y(2)**，…，**Y(99)** を求め，さらに，**K＝3** のとき，$t = 3 \cdot \Delta t$ での **Y(1)**，**Y(2)**，…，**Y(99)** の値を更新して算出する。以下同様に **K＝6400** となるまで，計算を行って，**450**，**460** 行で，このプログラムを停止・終了する。

その途中で，410～430行のFOR～NEXT(J)文により，J = 0，1，2，3，4，5，6のとき，すなわち，$K = 2^0 \times 100$，$2^1 \times 100$，…，$2^6 \times 100 = 100$，200，…，6400，つまり，これに対応する $t = 0.001$，0.002，…，0.064(秒)のときだけ，470行に飛び，まず，$(x, y) = (0, 0)$ に相当する点を uv 平面上に表示する。そして，480～500行のFOR～NEXT(I)文により，$(\Delta x, y(1))$，$(2\Delta x, y(2))$，…，$(100 \cdot \Delta x, y(100))$ に相当する点を順次連結させて，これら各 t の値のときの温度分布を表示させた後，500行のGOTO 440により，また360～440行のFOR～NEXT(K)の計算ループに復帰させる。

では，このプログラムを実行(run)した結果得られるグラフを右図に示す。

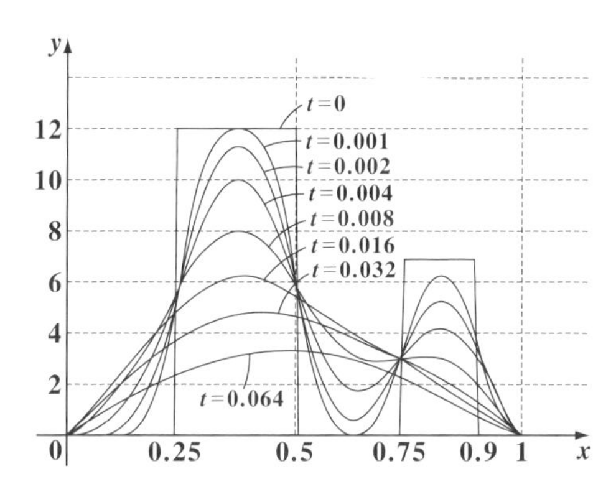

$x = 0$，1の両端点は0(℃)に保たれているため，この両端点から熱が放出していく。今回は時刻 t の経過と供に変化していく温度分布がかなり複雑な形状を示すことになるけれど，やがては0(℃)の一様な分布に冷却されていく様子を，このグラフから読み取れるんだね。

以上で，放熱条件の下での1次元熱伝導方程式の数値解析による解法の解説は終了です。これで，偏微分方程式の差分方程式とプログラミングにもずい分慣れることができたと思う。それでは次のテーマとして，両端点が断熱条件の下での1次元熱伝導方程式の数値解析プログラムによる解法についても，また例題を解きながら解説していこう。

● 断熱条件で、1次元熱伝導方程式を解こう！

それでは，これから断熱条件の下で，**1**次元の熱伝導方程式を数値解析を使って解いてみよう。断熱条件であることを除けば，例題**14**(**P77**)の設定条件とほぼ等しい次の例題を解いてみることにしよう。

例題 17　次の**1**次元熱伝導方程式が与えられている。

$$\frac{\partial y}{\partial t}=\frac{\partial^2 y}{\partial x^2}\ \cdots\cdots ①\quad (0<x<1,\ t>0)$$ ←(定数 $\alpha=1$ とした)

境界条件：$\dfrac{\partial y(0,\ t)}{\partial x}=\dfrac{\partial y(1,\ t)}{\partial x}=0$ ←(断熱条件)

初期条件：$y(x,\ 0)=\begin{cases}10 & \left(0\leqq x\leqq \frac{1}{2}\right)\\ 0 & \left(\frac{1}{2}<x\leqq 1\right)\end{cases}$

①を差分方程式(一般式)で表し，$\Delta x=10^{-2}$，$\Delta t=10^{-5}$ として数値解析により，時刻 $t=0.001$，0.002，0.004，0.008，0.016，0.032，0.064，0.128，0.256(秒)における温度 y のグラフを xy 平面上に図示せよ。

この①の**1**次元熱伝導方程式の初期条件，すなわち，時刻 $t=0$ のときの温度 y の分布を右図に示す。例題**14**との違いは，$x=0$ のとき，$y=10$ となっていることだ。例題**14**では，端点 $x=0$ で $y=0$(℃)に常に保たれていて，ここから熱が流出していたわけだけれど，今回の境界条件は断熱条件なので，$t=0$，$x=0$ のとき $y=10$ となるんだね。

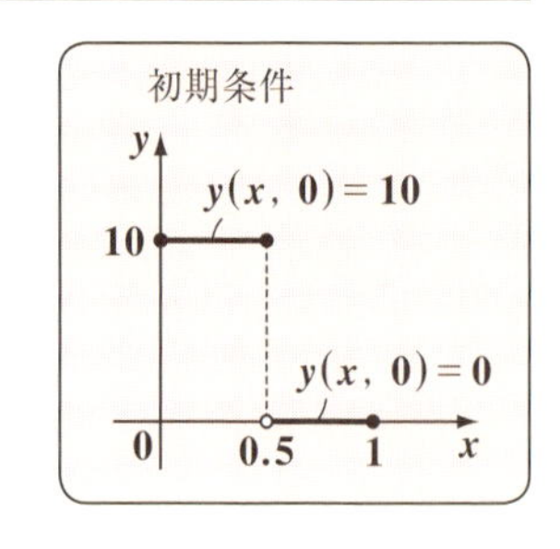

今回の境界条件は，$y_x(0,\ t)=y_x(1,\ t)=0$ と表しても構わない。この式が

(これは，x での偏微分を表す。)

意味していることは，「$0\leqq x\leqq 1$ で定義された棒状の物体の $x=0$ と 1 の端点において，x で偏微分したものが 0 であることから，$y(x,\ t)$ のグラフの $x=0$ と 1 における y の接線の傾きが 0 である。」ということなんだね。つまり，

温度分布 $y(x, t)$ の曲線が $t \geqq 0$ のいかなる時刻 t においても，$x=0$ と 1 の付近では x 軸に平行な曲線になるということだ。そのためには，$x=0$ のとき，$y=10$ となり，$x=1$ のとき，$y=0$ でなければならないんだね。この断熱条件の意味が，まだピンときていない方は，これからプログラムにより，これを数値解析していくときの解説で明らかになるので，もう少し待って頂きたい。

今回の問題では，物体の両端点 $x=0$，1 で断熱，すなわち保温されている状態なので，$t=0$ のとき初期条件の温度 y の分布は，時刻の経過と供に冷却されて 0(℃) の一様な分布に近づくのではなく，保温されたある一様な温度分布に近づいていくことが予想されるんだね。この様子を調べるために，今回は，時刻 $t=0.001$，0.002，…，0.064 よりさらに，$t=0.128$，0.256(秒) まで調べることにした。それでは，今回の断熱条件の下で，1次元熱伝導方程式を数値解析で解くためのプログラムを下に示そう。ただし，今回も100～240行の xy 座標系を作るプログラムは，例題14のものと同じなので省略する。

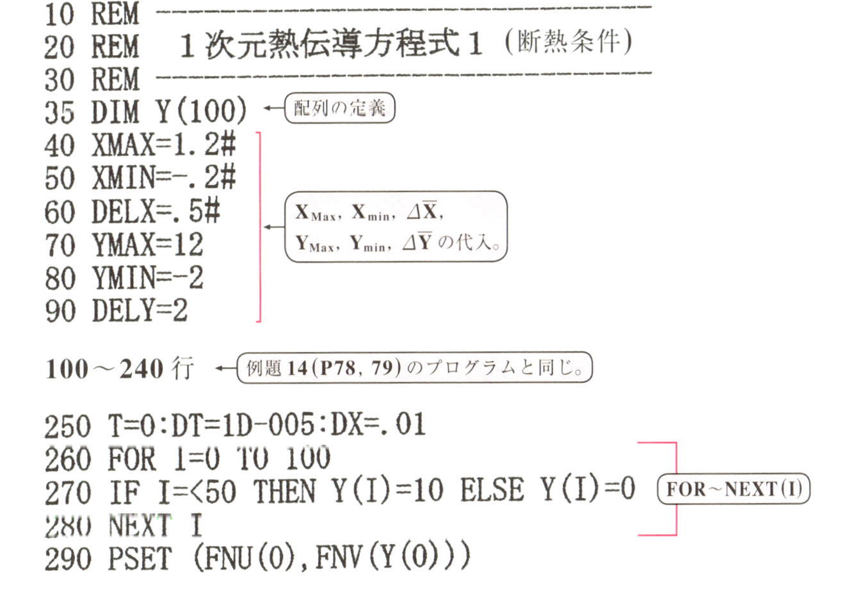

```
10 REM ---------------------------------------
20 REM   1次元熱伝導方程式1 (断熱条件)
30 REM ---------------------------------------
35 DIM Y(100)
40 XMAX=1.2#
50 XMIN=-.2#
60 DELX=.5#
70 YMAX=12
80 YMIN=-2
90 DELY=2

100～240行

250 T=0:DT=1D-005:DX=.01
260 FOR I=0 TO 100
270 IF I=<50 THEN Y(I)=10 ELSE Y(I)=0
280 NEXT I
290 PSET (FNU(0),FNV(Y(0)))
```

```
300 FOR I=1 TO 100
310 LINE -(FNU(I*DX),FNV(Y(I)))
320 NEXT I
330 N=6400*4        ←計算回数Nの代入
340 FOR K=1 TO N
350 FOR I=1 TO 99
360 Y(I)=Y(I)+(Y(I+1)-2*Y(I)+Y(I-1))*DT/(DX)^2
370 NEXT I
380 T=T+DT:Y(0)=Y(1):Y(100)=Y(99)
390 FOR J=0 TO 8
400 IF K=(2^J)*100 THEN GOTO 450
410 NEXT J
420 NEXT K
430 STOP
440 END
450 PSET (FNU(0),FNV(Y(0)))
460 FOR I=1 TO 100
470 LINE -(FNU(I*DX),FNV(Y(I)))
480 NEXT I:GOTO 420
```

FOR~NEXT(I)（350～370行）　FOR~NEXT(K)（340～420行）　FOR~NEXT(J)（390～410行）　FOR~NEXT(I)（460～480行）

まず，**35** 行で配列 **Y(100)** を定義して，**Y(0)**～**Y(100)** の **101** 個の配列メモリを用意する。これにより，$\mathbf{0} \leqq x \leqq \mathbf{1}$ の範囲に存在する物体を微小区間 $\Delta x = \mathbf{10}^{-2}$ に分割して，その温度分布を表示することができる。**40**～**90** 行で，x の範囲を $-\mathbf{0.2} \leqq x \leqq \mathbf{1.2}$ として，y の範囲を $-\mathbf{2} \leqq y \leqq \mathbf{12}$ とし，それぞれの目盛り幅を $\Delta\overline{x} = \mathbf{0.5}$，$\Delta\overline{y} = \mathbf{2}$ とした。以上の設定に従って，**100**～**240** 行で

（微小範囲 Δx と区別するため，x の目盛り幅は $\Delta\overline{x}$ で表す。）

xy 座標系を作成する。

250 行で，初期時刻 $t = \mathbf{0}$ と，微小時間 $\Delta t = \mathbf{10}^{-5}$ と微小区間 $\Delta x = \mathbf{10}^{-2}$ を代入した。**260**～**280** 行の **FOR**～**NEXT(I)** 文で，**Y(0)** = **Y(1)** = … = **Y(50)** = **10** とし，**Y(51)** = **Y(52)** = … = **Y(100)** = **0** を代入して，$t = \mathbf{0}$ のときの初期条件である温度分布とする。**290** 行で，$(x, y) = (\mathbf{0}, \mathbf{Y(0)}) = (\mathbf{0}, \mathbf{10})$ に相当

する点を uv 平面上に表示する。300～320行のFOR～NEXT(I)文で，(Δx, $y(1)$)，($2\cdot\Delta x$, $y(2)$)，($3\cdot\Delta x$, $y(3)$)，…，($100\cdot\Delta x$, $y(100)$)に相当する点を uv 平面上で，順次連結して，時刻 $t=0$ における温度の初期分布のグラフを表示する。

330行で，N＝6400×4 を代入して，340～420行のFOR～NEXT(K)文に

(25600(これまでに比べて，4倍の計算量になる。))

より，K＝1，2，3，…，25600と変化させながら，ループ計算を行う。このループの中には，さらに2つのFOR～NEXT文が入れ子の形で入っている。まず，K＝1のとき，350～370行のFOR～NEXT(I)文により，時刻 $t=\Delta t$(秒)後の新たな温度の値Y(1)，Y(2)，…，Y(99)を360行の一般式を利用して算出する。そして，380行で，$t=t+\Delta t$ により時刻を $t=0$ から $t=\Delta t$ に更新し，さらに，Y(0)とY(100)は，Y(0)＝Y(1)，Y(100)＝Y(99)とする。この2式が，今回の断熱条件を表すことになる。エッ，これが，何で断熱条件になるのか分からないって？それならば，連結タンクの水位を思い出せばいい。Y(0)＝Y(1)であれば，2つのタンク0, 1の水位が同じなので，この2つのタンクの間に水の移動は生じない。今回の温度の場合でも，Y(0)＝Y(1)とすると，左端の2つの微小領域の間で熱の移動が生じることはない。ということは，左端から外部に熱が放熱されることはないので，これは左端の断熱条件：$\frac{\partial y(0,\ t)}{\partial x}=0$ を表していることになる。同様にY(100)＝Y(99)とおくと，右端の2つの微小領域の間で熱の移動が生じることはないので，右端から外部に熱が放熱されることもなくなり，これが右端の断熱条件：$\frac{\partial y(1,\ t)}{\partial x}=0$ の離散的な表現ということになるんだね。これで断熱条件の式の意味が明らかになったと思う。

この後も，同様のループ計算により，K＝2のとき，$t=2\cdot\Delta t$ でのY(1)，Y(2)，…，Y(99)を求め，Y(0)＝Y(1)，Y(100)＝Y(99)として，断熱条件を満足させる。以下同様にK＝25600となるまで計算した後，430，440行で，このプログラムの実行を停止・終了する。

その途中で，390～410行のFOR～NEXT(J)文により，J＝0，1，2，…，8

のとき，すなわち，$K = 2^0 \times 100$，$2^1 \times 100$，$2^2 \times 100$，…，$2^8 \times 100 = 100$，200，400，…，25600，つまり，これに対応する時刻 t が，$t = 0.001$，0.002，0.004，…，0.256(秒)のときのみ，450行に飛び，まず，$(x, y) = (0, y(0))$ に相当する点を uv 平面上に表示し，そして，460～480行の FOR～NEXT(I) 文により，$(\Delta x, y(1))$，$(2 \cdot \Delta x, y(2))$，…，$(100 \cdot \Delta x, y(100))$ に相当する点を次々につなぎ合わせて，これら各 t の値のときの温度 y の分布曲線を表示する。表示後，480行の GOTO 420 によって，340～420行の FOR～NEXT(K) 文による計算ループに復帰させるんだね。これで，今回のプログラムの内容もすべて理解できたと思う。

それでは，このプログラムを実行した結果得られるグラフを右図に示そう。

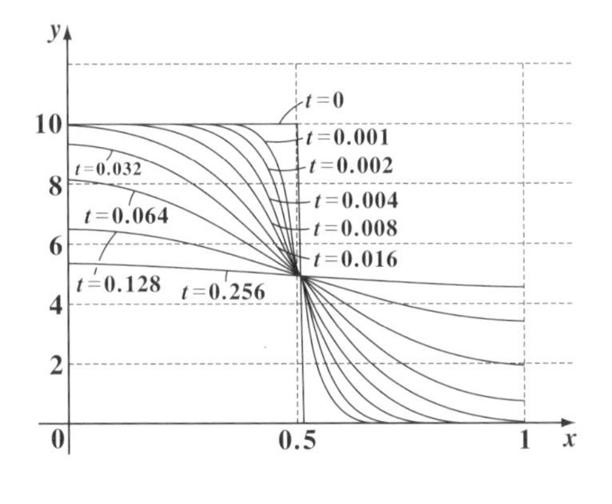

今回は $x = 0$，1 の両端点で断熱されているため，熱がこれら両端点から流出することはない。つまり，保温された状態で時刻 $t = 0$ のとき，$0 \leqq x \leqq 0.5$ のときのみ $y = 10$(℃)で，$0.5 < x \leqq 1$ では $y = 0$(℃)という片寄った温度分布から，時刻の経過と供に徐々に平均化され，$t = 0.256$(秒)後には，ほぼ，$0 \leqq x \leqq 1$ の全範囲に渡って，$y = 5$(℃)の一様分布になりつつあることが分かると思う。

例題14(P77)とほぼ同じ初期設定からスタートして，放熱条件と断熱条件の相違により，このようにまったく異なる温度分布の経時変化が得られることが分かったんだね。しかも，数値解析プログラムでは，(ⅰ)放熱のときは，$Y(0) = 0$，$Y(100) = 0$ とすること，(ⅱ)断熱のときは，$Y(0) = Y(1)$，$Y(100) = Y(99)$ とするだけでよいことも面白かったでしょう？

ではもう1題，断熱条件下での1次元熱伝導方程式を解いておこう。

次の例題の設定条件は，断熱条件を除けば，ほぼ例題 **16 (P86)** のものと同じなんだね。今回は，時刻 $t = 0.064$(秒) まででほぼ温度分布が一様分布に近づくことが分かるので，これ以上は調べないことにする。

例題 18 次の **1** 次元熱伝導方程式が与えられている。

$$\frac{\partial y}{\partial t} = \frac{\partial^2 y}{\partial x^2} \quad \cdots\cdots ① \quad (0 < x < 1,\ t > 0) \quad \leftarrow \boxed{\text{定数 } \alpha = 1}$$

境界条件：$\dfrac{\partial y(0,\ t)}{\partial x} = \dfrac{\partial y(1,\ t)}{\partial x} = 0 \quad \leftarrow \boxed{\text{断熱条件}}$

初期条件：$y(x,\ 0) = \begin{cases} 12 & \left(\dfrac{1}{4} \leqq x \leqq \dfrac{1}{2}\right) \\ 7 & \left(\dfrac{3}{4} \leqq x \leqq \dfrac{9}{10}\right) \\ 0 & \left(0 \leqq x < \dfrac{1}{4},\ \dfrac{1}{2} < x < \dfrac{3}{4},\ \dfrac{9}{10} < x \leqq 1\right) \end{cases} \quad \cdots\cdots ②$

①を差分方程式で表し，$\Delta x = 10^{-2}$, $\Delta t = 10^{-5}$ として，数値解析により，時刻 $t = 0.001$, 0.002, 0.004, 0.008, 0.016, 0.032, 0.064(秒) における温度 y のグラフを xy 平面上に図示せよ。

例題 **16** と同じ，時刻 $t = 0$ における初期条件，つまり②の温度分布を右図に示す。例題 **16** と異なり今回の問題では，$x = 0$, 1 の両端点での温度の勾配 (傾き) が 0 なので，熱は両端点から流出することなく断熱されている。よって，保温状態の下で，時刻 t が経過すると，右図の温度の初期分布は平準化されて，ある一定温度の一様分布に近づいていくことが予想されるんだね。これを，数値解析により具体的に次のプログラムを使って調べてみよう。ただし，**100～240** 行はこれまで同様に略す。

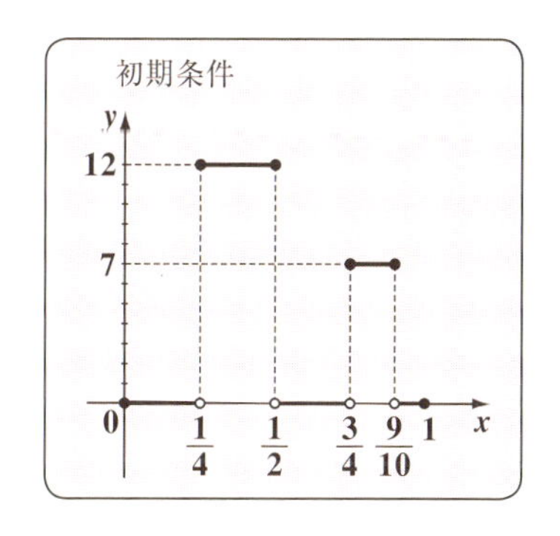

```
10 REM ------------------------------------
20 REM   1次元熱伝導方程式2（断熱条件）
30 REM ------------------------------------
35 DIM Y(100)
40 XMAX=1.2#
50 XMIN=-.2#
60 DELX=.5#
70 YMAX=15
80 YMIN=-2
90 DELY=2
```

配列の定義

X_{Max}, X_{min}, $\Delta\overline{X}$, Y_{Max}, Y_{min}, $\Delta\overline{Y}$ の代入。

100～240 行 ← 例題 **14**（**P78, 79**）のプログラムと同じ。

```
250 T=0:DT=1D-005:DX=.01
260 FOR I=0 TO 100
270 Y(I)=0:NEXT I
280 FOR I=25 TO 50
290 Y(I)=12:NEXT I
300 FOR I=75 TO 90
310 Y(I)=7:NEXT I
320 PSET (FNU(0),FNV(Y(0)))
330 FOR I=1 TO 100
340 LINE -(FNU(I*DX),FNV(Y(I))):NEXT I
350 N=6400
360 FOR K=1 TO N
370 FOR I=1 TO 99
380 Y(I)=Y(I)+(Y(I+1)-2*Y(I)+Y(I-1))*DT/(DX)^2
390 NEXT I
400 T=T+DT:Y(0)=Y(1):Y(100)=Y(99)
410 FOR J=0 TO 6
420 IF K=(2^J)*100 THEN GOTO 470
430 NEXT J
440 NEXT K
```

FOR～NEXT(I)（260～270行）

FOR～NEXT(I)（280～290行）

FOR～NEXT(I)（300～310行）

FOR～NEXT(I)（330～340行）

FOR～NEXT(I)（370～390行）

FOR～NEXT(J)（410～430行）

FOR～NEXT(K)（360～440行）

```
450 STOP
460 END
470 PSET (FNU(0),FNV(Y(0)))
480 FOR I=1 TO 100
490 LINE -(FNU(I*DX),FNV(Y(I)))
500 NEXT I:GOTO 440
```
FOR~NEXT(I)

まず，35行で，配列Y(100)を定義して，Y(0)～Y(100)の101個の配列メモリを用意する。これにより，$0 \leqq x \leqq 1$ の範囲の物体を微小区間 $\Delta x = 10^{-2}$ で分割して，その温度分布を調べることにする。40～90行で，x の範囲を $-0.2 \leqq x \leqq 1.2$ とし，y の範囲を $-2 \leqq y \leqq 15$ として，それぞれの目盛り幅を $\Delta \overline{x} = 0.5$，$\Delta \overline{y} = 2$ とする。以上の設定条件に従って，xy 座標系を100～240行(省略)で作成する。250行で，初期時刻 $t = 0$ と，微小時間 $\Delta t = 10^{-5}$ と微小区間 $\Delta x = 10^{-2}$ を代入した。次に，まず，260，270行のFOR～NEXT(I)文で，Y(0)，Y(1)，…，Y(100)すべてに0を代入した。そして，280，290行のFOR～NEXT(I)文により，Y(25)～Y(50)に12を代入し，300，310行のFOR～NEXT(I)文により，Y(75)～Y(90)に7を代入した。これで，初期条件の温度 y の分布を作った。この作図を行うために，まず，320行で，$(x, y) = (0, y(0))$ に相当する点を uv 平面上に表示し，その後，330，340行のFOR～NEXT(I)文により，点 $(\Delta x, y(1))$，$(2 \cdot \Delta x, y(2))$，…，$(100 \cdot \Delta x, y(100))$ に相当する点を uv 平面上で順に連結して，初期条件の温度分布のグラフを作った。350行で，N＝6400を代入して，360～440行のFOR～NEXT(K)文により，K＝1，2，3，…，6400と変化させながら，一連のループ計算を行う。このループの中には，さらに2つのFOR～NEXT文が入れ子となって入っている。まず，K＝1のとき，370～390行のFOR～NEXT(I)文により，時刻 $t = \Delta t$ (秒)後の新たな温度分布の値Y(1)，Y(2)，…，Y(99)を，380行の一般式を用いて計算する。そして，400行では，$t = t + \Delta t$ より，時刻 $t = \Delta t$ に更新した後，断熱条件の式として，Y(0)＝Y(1)，Y(100)＝Y(99)とする。これにより，両端点 $x = 0$，1から熱が流出することはなくなるんだね。この後も，同様のループ計算により，K＝2のとき，$t = 2 \cdot \Delta t$ でのY(1)，Y(2)，…，Y(99)の値を求め，Y(0)＝Y(1)，

Y(100) = Y(99) を実行する。以下同様に K = 6400 となるまで計算した後，450，460 行で，このプログラムの実行を停止・終了することになる。

その途中で，410 ～ 430 行の FOR～NEXT(J) 文により，J = 0，1，2，…，6 のとき，すなわち，$K = 2^0 \times 100$，$2^1 \times 100$，…，$2^6 \times 100 = 100$，200，…，6400，つまり，これに対応する時刻 t が，$t = 0.001$，0.002，…，0.064 のときのみ，470 行に飛んで，まず，470 行で，$(x, y) = (0, y(0))$ に対応する点を uv 平面上に表示する。そして，480 ～ 500 行の FOR～NEXT(I) 文により，$(\Delta x, y(1))$，$(2\cdot\Delta x, y(2))$，…，$(100\cdot\Delta x, y(100))$ に相当する点を順に連結して，これら各 t の値のときの温度 y のグラフを表示する。グラフを描き終えると，500 行の GOTO 440 により，360 ～ 440 行の FOR～NEXT(K) の計算ループに復帰させる。以上で，今回のプログラムの意味と働きがすべて理解できたと思う。

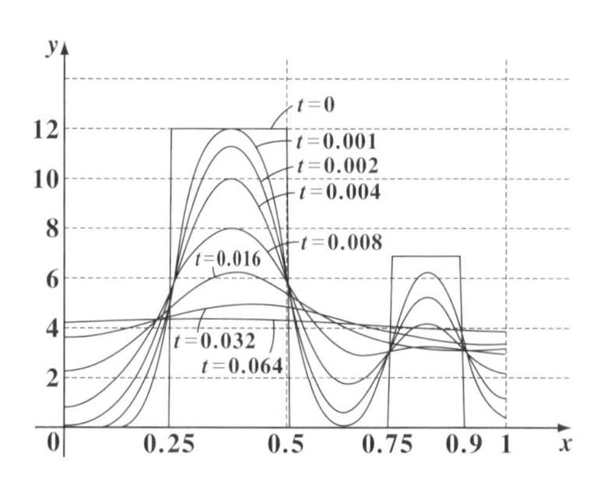

それでは，今回のプログラムを実行した結果得られるグラフを右図に示そう。

今回の問題も，両端 $x = 0$，1 で断熱されているため，両端点から熱が流出することはない。よって，保温された状態で，時刻 $t = 0$ における初期条件を表す温度 y のグラフは，時刻の経過と供に次第に緩やかな形状となり最終的にはある一定温度の一様分布となるはずだ。このときの温度を求めてみよう。この初期の温度分布でみると，全区間 $0 \leqq x \leqq 1$ を 100 等分した内の 25 が 12(℃)，15 が 7(℃)，そして，その他が 0(℃) であるので，この平均温度 $\overline{T}$ が最終的な一様な温度となるはずなんだね。

$\overline{T} = \dfrac{25 \times 12 + 15 \times 7}{100} = \dfrac{405}{100} = 4.05$(℃) となって，上図のグラフも確かに，この温度の一様分布に近づいていっていることが分かるんだね。

以上で，放熱条件，断熱条件での**1**次元熱伝導方程式の数値解析による解法の解説は終了です。

1次元熱伝導方程式：$\frac{\partial y}{\partial t}=\alpha\frac{\partial^2 y}{\partial x^2}$ ……① を，差分方程式で表して，

$$\frac{y_i(t+\Delta t)-y_i(t)}{\Delta t}=\alpha\cdot\frac{y_{i+1}-2y_i+y_{i-1}}{(\Delta x)^2}$$ から，

一般式：$\underbrace{y_i}_{\text{新温度 } y_i(t+\Delta t)}=\underbrace{y_i}_{\text{旧温度 } y_i(t)}+\alpha\cdot(y_{i+1}-2y_i+y_{i-1})\cdot\Delta t/(\Delta x)^2$ を作って，数値解析プログラムを作ったんだね。このように，数値解析を行うことにより，偏微分方程式(**1**次元熱伝導方程式)もより身近なものになったはずだ。

そして，数値解析で求めた結果と，①をフーリエ解析を使って，フーリエ級数展開して求めたものとが，非常によく一致することも確かめられて，面白かったはずだ。

ン？でも，フーリエ解析で，①の数値解析が求められるのならば，わざわざコンピュータを使って，数値解析などする必要はないのではないかって!? 確かに，今回の講義で解説した単純な**1**次元熱伝導方程式であれば，数値解析を使わなくても，すべてフーリエ解析を使って解ける。特にマセマの「**フーリエ解析キャンパス・ゼミ**」や「**偏微分方程式キャンパス・ゼミ**」で学習した方にとっては，何の問題もないはずだ。

しかし，これが，**2**次元の熱伝導方程式(**2**次元拡散方程式)になると状況は一変してしまう。境界が正方形や長方形や円など，比較的単純な場合は，フーリエ解析でも解くことができるんだけれど，境界の形状が三角形やその他多角形，あるいは正方形に凸起が出ていたり，円に凹みがあったりすると，途端にフーリエ解析などの解析解を求めることが困難になってしまう。しかし，こんな状況でも，コンピュータを用いた数値解析ならば，原理さえマスターしてしまえば，比較的楽に近似解を求め，しかもそれをグラフで確認することもできるんだね。どう？数値解析って，役に立つでしょう？それでは，この数値解析を使って，**2**次元熱伝導方程式の問題についても，これからチャレンジしていこう！

講義2 ● 連結タンクと1次元熱伝導方程式　公式エッセンス

1．2つのタンクの水の移動

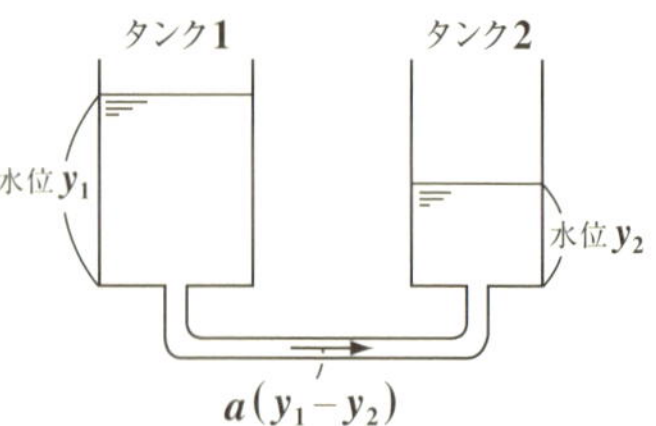

$$\underbrace{y_1}_{\text{新水位}} = \underbrace{y_1}_{\text{旧水位}} - a(y_1 - y_2) \times \Delta t / r_1^2$$

$$\underbrace{y_2}_{\text{新水位}} = \underbrace{y_2}_{\text{旧水位}} + a(y_1 - y_2) \times \Delta t / r_2^2$$

[y_1, y_2：タンク**1**, **2**の水位，a：正の定数(水の流れ易さ)，Δt：微小時間
r_1, r_2：タンク**1**, **2**の断面の正方形の**1**辺の長さ]

2．n個のタンクの水の移動

$$\underbrace{y_i}_{\text{新水位}} = \underbrace{y_i}_{\text{旧水位}} + a(y_{i+1} - 2y_i + y_{i-1}) \cdot \Delta t / S \quad (i = 1,\ 2,\ 3,\ \cdots n)$$

(ただし，$y_0 = y_1$，$y_{n+1} = y_n$とする。)

(y_i：i番目のタンクの水位，a：正の定数，Δt：微小時間，S：断面積)

3．水位の差に比例して，水が移動する。
これと同様の物理現象がある。

(i) 電位差に比例して，電荷が移動する。

(ii) 温度差に比例して，熱量が移動する。(熱伝導方程式)

(iii) 濃度差に比例して，物質が移動する。(拡散方程式)

4．1次元熱伝導方程式

$a \leqq x \leqq b$に存在する棒状の物体の時刻tにおける温度分布を$y(x, t)$で表すと，これは次の**1**次元熱伝導方程式で表される。

$$\frac{\partial y}{\partial t} = \alpha \frac{\partial^2 y}{\partial x^2} \quad \cdots\cdots ① \quad (\alpha：正の定数)$$

①は差分方程式で次のように表せる。

$$y_i = y_i + \alpha(y_{i+1} - 2y_i + y_{i-1}) \cdot \Delta t / (\Delta x)^2 \quad \cdots\cdots ② \quad (i = 0,\ 1,\ 2,\ \cdots,\ n)$$

②の差分方程式を用いて，各時刻における温度分布を数値解析により求めることができる。

(i) 放熱条件：$y(0) = y(n) = 0$

(ii) 断熱条件：$y(0) = y(1)$，$y(n) = y(n-1)$

2次元熱伝導方程式

▶ グラフの作成

(FNU(X, Y)=320−160*X/XMAX+200*Y/YMAX
FNV(X, Z)=250+80*X/XMAX−200*Z/ZMAX)

▶ 2次元熱伝導方程式

$\left[\frac{\partial z}{\partial t}=\alpha\left(\frac{\partial^2 z}{\partial x^2}+\frac{\partial^2 z}{\partial y^2}\right)\right.$ の差分方程式：

$$z_{i,j}=z_{i,j}+\alpha(z_{i+1,j}+z_{i-1,j}+z_{i,j+1}+z_{i,j-1}-4z_{i,j})\cdot\Delta t/(\Delta x)^2\Big]$$

§1. 3次元座標系のグラフの作成

前回の講義では，1次元の熱伝導方程式を数値解析により解いて，xy座標平面上に，各時刻tにおける温度分布$y(x, t)$のグラフを描いたんだね。そして，今回の講義では，2次元の熱伝導方程式の数値解析について詳しく解説していこう。

これは，xy平面に置かれた板状の物体の温度zの経時変化を調べていくことになる。よって，温度zは，2つの位置変数x, yと時刻tの関数となるので，zは3変数関数$z(x, y, t)$となる。ここで，ある時刻$t=t_1$（定数）における温度分布を調べる場合，温度zは$z(x, y, t_1)$となって，xとyの2変数関数ということになる。よって，ある時刻$t=t_1$における2次元平面状の物体の温度分布のグラフは，xyz座標空間上に描く必要があるんだね。

したがって，ここでは，2次元熱伝導方程式の結果をグラフ表示できるようにするために，まずxyz座標系をBASICのuv座標上にどのように設定するか，そのやり方を分かりやすく解説しよう。

● まず、xyz座標系を描こう！

右図に示すように，まず，BASICのuv座標平面$(0 \leqq u \leqq 640,\ 0 \leqq v \leqq 400)$上に，OXYZ座標系を描き，各軸の目盛り幅$\Delta\overline{X}$, $\Delta\overline{Y}$, $\Delta\overline{Z}$毎に短い目盛り線を入れることにする。

uv座標系の原点をO_0とおき，uv座標の点は$(u, v)=(320, 250)$のように（ ）で示す。これと区別するために，xyz座標系の点は$[X, Y, Z]=[0, 4, 0]$のように[ ]で表示することにする。

図1 XYZ座標系

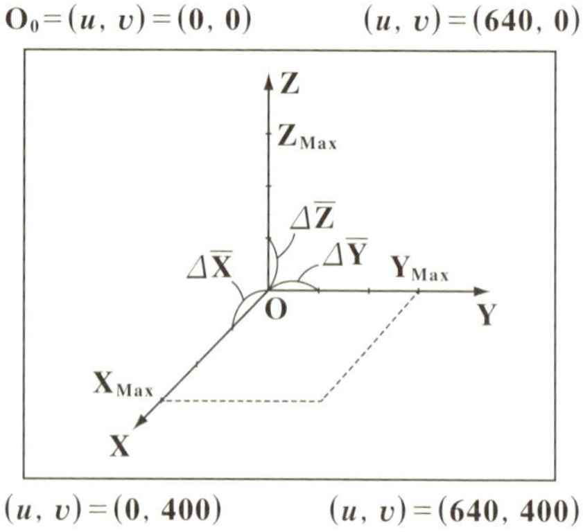

O₀=(u, v)=(0, 0)
(u, v)=(640, 0)
Z
Z_Max
ΔZ̄
ΔX̄
ΔȲ
Y_Max
O
Y
X_Max
X
(u, v)=(0, 400)
(u, v)=(640, 400)

XYZ 座標系のグラフは，それぞれの座標軸に対する最大値 $\mathbf{X_{Max}}$，$\mathbf{Y_{Max}}$，$\mathbf{Z_{Max}}$ を定め，$\mathbf{0 \leqq X \leqq X_{Max}}$，$\mathbf{0 \leqq Y \leqq Y_{Max}}$，$\mathbf{0 \leqq Z \leqq Z_{Max}}$ の範囲で表示することにする。では，まず，各座標軸を設定しよう。

(ⅰ) **X** 軸と $\mathbf{X_{Max}}$ と目盛り $\Delta\overline{\mathbf{X}}$ について，
右図に示すように，**XYZ** 座標の原点 **O[0, 0, 0]** は，uv 平面上の点 $(u_0, v_0) = (320, 250)$ にとり，これと点 $Q_1(u_2, v_2) = (120, 350)$ を結んで **X** 軸とする。**X** 軸上の点 P_1 $[X_{Max}, 0, 0]$ は点 $(u_1, v_1) = (160, 330)$ にとる。次に，目盛り幅 $\Delta\overline{X}$ を用いて，$\mathrm{Int}(X_{Max}/\Delta\overline{X})$ を求めると OP_1 間にとる目盛りの数が分かる。**X** 軸の上下に **3** ピクセルずつ取って，短い線分により，目盛りをつけることにする。

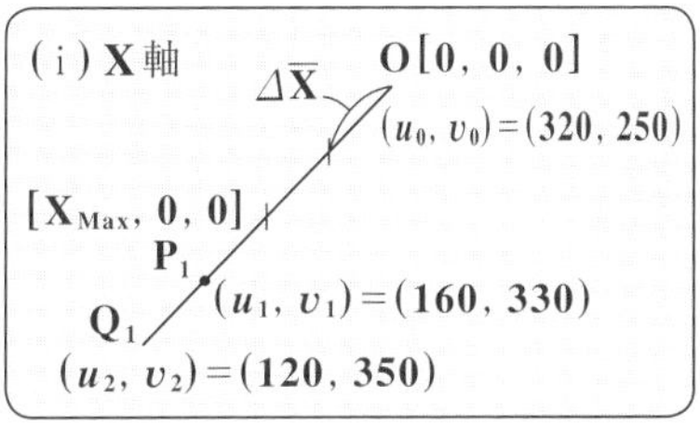

(ⅰ) X軸
O[0, 0, 0]
$\Delta\overline{X}$
$(u_0, v_0) = (320, 250)$
$[X_{Max}, 0, 0]$
P_1
$(u_1, v_1) = (160, 330)$
Q_1
$(u_2, v_2) = (120, 350)$

$(u_2, v_2) - (u_0, v_0) = (-200, 100) = \overrightarrow{OQ_1}$
$(u_1, v_1) - (u_0, v_0) = (-160, 80) = \overrightarrow{OP_1}$ とおくと，
$\overrightarrow{OP_1} /\!/ \overrightarrow{OQ_1}$ であることが分かる。

(ⅱ) **Y** 軸と $\mathbf{Y_{Max}}$ と目盛り $\Delta\overline{\mathbf{Y}}$ について， 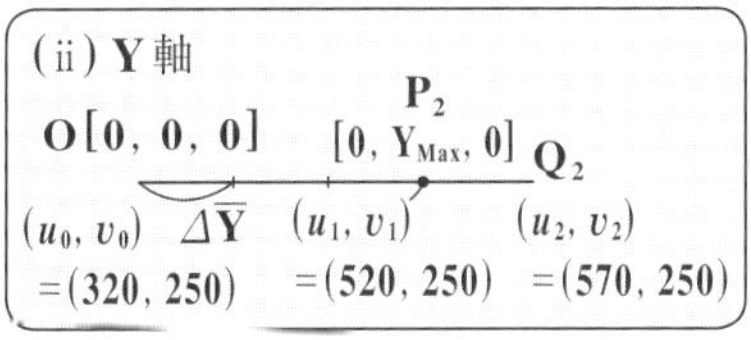
右図に示すように，**XYZ** 座標の原点 $O((u_0, v_0) = (320, 250))$ から，uv 平面上の点 $Q_2((u_2, v_2) - (570, 250))$ まで引いた線分 OQ_2 を **Y** 軸とする。**Y** 軸上の点 $P_2[0, Y_{Max}, 0]$ は点 $(u_1, v_1) = (520, 250)$ にとる。次に，目盛り幅 $\Delta\overline{Y}$ を用いて，$\mathrm{Int}(Y_{Max}/\Delta\overline{Y})$ を求めると OP_2 間にとる目盛りの数が分かる。**Y** 軸の上下に **3** ピクセルずつ取って，目盛りをつける。

(ⅱ) Y軸
P_2
O[0, 0, 0]
$[0, Y_{Max}, 0]$
Q_2
$(u_0, v_0) = (320, 250)$
$\Delta\overline{Y}$
$(u_1, v_1) = (520, 250)$
$(u_2, v_2) = (570, 250)$

(ⅲ) **Z** 軸と $\mathbf{Z_{Max}}$ と目盛り $\Delta\overline{\mathbf{Z}}$ について，右図に示すように，**XYZ** 座標の原点 $O((u_0, v_0) = (320, 250))$ から，$Q_3((u_2, v_2) = (320, 10))$ まで引いたものを **Z** 軸とする。**Z** 軸上の点 $P_3[0, 0, Z_{Max}]$ は点 $(u_1, v_1) - (320, 50)$ にとる。同様に，目盛り幅 $\Delta\overline{Z}$ を用いて，$\mathrm{Int}(Z_{Max}/\Delta\overline{Z})$ から目盛りの個数を調べ，**Z** 軸の左右に **3** ピクセルずつ短い線分を引いて目盛りをつける。

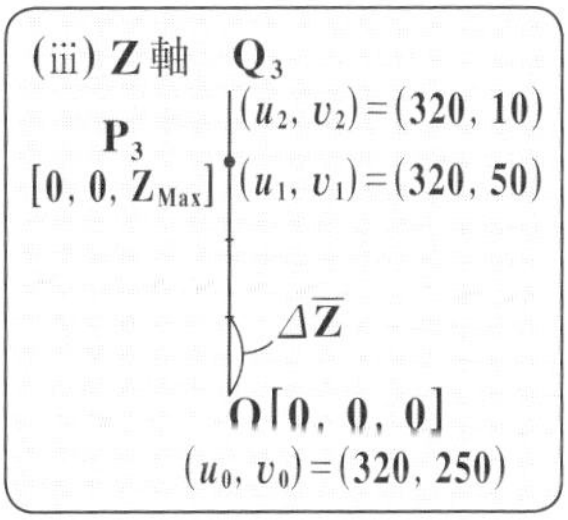

(ⅲ) Z軸
Q_3
$(u_2, v_2) = (320, 10)$
P_3
$[0, 0, Z_{Max}]$
$(u_1, v_1) = (320, 50)$
$\Delta\overline{Z}$
O[0, 0, 0]
$(u_0, v_0) = (320, 250)$

● 点R[X, Y, Z]と、点(u, v)との関係式を求めよう！

それでは，図2に示すように，OXYZ座標系における任意の点R[X, Y, Z]と，uv平面上の点(u, v)との関係式を求めてみよう。

図2 点R[X, Y, Z]→(u, v)への変換公式

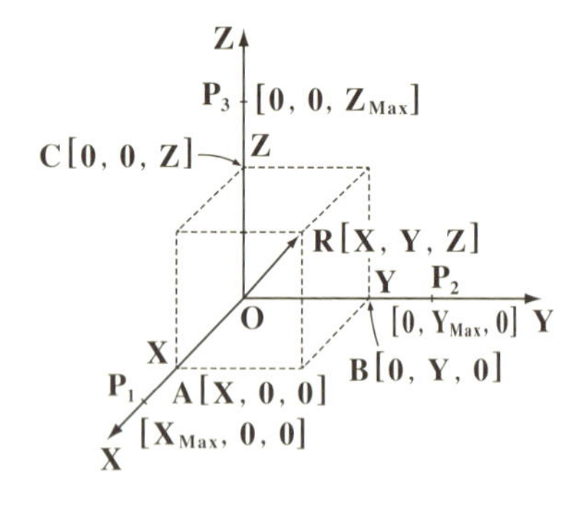

図2より，まずOXYZ座標系で考えると，$\overrightarrow{OR}$は，

$$\overrightarrow{OR} = \overrightarrow{OA} + \overrightarrow{OB} + \overrightarrow{OC} \quad \cdots\cdots①$$

$\left(\overrightarrow{OA} = \frac{X}{X_{Max}}\overrightarrow{OP_1}, \ \overrightarrow{OB} = \frac{Y}{Y_{Max}}\overrightarrow{OP_2}, \ \overrightarrow{OC} = \frac{Z}{Z_{Max}}\overrightarrow{OP_3}\right)$

となる。ここで，

$$\overrightarrow{OA} = \frac{X}{X_{Max}}\overrightarrow{OP_1} \cdots ②, \quad \overrightarrow{OB} = \frac{Y}{Y_{Max}}\overrightarrow{OP_2} \cdots ③, \quad \overrightarrow{OC} = \frac{Z}{Z_{Max}}\overrightarrow{OP_3} \cdots ④$$ となる。

$\overrightarrow{OP_1} = (u_1 - u_0, v_1 - v_0) = (-160, 80)$
O $(u_0, v_0) = (320, 250)$
$P_1(u_1, v_1) = (160, 330)$

$\overrightarrow{OP_2} = (u_1 - u_0, v_1 - v_0) = (200, 0)$
O $(u_0, v_0) = (320, 250)$　P_2 $(u_1, v_1) = (520, 250)$

$\overrightarrow{OP_3} = (u_1 - u_0, v_1 - v_0) = (0, -200)$
P_3 $(u_1, v_1) = (320, 50)$
O $(u_0, v_0) = (320, 250)$

ここで，$\overrightarrow{OP_1}$, $\overrightarrow{OP_2}$, $\overrightarrow{OP_3}$をuv座標系の成分表示で表すと，

$\overrightarrow{OP_1} = (-160, 80) \cdots ②'$, $\overrightarrow{OP_2} = (200, 0) \cdots ③'$, $\overrightarrow{OP_3} = (0, -200) \cdots ④'$ となる。

②´を②に，③´を③に，④´を④に代入した後，これらを①に代入すると，$\overrightarrow{OR}$は，

$$\overrightarrow{OR} = \frac{X}{X_{Max}}(-160, 80) + \frac{Y}{Y_{Max}}(200, 0) + \frac{Z}{Z_{Max}}(0, -200)$$

$$= \left(-\frac{160X}{X_{Max}} + \frac{200Y}{Y_{Max}}, \ \frac{80X}{X_{Max}} - \frac{200Z}{Z_{Max}}\right) \quad \cdots\cdots⑤$$ となる。

ここで，uv平面上の点Rの位置ベクトルは，uv平面の原点$O_0(0, 0)$を基準点とするベクトルである。よって，求める$\overrightarrow{O_0R}$は，

$$\overrightarrow{O_0R} = \underset{(320,\ 250)}{\overrightarrow{O_0O}} + \underset{⑤より}{\overrightarrow{OR}} = (320,\ 250) + \left(-\frac{160X}{X_{Max}} + \frac{200Y}{Y_{Max}},\ \frac{80X}{X_{Max}} - \frac{200Z}{Z_{Max}}\right)$$

$$\therefore \overrightarrow{O_0R} = (u,\ v) = \left(320 - \frac{160X}{X_{Max}} + \frac{200Y}{Y_{Max}},\ 250 + \frac{80X}{X_{Max}} - \frac{200Z}{Z_{Max}}\right) \cdots\cdots ⑥$$

⑥より，XYZ座標系の任意の点 R[X, Y, Z] は，uv 座標系の点 R(u, v) に次式により，変換される。

$$u(X,\ Y) = 320 - \frac{160X}{X_{Max}} + \frac{200Y}{Y_{Max}} \cdots\cdots ⑦$$ ← u は，X と Y から求まる。

$$v(X,\ Z) = 250 + \frac{80X}{X_{Max}} - \frac{200Z}{Z_{Max}} \cdots\cdots ⑧$$ ← v は，X と Z から求まる。

したがって，⑦, ⑧はBASICプログラム上では，関数 FNU(X, Y), FNV(X, Z) として，次のように定義すればいいんだね。

```
DEF FNU(X, Y)=320-160*X/XMAX+200*Y/YMAX
DEF FNV(X, Z)=250+80*X/XMAX-200*Z/ZMAX
```

それでは，⑦, ⑧を検算しておこう。

(Ⅰ) $P_1[X_{Max},\ 0,\ 0]$ のとき，（X_{Max} が X，0 が Y，0 が Z）

⑦より，$u(X_{Max},\ 0) = 320 - \frac{160 \cdot X_{Max}}{X_{Max}} + \frac{200 \cdot 0}{Y_{Max}} = 320 - 160 = 160$

⑧より，$v(X_{Max},\ 0) = 250 + \frac{80 \cdot X_{Max}}{X_{Max}} - \frac{200 \cdot 0}{Z_{Max}} = 250 + 80 = 330$

$\therefore P_1 = (160,\ 330)$ が導けた。

(Ⅱ) $P_3[0,\ 0,\ Z_{Max}]$ のとき，

⑦より，$u(0,\ 0) = 320 - \frac{160 \cdot 0}{X_{Max}} + \frac{200 \cdot 0}{Y_{Max}} = 320$

⑧より，$v(0,\ Z_{Max}) = 250 + \frac{80 \cdot 0}{X_{Max}} - \frac{200 \cdot Z_{Max}}{Z_{Max}} = 250 - 200 = 50$

$\therefore P_3 = (320,\ 50)$ が導けるんだね。大丈夫？

では，準備も整ったので，早速3次元座標系を具体的に描いてみよう。

● 3次元座標系を描いてみよう！

$0 \leqq X \leqq X_{Max}$，$0 \leqq Y \leqq Y_{Max}$，$0 \leqq Z \leqq Z_{Max}$ の範囲で，3次元のグラフが描けるような座標系を，BASICプログラムにより描いてみよう。下に，その具体的なプログラムを示そう。

```
10 REM ------------------------------
20 REM    3次元座標系  1グラフ
30 REM ------------------------------
40 XMAX=4
50 DELX=2
60 YMAX=4
70 DELY=2
80 ZMAX=10
90 DELZ=2
100 CLS 3
110 DEF FNU(X,Y)=320-160*X/XMAX+200*Y/YMAX
120 DEF FNV(X,Z)=250+80*X/XMAX-200*Z/ZMAX
130 LINE (320,250)-(320,10)
140 LINE (320,250)-(120,350)
150 LINE (320,250)-(570,250)
160 LINE (160,330)-(360,330),,,2
170 LINE (520,250)-(360,330),,,2
180 N=INT(XMAX/DELX)
190 FOR I=1 TO N
200 LINE (FNU(I*DELX,0),FNV(I*DELX,0)-3)-(FNU(I*DELX,
0),FNV(I*DELX,0)+3)
210 NEXT I
220 N=INT(YMAX/DELY)
230 FOR I=1 TO N
240 LINE (FNU(0,I*DELY),FNV(0,0)-3)-(FNU(0,I*DELY),
FNV(0,0)+3)
250 NEXT I
260 N=INT(ZMAX/DELZ)
```

40～90：X_{Max}，$\Delta\overline{X}$，Y_{Max}，$\Delta\overline{Y}$，Z_{Max}，$\Delta\overline{Z}$ の代入。

110～120：$[X, Y, Z] \to (u, v)$ への変換公式

130～170：Z軸，X軸，Y軸，2本の破線を引く。

180：X軸上の目盛りの個数N

190～210：X軸上の目盛りに短線を引く。

220：Y軸上の目盛りの個数N

230～250：Y軸上の目盛りに短線を引く。

260：Z軸上の目盛りの個数N

```
270 FOR I=1 TO N
280 LINE (FNU(0,0)-3,FNV(0,I*DELZ))-(FNU(0,0)+3,FNV(0,
I*DELZ))
290 NEXT I
```

（Z軸上の目盛りに短線を引く。）

40～**90**行で，$\mathbf{X}_{\mathrm{Max}}$，$\mathbf{Y}_{\mathrm{Max}}$，$\mathbf{Z}_{\mathrm{Max}}$を代入して，主に$0 \leqq \mathrm{X} \leqq 4$，$0 \leqq \mathrm{Y} \leqq 4$，$0 \leqq \mathrm{Z} \leqq 10$のグラフを描く。各軸の目盛り幅は，$\Delta\overline{\mathrm{X}}=2$，$\Delta\overline{\mathrm{Y}}=2$，$\Delta\overline{\mathrm{Z}}=2$とした。**100**行で画面をクリアにする。

110，**120**行は，**XYZ**座標系の点$[\mathrm{X},\ \mathrm{Y},\ \mathrm{Z}]$を画面上の$uv$座標系の点$(u,\ v)$に変換する関数$fnu(\mathrm{X},\ \mathrm{Y})$と$fnv(\mathrm{X},\ \mathrm{Z})$を定義した。**130**行で**Z**軸を，

（X，Yからuが決まる。）（X，Zからvが決まる。）

140行で**X**軸，そして，**150**行で**Y**軸を実線で引く。**160**行で，$[\mathrm{X}_{\mathrm{Max}},\ 0,\ 0]$を通り**Y**軸に平行な破線を，**170**行で，$[0,\ \mathrm{Y}_{\mathrm{Max}},\ 0]$を通り**X**軸に平行な破線を引く。

180行で，**X**軸にとる目盛りの個数**N**(=**2**)を求め，**190**～**210**行の**FOR**～**NEXT(I)**文により，**X**軸上の各目盛$[i\cdot\Delta\overline{\mathrm{X}},\ 0,\ 0]\ (i=1,\ 2)$（2はN）は，$uv$平面上の点として，

$\left(fnu\left(i\cdot\Delta\overline{\mathrm{X}},\ 0\right),\ fnv\left(i\cdot\Delta\overline{\mathrm{X}},\ 0\right)\right)$（前の0はY，後の0はZ）として特定できるので，このv座標$fnv\left(i\cdot\Delta\overline{\mathrm{X}},\ 0\right)$を±**3**だけずらした**2**点$\left(fnu\left(i\cdot\Delta\overline{\mathrm{X}},\ 0\right),\ fnv\left(i\cdot\Delta\overline{\mathrm{X}},\ 0\right)-3\right)$と$\left(fnu\left(i\cdot\Delta\overline{\mathrm{X}},\ 0\right),\ fnv\left(i\cdot\Delta\overline{\mathrm{X}},\ 0\right)+3\right)$を結べば，**X**軸上の目盛$[i\cdot\Delta\overline{\mathrm{X}},\ 0,\ 0]$ $(i=1,\ 2)$に上下**3**ピクセルずつの短い目盛り線を引くことができるんだね。以下，**Y**軸，**Z**軸の目盛りについても，同様に短線を引くことにしよう。

220行で，**Y**軸にとる目盛りの個数**N**(=**2**)を求め，**230**～**250**行の**FOR**～**NEXT(I)**文により，**Y**軸上の各目盛$[0,\ i\cdot\Delta\overline{\mathrm{Y}},\ 0]\ (i=1,\ 2)$（2はN）の上下に**3**ピクセルずつの短い縦線を引く。

260行で，**Z**軸にとる目盛りの個数**N**(=**5**)を求め，**270**～**290**行の**FOR**～**NEXT(I)**文により，**Z**軸上の各目盛$[0,\ 0,\ i\cdot\Delta\overline{\mathrm{Z}}]\ (i=1,\ 2,\ \cdots,\ 5)$（5はN）の左右に**3**ピクセルずつの短い横線を引くことができる。

以上で，**XYZ**座標系を作るプログラムの意味と働きもすべてご理解頂けたことと思う。

それでは，このプログラムを実行(run)した結果得られるXYZ座標系の図を右に示す。矢印とX，Y，Zの文字および数字は後で加えたものである。$X_{Max}=4$，$\Delta\overline{X}=2$より，X軸上の目盛りは2と4で，それぞれ縦に短い線が付いていることが分かるね。Y軸，Z軸についても，それぞれの目盛りに短い線が付いて，見やすい座標系になっているんだね。

(i) XYZ座標系

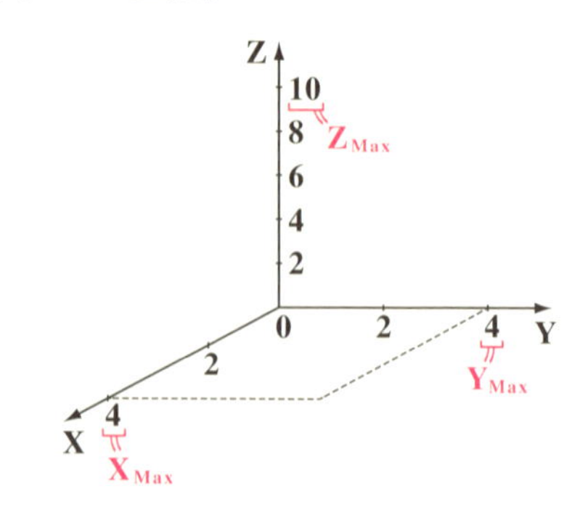

プログラミングの面白さは，このように，1つ1つ手作りで自分の思う通りに作り上げていくことにあるんだね。不具合が生じた場合でも，それを工夫·改良していくことも，楽しさの1つだと思う。

それでは，X_{Max}，Y_{Max}，Z_{Max}や$\Delta\overline{X}$，$\Delta\overline{Y}$，$\Delta\overline{Z}$の条件を変えた場合のXYZ座標系の例も示しておこう。

```
10 REM ------------------------------
20 REM   3次元座標系  1グラフ
30 REM ------------------------------
40 XMAX=6
50 DELX=2
60 YMAX=8
70 DELY=2
80 ZMAX=18
90 DELZ=3
```

100～290行 ← P106，107のプログラムと同じ。

40～90行の代入文で，$X_{Max}=6$，$\Delta\overline{X}=2$より，主要範囲は$0 \leqq X \leqq 6$で，($6 = X_{Max}$) X軸上の目盛りは2，4，6となる。$Y_{Max}=8$，$\Delta\overline{Y}=2$より，主要範囲は$0 \leqq Y \leqq 8$で，($8 = Y_{Max}$) Y軸上の目盛りは2，4，6，8となる。そして，$Z_{Max}=18$，$\Delta\overline{Z}=3$より，主要範囲は$0 \leqq Z \leqq 18$で，Z軸上の目盛りは3，6，9，12，15，18

となるんだね。**100**～**290** 行のプログラムの主要部は，**P106**，**107** で示したものとまったく同じなので省略した。

このプログラムを実行した結果，出力された **XYZ** 座標系の図を右に示す。矢印，文字，数字は後で書き加えられたものなんだね。予想通り，各軸の最大値と目盛りが取れているのが分かると思う。

(ii) **XYZ** 座標系

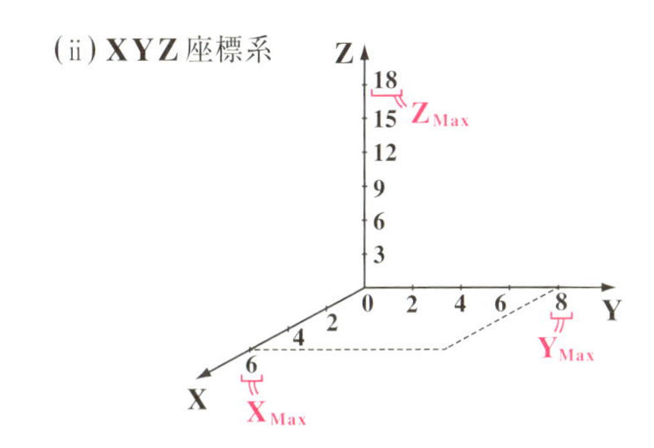

これで，**2** 次元熱伝導方程式を解いて，グラフで表現できる準備が整ったんだね。ン？この座標系を使って，どのようなグラフが描けるのかって？少し先回りになるけれど，(i)の **XYZ** 座標系を使ったものとして，$0 \leqq X \leqq 4$，$0 \leqq Y \leqq 4$ の範囲で定義された正方形の板状の物体の各点の温度を **X** と **Y** と時刻 t の関数として，$Z(X,\ Y,\ t)$ とおくと，$t = t_1$ (ある時刻)における温度分布のグラフの一例を下に示そう。

どう？美しいグラフでしょう？ン？早くこんなグラフを描くプログラムを作りたいって!? いいね，やる気が湧いてきたみたいだね。でも「急がば，回れ！」で，まだ，**2** 次元熱伝導方程式の物理的な意味や，この差分方程式の作り方についても教えなければならないんだね。

(i) **XYZ** 座標上に描いた温度分布の一例

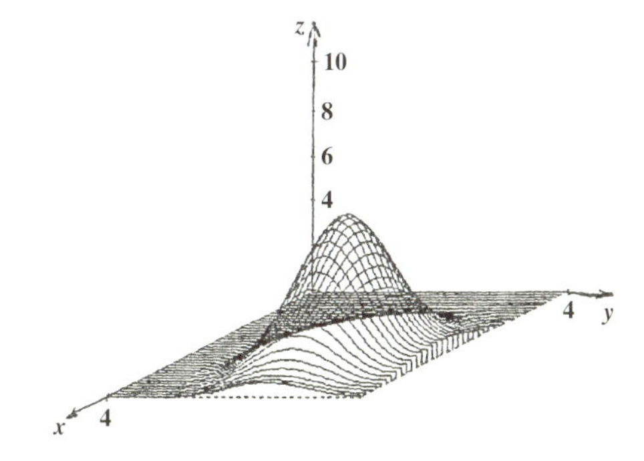

これから，分かりやすく解説することにしよう。

§2. 2次元熱伝導方程式

前章の講義では，横1列に並べた連結タンクの水位 y_i の一般式から，1次元熱伝導方程式(1次元拡散方程式)を導いた。今回は，前後・左右に2次元的に連結したタンクの水位 $y_{i,j}$ の一般式を基にして，同様に2次元熱伝導方程式(2次元拡散方程式)：$\frac{\partial z}{\partial t} = \alpha\left(\frac{\partial^2 z}{\partial x^2} + \frac{\partial^2 z}{\partial y^2}\right)$ を導いてみよう。また，この差分方程式を求めて，一般式を作り，これを基に，2次元熱伝導方程式の近似解を数値解析を用いて求めることができるんだね。

1次元熱伝導方程式を数値解析で計算したときと同様に，2次元熱伝導方程式の数値解析においても，(i)放熱条件と(ii)断熱条件の両方について解いてみよう。さらに，特殊な境界条件として，三角形の境界条件をもつ2次元熱伝導方程式の数値解析にもチャレンジしてみよう。このような不規則な境界条件で，2次元熱伝導方程式を，フーリエ解析を使って解析的に解こうとしても，なかなか難しい。しかし，コンピュータを使った，数値解析ならば，この近似解を容易に求めることができることも解説しよう。

● 2次元的に配置した連結タンクの水の移動の一般式を求めよう！

同じ断面積 S をもつタンクを図1に示すように前後・左右に2次元的に配置し，底の細いパイプで連結した。図1は，これら連結タンクを上から見た図なんだね。

これらのタンクに，左から1, 2, …, i, …と，また前から1, 2, …, j, …と番号をつけ，左から i 番目，前から j 番目の

図1 2次元的に配置した連結タンク

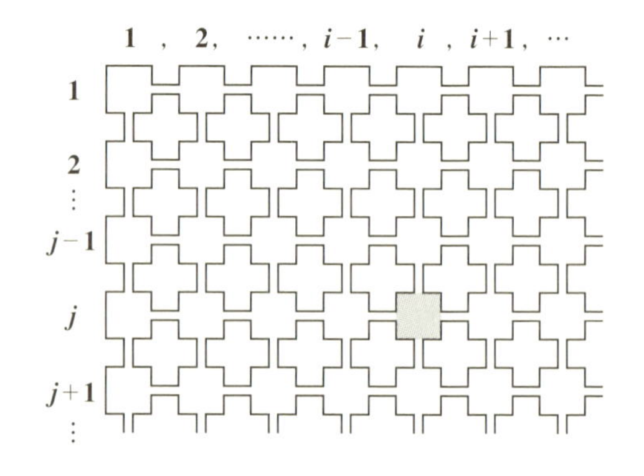

タンクを，タンク i, j と呼び，時刻 t のとき，このタンク i, j に貯まっている水の水位を $z_{i,j}$ とおくことにする。

図2 水位 $z_{i,j}$ の一般式

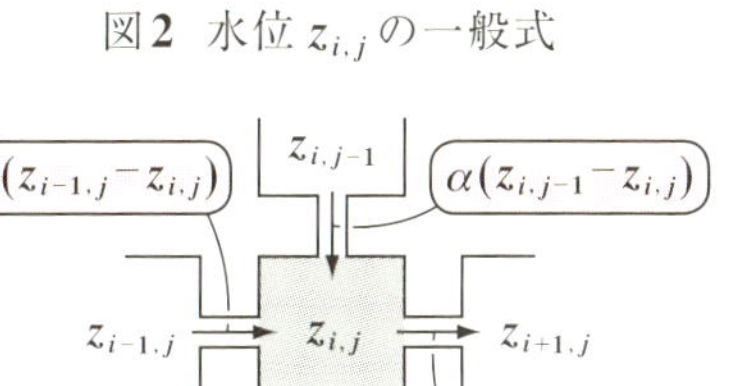

図2に示すように，タンク i, j には前後・左右にタンク $i, j-1$，タンク $i, j+1$，タンク $i-1, j$，タンク $i+1, j$ の4つのタンクが連結されており，時刻 t のとき，これら4つのタンクの水位は順に，$z_{i,j-1}$，$z_{i,j+1}$，$z_{i-1,j}$，$z_{i+1,j}$ であるとする。さらに，これらを連結しているパイプの水の通りやすさを表す定数係数は，いずれも等しく，α（アルファ）とする。時刻 t と $t+\Delta t$ の間の Δt 秒間，各タンクの水位は変化しないものと仮定して，タンク i, j について考えると，

(ⅰ) タンク $i, j-1$ からタンク i, j に $\alpha(z_{i,j-1}-z_{i,j})\cdot\Delta t$ …① の水が流入し，
(ⅱ) タンク i, j からタンク $i, j+1$ に $\alpha(z_{i,j}-z_{i,j+1})\cdot\Delta t$ …② の水が流出する。また，
(ⅲ) タンク $i-1, j$ からタンク i, j に $\alpha(z_{i-1,j}-z_{i,j})\cdot\Delta t$ …③ の水が流入し，
(ⅳ) タンク i, j からタンク $i+1, j$ に $\alpha(z_{i,j}-z_{i+1,j})\cdot\Delta t$ …④ の水が流出する。

したがって，この Δt 秒間に，タンク i, j に流入・流出する水の量を $\Delta \mathbf{V}$ とおくと，$\Delta \mathbf{V}$ は①－②＋③－④で求められるので，

$$\Delta \mathbf{V}=\alpha(z_{i,j-1}-z_{i,j})\cdot\Delta t-\alpha(z_{i,j}-z_{i,j+1})\cdot\Delta t+\alpha(z_{i-1,j}-z_{i,j})\cdot\Delta t-\alpha(z_{i,j}-z_{i+1,j})\cdot\Delta t$$
$$=\alpha(z_{i+1,j}+z_{i-1,j}+z_{i,j+1}+z_{i,j-1}-4z_{i,j})\cdot\Delta t \quad \cdots\cdots ⑤$$ となる。

よって，⑤の $\Delta \mathbf{V}$ を，タンク i, j の断面積 S で割ったものが，t から $t+\Delta t$ 秒の間に変化したタンク i, j の水位の変化分 $\Delta z_{i,j}(=\Delta \mathbf{V}/S)$ となる。よって，時刻 $t+\Delta t$ におけるタンク i, j の新たな水位 $z_{i,j}$ は一般式として，

$$z_{i,j}=z_{i,j}+\frac{\Delta \mathbf{V}}{S}=z_{i,j}+\frac{\alpha\cdot\Delta t}{S}(z_{i+1,j}+z_{i-1,j}+z_{i,j+1}+z_{i,j-1}-4z_{i,j}) \quad \cdots\cdots ⑥$$

新水位 $z_{i,j}(t+\Delta t)$　旧水位 $z_{i,j}(t)$　$\Delta z_{i,j}$　旧水位　旧水位

で表される。⑥の左辺は，時刻 $t+\Delta t$ における更新された水位 $z_{i,j}$ であり，⑥の右辺の各水位は，いずれも時刻 t における旧水位を表すんだね。

● $z_{i,j}$の一般式から、2次元熱伝導方程式を導こう！

2次元的に配置された連結タンクの水位 $z_{i,j}$ の時刻 $t+\Delta t$ における新水位を求める一般式：

$$\underbrace{z_{i,j}}_{\text{新水位 } z_{i,j}(t+\Delta t)} = \underbrace{z_{i,j}}_{\text{旧水位 } z_{i,j}(t)} + \frac{\alpha \Delta t}{S}\left(z_{i+1,j}+z_{i-1,j}+z_{i,j+1}+z_{i,j-1}-4z_{i,j}\right) \quad \cdots\cdots ⑥$$

（すべて，時刻 t での旧水位）

の $z_{i,j}$ は，2次元的に配置されているタンクの水位なので，当然2変数 x と y の関数であり，また時々刻々水位は変化するので，時刻 t の関数でもある。よって，$z_{i,j}$ は，3変数関数 $z_{i,j}(x,\ y,\ t)$ ということになる。ここではまず，時刻 t と $t+\Delta t$ だけに着目して，⑥の左辺を $z_{i,j}(t+\Delta t)$ とおき，⑥の右辺第1項を $z_{i,j}(t)$ とおくと，⑥は，

$$z_{i,j}(t+\Delta t) = z_{i,j}(t) + \frac{\alpha \cdot \Delta t}{S}\left(z_{i+1,j}+z_{i-1,j}+z_{i,j+1}+z_{i,j-1}-4z_{i,j}\right) \text{ より，}$$

（これらは，$z_{i+1,j}(t)$，$z_{i-1,j}(t)$，$z_{i,j+1}(t)$，$z_{i,j-1}(t)$，$z_{i,j}(t)$ とおけるが，今はこのままにしておく。）

$$\frac{z_{i,j}(t+\Delta t)-z_{i,j}(t)}{\Delta t} = \frac{\alpha}{S}\left(z_{i+1,j}+z_{i-1,j}+z_{i,j+1}+z_{i,j-1}-4z_{i,j}\right) \quad \cdots\cdots ⑦ \text{ となる。}$$

ここで，この⑦の左辺と右辺を個別に考えよう。

(ｉ) ⑦の左辺について，$\Delta t \to 0$ の極限を求めると，

$$\lim_{\Delta t \to 0} \frac{z_{i,j}(t+\Delta t)-z_{i,j}(t)}{\Delta t} = \frac{\partial z_{i,j}}{\partial t} \quad \cdots\cdots ⑧ \text{ となる。}$$

(ⅱ) ⑦の右辺の $z_{i+1,j}$，$z_{i-1,j}$，$z_{i,j+1}$，$z_{i,j-1}$，$z_{i,j}$ はすべて同じ時刻 t の水位を表すので，ここでは，これらは，次ページの図3に示すように，2変数 x と y の関数と考えよう。そのためには，もはやこれらを水位と考えるのではなく，温度と考えて，熱の移動の問題と考えることにしよう。図3に

（「温度差に比例して熱量が移動する」）

示すように，x 軸と y 軸をとり，1つ1つのタンクの代わりに微小な幅 Δx と Δy を2辺にもつ微小なセルの集合体と考えて，これらセル同士の間で，温度差に比例して熱量が移動する問題に置き換えることにする。

図3に示すように，$z_{i,j}=z(x,\ y)$ とおくと，

$$\begin{cases} z_{i+1,j}=z(x+\Delta x,\ y) \\ z_{i-1,j}=z(x-\Delta x,\ y) \\ z_{i,j+1}=z(x,\ y+\Delta y) \\ z_{i,j-1}=z(x,\ y-\Delta y) \end{cases}$$

図3 セルの間の熱の移動の問題

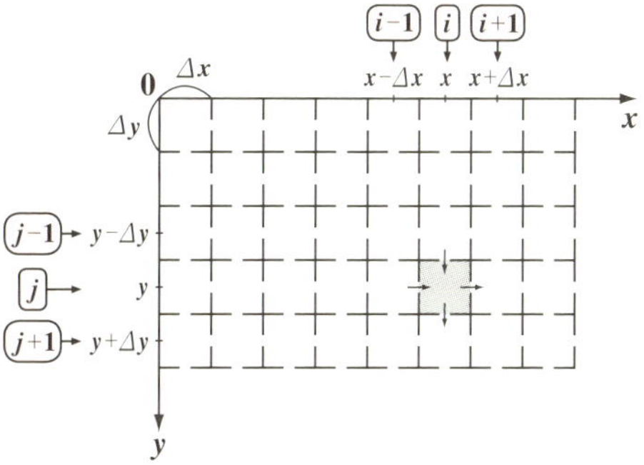

また，セルの断面積 S は，$S=\Delta x\cdot\Delta y$ となるが，ここで，$\Delta x=\Delta y$ とすると，S は，$S=(\Delta x)^2=(\Delta y)^2$ と表すことができる。以上より，$(\Delta x)^2=(\Delta y)^2$ に注意して，⑦の右辺を変形すると，

$$\frac{\alpha}{S}\cdot(z_{i+1,j}+z_{i-1,j}+z_{i,j+1}+z_{i,j-1}-4z_{i,j})$$

$$=\frac{\alpha}{(\Delta x)^2}\{z(x+\Delta x,\ y)+z(x-\Delta x,\ y)+z(x,\ y+\Delta y)+z(x,\ y-\Delta y)-4z(x,\ y)\}$$

$$\{z(x+\Delta x,\ y)-z(x,\ y)\}-\{z(x,\ y)-z(x-\Delta x,\ y)\}+\{z(x,\ y+\Delta y)-z(x,\ y)\}-\{z(x,\ y)-z(x,\ y-\Delta y)\}$$

$$=\alpha\cdot\frac{1}{\Delta x}\left\{\frac{z(x+\Delta x,\ y)-z(x,\ y)}{\Delta x}-\frac{z(x,\ y)-z(x-\Delta x,\ y)}{\Delta x}\right\}$$

$$+\alpha\cdot\frac{1}{\Delta y}\left\{\frac{z(x,\ y+\Delta y)-z(x,\ y)}{\Delta y}-\frac{z(x,\ y)-z(x,\ y-\Delta y)}{\Delta y}\right\}\ \cdots⑨$$ となる。

ここで，$\Delta x\to 0$ の極限をとって，$\displaystyle\lim_{\Delta x\to 0}\frac{z(x,\ y)-z(x-\Delta x,\ y)}{\Delta x}=\frac{\partial z(x,\ y)}{\partial x}$

とおくと，$\displaystyle\lim_{\Delta x\to 0}\frac{z(x+\Delta x,\ y)-z(x,\ y)}{\Delta x}=\frac{\partial z(x+\Delta x,\ y)}{\partial x}$ となり，同様に，

$\Delta y\to 0$ の極限をとって，$\displaystyle\lim_{\Delta y\to 0}\frac{z(x,\ y)-z(x,\ y-\Delta y)}{\Delta y}=\frac{\partial z(x,\ y)}{\partial y}$ とおくと，

$\displaystyle\lim_{\Delta y\to 0}\frac{z(x,\ y+\Delta y)-z(x,\ y)}{\Delta y}=\frac{\partial z(x,\ y+\Delta y)}{\partial y}$ となる。

以上より，⑨の $\Delta x \to 0$，$\Delta y \to 0$ の極限を求めると，

$$\lim_{\substack{\Delta x \to 0 \\ \Delta y \to 0}} \frac{\alpha}{S} \cdot (z_{i+1,j} + z_{i-1,j} + z_{i,j+1} + z_{i,j-1} - 4z_{i,j})$$

$$= \lim_{\substack{\Delta x \to 0 \\ \Delta y \to 0}} \left[\alpha \cdot \frac{1}{\Delta x} \left\{ \frac{z(x+\Delta x,\ y) - z(x,\ y)}{\Delta x} - \frac{z(x,\ y) - z(x-\Delta x,\ y)}{\Delta x} \right\} \right.$$

$\frac{\partial z(x+\Delta x,\ y)}{\partial x}$　$\frac{\partial z(x,\ y)}{\partial x}$　$\frac{\partial^2 z}{\partial x^2}$

$$\left. + \alpha \cdot \frac{1}{\Delta y} \left\{ \frac{z(x,\ y+\Delta y) - z(x,\ y)}{\Delta y} - \frac{z(x,\ y) - z(x,\ y-\Delta y)}{\Delta y} \right\} \right]$$

$\frac{\partial z(x,\ y+\Delta y)}{\partial y}$　$\frac{\partial z(x,\ y)}{\partial y}$　$\frac{\partial^2 z}{\partial y^2}$

$$= \alpha \cdot \frac{\partial^2 z}{\partial x^2} + \alpha \cdot \frac{\partial^2 z}{\partial y^2} = \alpha \left(\frac{\partial^2 z}{\partial x^2} + \frac{\partial^2 z}{\partial y^2} \right) \cdots\cdots ⑩$$ となる。

以上 (ⅰ)(ⅱ) より，

$$\frac{z_{i,j}(t+\Delta t) - z_{i,j}(t)}{\Delta t} = \frac{\alpha}{S} (z_{i+1,j} + z_{i-1,j} + z_{i,j+1} + z_{i,j-1} - 4z_{i,j}) \cdots\cdots ⑦$$

$\frac{\partial z}{\partial t}$（⑧より）　$\alpha \left(\frac{\partial^2 z}{\partial x^2} + \frac{\partial^2 z}{\partial y^2} \right)$（⑩より）

の両辺に $\Delta t \to 0$，$\Delta x \to 0$，$\Delta y \to 0$ の極限をとると，**3** 変数関数 $z(x,\ y,\ t)$ に対して，次の **2** 次元熱伝導方程式（**2** 次元拡散方程式）：

$$\frac{\partial z}{\partial t} = \alpha \left(\frac{\partial^2 z}{\partial x^2} + \frac{\partial^2 z}{\partial y^2} \right) \cdots\cdots ⑪$$ （α：正の定数（温度伝導率））が導けるんだね。

そして，ボク達はこれまでこの⑪を様々な境界条件の下で，フーリエ解析などを使って解析的な解を求めていたんだね。しかし，この⑪も，**1** 次元熱伝導方程式のときと同様に，差分方程式に変形することができ，これを基に数値解析による近似解を求めることもできるようになるんだね。

では，$\Delta x = \Delta y$ として，⑪の差分方程式を求めてみよう。要領は基本的には **1** 次元熱伝導方程式の差分方程式を求めるやり方 (**P76**) と同じだ。⑪の差分方程式は，

$$\frac{\overbrace{z_{i,j}(t+\Delta t)}^{\text{新温度}} - \overbrace{z_{i,j}(t)}^{\text{旧温度}}}{\Delta t} = \alpha\left(\frac{z_{i+1,j}+z_{i-1,j}-2z_{i,j}}{(\Delta x)^2} + \frac{z_{i,j+1}+z_{i,j-1}-2z_{i,j}}{\underbrace{(\Delta y)^2}_{(\Delta x)^2\ (\because \Delta x = \Delta y)}}\right)$$ より，

$z_{i,j}$ の値を更新する次の一般式

$$\underbrace{z_{i,j}}_{\text{新温度}} = \underbrace{z_{i,j}}_{\text{旧温度}} + \frac{\alpha \cdot \Delta t}{(\Delta x)^2}\left(z_{i+1,j}+z_{i-1,j}+z_{i,j+1}+z_{i,j-1}-4z_{i,j}\right) \quad \cdots\cdots ⑥'$$ が導ける。

⑥′は，⑥式 (**P112**) の S を $(\Delta x)^2$ で書き換えたものだ。この⑥′を使って，**2** 次元熱伝導方程式の近似解を数値解析により求めることができるわけだけれど，この解の安定性と近似精度を上げるために，⑥′の第 **2** 項の係数 $\frac{\alpha \cdot \Delta t}{(\Delta x)^2}$ が **0.1** 程度以下となるように，定数 α の値も考慮に入れて，微小区間 Δx と微小時間 Δt を設定することにしよう。もちろん，問題文で，α と Δx と Δt の値が与えられている場合は，それに従ってプログラムを組めばいいんだね。しかし，自分で初めからプログラムを組まなければならないときは，$\frac{\alpha \cdot \Delta t}{(\Delta x)^2} \leqq \frac{1}{10}$ となるように Δx や Δt の値を設定すればいい。Δx を小さくすることにより精細なグラフを描けるんだけれど，その分 Δt を小さくしなければいけなくなって，計算時間が長くなる欠点があるんだね。

たとえば，$\alpha = \frac{1}{4}$，$\Delta x = \frac{1}{20}$ のとき，Δt は，

$$\frac{\alpha \cdot \Delta t}{(\Delta x)^2} = \frac{\frac{1}{4} \cdot \Delta t}{\left(\frac{1}{20}\right)^2} = \frac{\frac{1}{4} \cdot \Delta t}{\frac{1}{400}} = 100\Delta t \leqq \frac{1}{10}$$ より，

$\Delta t \leqq \frac{1}{1000} = 10^{-3}$　よって，$\Delta t = 10^{-3}$ (秒) 以下に設定すればよいことになる。

では，準備も整ったので，早速，**2** 次元熱伝導方程式を数値解析で解いてみよう。

● 放熱条件の2次元熱伝導方程式を数値解析で解こう！

それでは，次の例題で，2次元熱伝導方程式の問題を具体的に解いてみよう。

例題 19　温度 $z(x, y, t)$ について，次の2次元熱伝導方程式が与えられている。

$$\frac{\partial z}{\partial t}=\underbrace{\frac{1}{10}}_{\alpha\,(\text{温度伝導率})}\left(\frac{\partial^2 z}{\partial x^2}+\frac{\partial^2 z}{\partial y^2}\right) \cdots\cdots ①\quad (0<x<4,\ 0<y<4,\ t>0)$$

境界条件：$z(0, y, t)=z(4, y, t)=0$ かつ $z(x, 0, t)=z(x, 4, t)=0$

（境界線の温度がすべて0(℃)より，これは放熱条件だね。）

初期条件：$z(x, y, 0)=\begin{cases}10 & (2\leqq x\leqq 3 \text{ かつ } 0<y<4)\\ 0 & \begin{pmatrix}0\leqq x<2, \text{ または } 3<x\leqq 4\\ \text{かつ } 0<y<4\end{pmatrix}\end{cases}$

①を差分方程式（一般式）で表し，$\Delta x=\Delta y=10^{-1}$，$\Delta t=10^{-2}$ として，数値解析により，時刻 $t=0,\ 0.5,\ 1,\ 2,\ 4,\ 8$（秒）における温度 z の分布のグラフを xyz 座標空間上に図示せよ。

xy 平面上の領域 $0\leqq x\leqq \underbrace{4}_{X_{Max}}$，$0\leqq y\leqq \underbrace{4}_{Y_{Max}}$ $(z=0)$ に正方形の板状の物体が存在し，その各点の温度が $z(x, y, t)$ $(t\geqq 0)$ で与えられていると考えればいいんだね。①より，温度伝導率（定数）$\alpha=10^{-1}$ であり，微小区間 $\Delta x=10^{-1}(=\Delta y)$，微小時間 $\Delta t=10^{-2}$ より，①の差分方程式：

$$\underbrace{z_{i,j}}_{\text{新}}=\underbrace{z_{i,j}}_{\text{旧}}+\frac{\alpha\cdot\Delta t}{(\Delta x)^2}(z_{i+1,j}+z_{i-1,j}+z_{i,j+1}+z_{i,j-1}-4z_{i,j}) \cdots\cdots ②$$

の右辺第2項の係数 $\frac{\alpha\cdot\Delta t}{(\Delta x)^2}=\frac{10^{-1}\cdot 10^{-2}}{(10^{-1})^2}=\frac{1}{10}$ となるので，これでよい精度での数値解析が行えるはずなんだね。

$\frac{X_{Max}}{\Delta x}=\frac{4}{10^{-1}}=40$，$\frac{Y_{Max}}{\Delta y}=\frac{4}{10^{-1}}=40$ より，$0\leqq x\leqq 4$，$0\leqq y\leqq 4$ のいずれも，40等分ずつに分割して考えることになる。よって，温度 $z_{i,j}$ $(i=1, 2, \cdots, 40,\ j=1, 2, \cdots, 40)$ を表す配列として，$z(40, 40)$ を定義する。

つまり，$0 \leqq x \leqq 4$，$0 \leqq y \leqq 4$ で定義される板を $40 \times 40 = 1600$ 個の微小正方形（面積 $= (\Delta x)^2 = 10^{-2}$）に分割して，その温度分布 $z(x, y, t)$ の経時変化を調べて，xyz 座標空間上にそのグラフを描くことになる。

それでは，今回の数値解析のBASICプログラムを下に示そう。今回の熱伝導問題は，与えられている境界条件から放熱条件の問題なんだね。

```
10 REM ------------------------------------
20 REM   2次元熱伝導問題1（放熱条件）
30 REM ------------------------------------
40 XMAX=4
50 DELX=2
60 YMAX=4
70 DELY=2
80 ZMAX=10
90 DELZ=2
100 TMAX=0
110 DIM Z(40,40)
120 CLS 3
130 DEF FNU(X,Y)=320-160*X/XMAX+200*Y/YMAX
140 DEF FNV(X,Z)=250+80*X/XMAX-200*Z/ZMAX
150 LINE (320,250)-(320,10)
160 LINE (320,250)-(120,350)
170 LINE (320,250)-(570,250)
180 LINE (160,330)-(360,330),,,2
190 LINE (520,250)-(360,330),,,2
200 N=INT(XMAX/DELX)
210 FOR I=1 TO N
220 LINE (FNU(I*DELX,0),FNV(I*DELX,0)-3)-(FNU(I*DELX,
0),FNV(I*DELX,0)+3)
230 NEXT I
240 N=INT(YMAX/DELY)
250 FOR I=1 TO N
260 LINE (FNU(0,I*DELY),FNV(0,0)-3)-(FNU(0,I*DELY),
FNV(0,0)+3)
270 NEXT I
```

（40〜90行）X_{Max}，Y_{Max}，Z_{Max} と目盛り幅 $\Delta\overline{X}$，$\Delta\overline{Y}$，$\Delta\overline{Z}$ を代入した。

（100行）T_{Max} は，この後，0.5，1，2，4，8 と変えて代入する。

（110行）配列の定義

（120〜270行）XYZ座標系の作成

```
280 N=INT(ZMAX/DELZ)
290 FOR I=1 TO N
300 LINE (FNU(0,0)-3,FNV(0,I*DELZ))-(FNU(0,0)+3,FNV(0,
I*DELZ))
310 NEXT I
320 FOR J=0 TO 40
330 FOR I=0 TO 40
340 Z(I,J)=0
350 NEXT I:NEXT J
360 FOR J=1 TO 39
370 FOR I=20 TO 30
380 Z(I,J)=10
390 NEXT I:NEXT J
400 DX=XMAX/40:DY=YMAX/40:T=0:DT=.01:A=.1#
410 N1=TMAX*100
420 FOR I0=1 TO N1
430 FOR J=1 TO 39
440 FOR I=1 TO 39
450 Z(I,J)=Z(I,J)+A*(Z(I+1,J)+Z(I-1,J)+Z(I,J+1)+Z(I,J-1)
-4*Z(I,J))*DT/(DX)^2
460 NEXT I:NEXT J
470 T=T+DT
480 NEXT I0
490 PRINT "t=";TMAX
500 FOR I=0 TO 40
510 PSET (FNU(I*DX,0),FNV(I*DX,0))
520 FOR J=1 TO 40
530 LINE -(FNU(I*DX,J*DY),FNV(I*DX,Z(I,J)))
540 NEXT J:NEXT I
```

（320～350行）まず，すべての $z_{i,j}$ ($i=0, 1, 2, \cdots, 40$, $j=0, 1, 2, \cdots, 40$) に **0** を代入した。

（360～390行）初期条件より，$z_{i,j}$ ($20 \leqq i \leqq 30$，$1 \leqq j \leqq 39$) に **10** を代入した。

（400行）$\Delta x, \Delta y, t, \Delta t, a$ の値の代入

（410行）$\Delta T=10^{-2}$ より，$T_{Max}/\Delta T$（計算の回数）を **N1** に代入した。

（430～460行）**FOR～NEXT(I, J)**

（420～480行）**FOR～NEXT(I0)**

（470行）時刻 t を更新する。

（490行）T_{Max} を表示する。

（520～540行）**FOR～NEXT(J)**

（500～540行）**FOR～NEXT(I)**

40～90 行で，$\mathbf{X_{Max}=4}$，$\mathbf{Y_{Max}=4}$，$\mathbf{Z_{Max}=10}$，目盛り幅 $\Delta\overline{\mathbf{X}}=\mathbf{2}$，$\Delta\overline{\mathbf{Y}}=\mathbf{2}$，$\Delta\overline{\mathbf{Z}}=\mathbf{2}$ を代入した。**100** 行で $\mathbf{T_{Max}=0}$ を代入した。これは，初期条件の温度分布を表示するためのもので，このとき，**420～480** 行の **FOR～NEXT(I0)** の計算は **1** 度も行われない。

問題文から，$t=0$，0.5，1，2，4，8（秒）における温度 $z(x, y, t)$ の分布を示さないといけないので，このプログラムを実行して，$t=0$（秒）での初期条件

の分布をまず示した後，この **100** 行を順次 $T_{Max}=0.5$，1，2，4，8 と書き換えて，その都度プログラムを実行して，各時刻における温度分布を調べることになるんだね。

110 行で，配列 $z(40, 40)$ を定義したので，$z_{i,j}=z(i, j)$ $(i=0, 1, 2, \cdots, 40, j=0, 1, 2, \cdots, 40)$，すなわち $41\times41=1681$ 個の配列メモリを準備したことになるんだね。

ここで，**120～310** 行は，xyz 座標系を作るプログラムで，これは **P106，107** で示した **100～290** 行のプログラムとまったく同じものなので，解説は省略する。

320～350 行の **2** 重の **FOR～NEXT(I, J)** 文により，すべての $z_{i,j}=z(i, j)$ $(i=0, 1, 2, \cdots, 40, j=0, 1, 2, \cdots, 40)$ にまず **0** を代入する。これは，領域 $(0\leqq x\leqq4, 0\leqq y\leqq4)$ のすべての点 (x, y) に対して $z(x, y, t)=0$ を代入したことになる。

次に，**360～390** 行の **2** 重の **FOR～NEXT(I, J)** 文により，$z_{i,j}=z(i, j)$ $(i=20, 21, \cdots, 30, j=1, 2, \cdots, 39)$ のみに **10** を代入した。これは，初期条件 $z(x, y, 0)=10$ $(2\leqq x\leqq3$ かつ $0<y<4)$ を，離散的にプログラムで表現したものなんだね。これで，$t=0$ のときの温度 z の初期分布を作成したことになる。

400 行で，$\Delta x=X_{Max}/40=0.1$，$\Delta y=Y_{Max}/40=0.1$，時刻の初期値 $t=0$，微小時間 $\Delta t=0.01$，温度伝導率（定数）$a=0.1$ を代入した。

（α(アルファ)を，プログラムでは a と表した。）

410 行で，$N1=T_{Max}\times100$ としたが，これは，$N1=T_{Max}/\Delta t$ と同じことだ。$\Delta t=0.01$ としているので，$t=T_{Max}$ のとき，$N1=T_{Max}\times100$ 回ループ計算を行って，$t=T_{Max}$ における温度 z の分布を計算するんだね。そのために **420～480** 行の **FOR～NEXT(I0)** 文がある。これにより，$I0=1, 2, 3, \cdots, N1$ と値を変化させながら，ループ計算を行う。まず，$I0=1$ のとき，$t=0$ のときの初期条件の温度分布 $z_{i,j}$ を基にして，**450** 行の一般式により，$t=\Delta t$ のときの新たな $z_{i,j}$ の値を計算する。このとき，正方形の境界線上の点はすべて放熱条件により **0**(℃) になっていること，すなわち，$z(0, j)=z(40, j)=0$

$(j=0,\ 1,\ \cdots,\ 40)$, $z(i,\ 0)=z(i,\ 40)=0\ (i=1,\ 2,\ \cdots,\ 39)$であり，境界線上では常に**0**(℃)であること気を付けよう。そして，**470**行の$t=t+\Delta t$により，tも$t=0$から$t=\Delta t$に更新する。これで，**I0 = 1**のときの計算が終了し，また，初めの**420**行に戻り，**I0 = 2**として$t=\Delta t$のときの温度分布$z_{i,j}$を旧温度とし，これを基に$t=2\cdot\Delta t$のときの新温度$z_{i,j}$を，**430～460**行の計算ループで算出し，**470**行で，時刻tをΔtから$2\cdot\Delta t$に更新する。この後，また初めの**420**行に戻って，…，と同様の計算を**I0 = N1 (= 100·T_{Max})**となるまで繰り返し行う。

ただし，これまでの**420～480**行の**FOR～NEXT(I0)**の解説は，あくまでもT_{Max}が**0.5**や**1**や**2**…など，正の値をとる場合のものであって，今回のように$T_{Max}=0$のときには適用されない。何故だか分かる？…，そうだね。$T_{Max}=0$のとき，$N1=100\times T_{Max}=0$より，**420**行が，**FOR I0=1 TO 0**となって，変な文になってしまうからだ。これだと**I0 = 1, 2, …, N1**とはな（⊕の整数）らないので，この場合，**BASIC**プログラムでは，この**420～480**行の計算ループを無視して何も計算してくれない。ということは，$z_{i,j}$は初期条件の分布のままだから，$T_{Max}=0$のときの分布も正確にこのプログラムで表現できることになるんだね。大丈夫？ 以上より，T_{Max}が**0**でも，正の値をとっても，初期分布からT_{Max}秒後のすべての$z_{i,j}$の値を，この**FOR～NEXT(I0)**で算出することになる。

490行で，T_{Max}の値を表示する。最後に，**500～540**行の**FOR～NEXT(I)**文によって，T_{Max}秒後の温度$z_{i,j}$の分布をグラフにして，xyz座標空間上に表示する。本来$z(x,\ y,\ t_{Max})$（これは定数）は，xyz座標空間上である曲面を表すはずなんだけれど，ボク達はこれをx軸に対して垂直な**41**枚の平面で切って出来る**41**本の曲線で表現しようとしているんだね。そのためには，まず，**500**行の**FOR I=0 TO 40**によって，**I = 0, 1, 2, …, 40**と変化させ，**510**行でx軸上の点$[i\cdot\Delta x,\ 0,\ 0]$（X, Y, Z）に対応するuv平面上の点$(u,\ v)=(fnu(i\cdot\Delta x,\ 0),$（X, Y）

$fnv(\underbrace{i\cdot\Delta x}_{\text{X}},\ \underbrace{0}_{\text{Z}}))$ を，**1** 点表示する。

次に，このループの中に入れ子になっている **520～540** 行の **FOR～NEXT(J)** 文によって，y 軸方向に $j=1,\ 2,\ 3,\ \cdots,\ 40$ と変化させながら，点 $(i\cdot\Delta x,\ j\cdot\Delta y,\ z_{i,j})$ を順次連結していく。これにより，曲面 $z(x,\ y,\ t_{\text{Max}})$ を，平面 $x=i\cdot\Delta x$ で切ってできる断面の曲線が **1** 本引ける。後は，この i が $i=0,\ 1,\ 2,\ \cdots,\ 40$ と変化するので，トータルで断面の曲線が **41** 本引けることになり，これからほぼ，曲面 $z(x,\ y,\ t_{\text{Max}})\ (0\leqq x\leqq 4,\ 0\leqq y\leqq 4)$ を **3** 次元のグラフとして表すことができるんだね。以上で，今回のプログラムの意味と働きをすべてご理解頂けたと思う。それでは，**100** 行の t_{Max} の値を **0**，**0.5**，**1**，**2**，**4**，**8** と変えて，プログラムを実行した結果得られる温度分布のグラフを下に示そう。

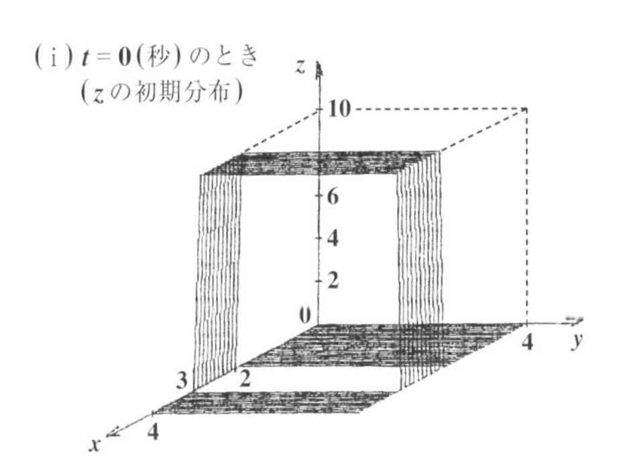

(i) $t=0$(秒)のとき
(zの初期分布)

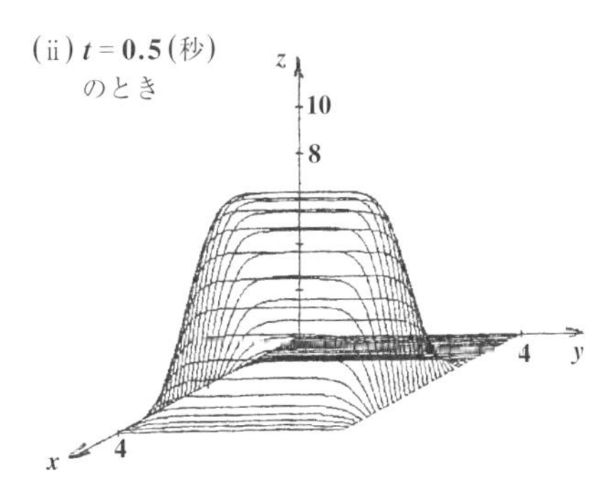

(ii) $t=0.5$(秒)
のとき

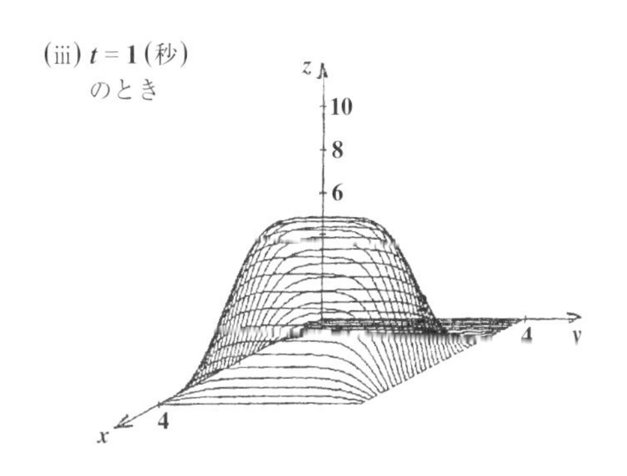

(iii) $t=1$(秒)
のとき

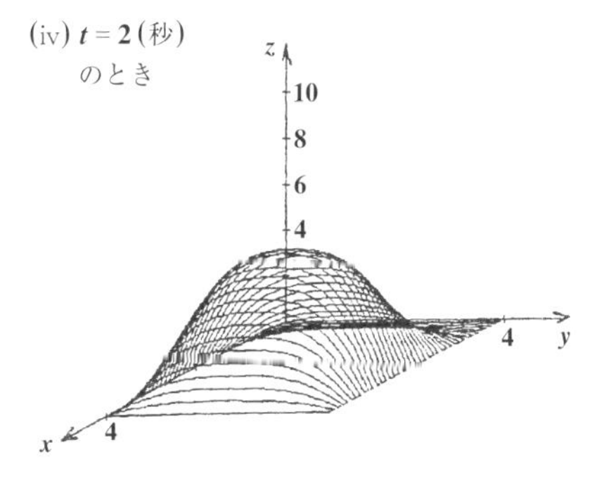

(iv) $t=2$(秒)
のとき

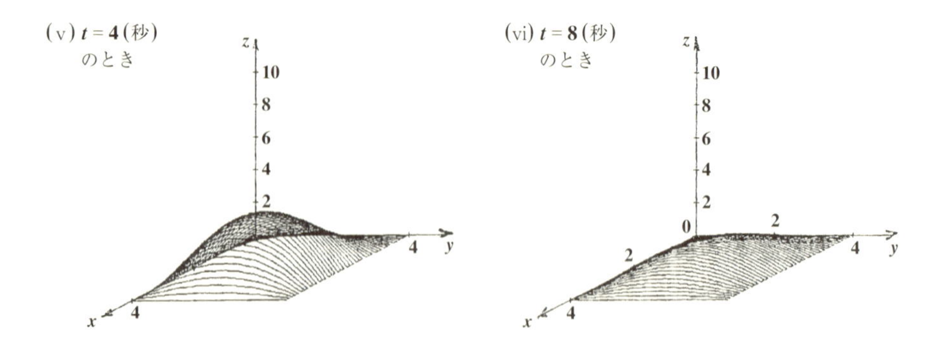

どう？キレイなグラフが描けたでしょう？今回の境界条件は，放熱条件であったため，正方形の境界線の **4** 辺の温度はすべて **0**(℃) に保たれているので，この **4** 辺から熱が流出していく。このため，時刻 $t = 0$, 0.5, 1, 2, 4, 8 と時刻の経過と供に温度が下がって行き，$t = 8$ 秒後では，全領域 $(0 \leqq x \leqq 4,\ 0 \leqq y \leqq 4)$ に渡って，ほぼ温度 $z = 0$(℃) に近づいていることが分かるんだね。面白かった？

それでは，もう **1** 題，放熱条件の **2** 次元熱伝導方程式を解いてみよう。

例題 20 温度 $z(x,\ y,\ t)$ について，次の **2** 次元熱伝導方程式が与えられている。

$$\frac{\partial z}{\partial t} = \frac{1}{10}\left(\frac{\partial^2 z}{\partial x^2} + \frac{\partial^2 z}{\partial y^2}\right) \cdots\cdots ① \quad (0 < x < 4,\ 0 < y < 4,\ t > 0)$$

境界条件：$z(0,\ y,\ t) = z(4,\ y,\ t) = 0$ かつ
$z(x,\ 0,\ t) = z(x,\ 4,\ t) = 0$ ←（放熱条件）

初期条件：$z(x,\ y,\ 0) = \begin{cases} 15 & (2 \leqq x \leqq 3 \text{ かつ } 2 \leqq y \leqq 3) \\ 0 & \left(\begin{array}{l} 0 \leqq x \leqq 4 \text{ かつ } 0 \leqq y \leqq 4 \text{ のうち} \\ \text{上記の領域以外のすべて} \end{array}\right) \end{cases}$

①を差分方程式（一般式）で表し，$\varDelta x = \varDelta y = 10^{-1}$，$\varDelta t = 10^{-2}$ として，数値解析により，時刻 $t = 0$, 0.5, 1, 2, 4, 8(秒) における温度 z の分布のグラフを xyz 座標空間上に図示せよ。

初期条件以外，例題 **19** と同じ設定の放熱条件での **2** 次元熱伝導方程式の問題なんだね。この数値解析用のプログラムの主要部を次に示そう。

```
10 REM ----------------------------------------
20 REM   2次元熱伝導問題2 (放熱条件)
30 REM ----------------------------------------
40 XMAX=4
50 DELX=2
60 YMAX=4
70 DELY=2
80 ZMAX=15
90 DELZ=3
100 TMAX=0
110 DIM Z(40,40)
```

(40〜90行) X_{Max}, $\Delta\overline{X}$, Y_{Max}, $\Delta\overline{Y}$, Z_{Max}, $\Delta\overline{Z}$ の代入。

(100行) T_{Max} は，この後，**0.5**，**1**，**2**，**4**，**8** と変えて代入する。

(110行) 配列の定義

120〜310 行 ← *xyz* 座標系を作るプログラムで，例題 **19**(**P117**，**118**) のものと同じ。

```
320 FOR J=0 TO 40
330 FOR I=0 TO 40
340 Z(I,J)=0
350 NEXT I:NEXT J
360 FOR J=20 TO 30
370 FOR I=20 TO 30
380 Z(I,J)=15
390 NEXT I:NEXT J
400 DX=XMAX/40:DY=YMAX/40:T=0:DT=.01:A=.1#
410 N1=TMAX*100
420 FOR I0=1 TO N1
430 FOR J=1 TO 39
440 FOR I=1 TO 39
450 Z(I,J)=Z(I,J)+A*(Z(I+1,J)+Z(I-1,J)+Z(I,J+1)+Z(I,J-1)
-4*Z(I,J))*DT/(DX)^2
460 NEXT I:NEXT J
470 T=T+DT
480 NEXT I0
```

(320〜390行) $z_{i,j}$ の初期分布の代入

(400行) Δx, Δy, t, Δt, a の代入

(410行) 計算回数**N1**の代入

(450行) $z_{i,j}$ を更新する一般式

(470行) 時刻 t の更新

(420〜480行) **FOR〜NEXT(I0)**

```
490 PRINT "t=";TMAX
500 FOR I=0 TO 40
510 PSET (FNU(I*DX,0),FNV(I*DX,0))
520 FOR J=1 TO 40
530 LINE -(FNU(I*DX,J*DY),FNV(I*DX,Z(I,J)))
540 NEXT J:NEXT I
```

T_{Max}の表示

FOR～NEXT(I, J)
41本の曲線を引く。

まず，**40**～**90**行で，$X_{Max}=4$，$Y_{Max}=4$，$Z_{Max}=15$，目盛り幅$\Delta\overline{X}=2$，$\Delta\overline{Y}=2$，$\Delta\overline{Z}=3$を代入した。**100**行で，$T_{Max}=0$を代入したので，今回は特に**420**～**480**行のループ計算はせずに，温度zの初期分布をグラフで示すことになる。この後，$T_{Max}=0.5$，1，2，4，8をそれぞれ代入して，このプログラムを実行し，各時刻における温度zの分布をグラフで表示することにする。

110行で，配列$z(40, 40)$を定義して，$41\times41=1681$個の配列メモリを準備し，各点における温度の値をこれで求める。

120～**310**行は，xyz座標系を作るためのプログラムで，これは例題**19**のものと同じなので省略した。

320～**350**行の**FOR～NEXT(I, J)**文で，まず，すべての$z_{i,j}=z(i, j)$ ($i=0, 1, \cdots, 40$, $j=0, 1, \cdots, 40$) に**0**を代入する。次に**360**～**390**行の**FOR～NEXT(I, J)**文で，$z_{i,j}=z(i, j)=15$ ($i=20, 21, \cdots, 30$, $j=20, 21, \cdots, 30$) を代入する。これは，初期条件に従って$2\leqq x\leqq3$かつ$2\leqq y\leqq3$のときのみ，温度$z_{i,j}=15$(℃)を代入したことになる。

400行で，$\Delta x=10^{-1}$，$\Delta y=10^{-1}$，$t=0$，$\Delta t=10^{-2}$，$a=10^{-1}$を代入した。

420～**480**行の**FOR～NEXT(I0)**により，**450**行の一般式（差分方程式）を用いて新たな温度$z_{i,j}$ ($i=1, 2, \cdots, 39$, $j=1, 2, \cdots, 39$) を計算する。そして，**470**行の$t=t+\Delta t$で，時刻tもΔtだけ進めて更新する。

490行で，$t=(t_{Max})$の形でt_{Max}の値を表示し，**500**～**540**行の**FOR～NEXT(I, J)**文により，$t=t_{Max}$における温度分布$z(x, y, t_{Max})$の曲面を**41**本の曲線で表現してグラフに表示する。

それでは，$t_{Max}=0$，0.5，1，2，4，8（秒）のとき，それぞれについて，このプログラムを実行(**run**)して，それぞれの時刻における温度zの分布のグラフの出力結果を次に示す。

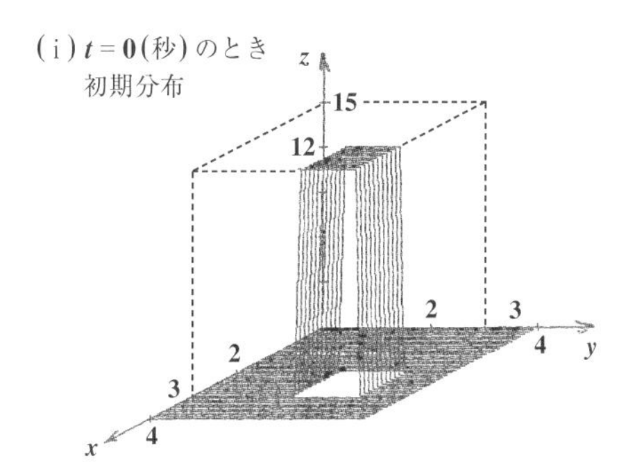
(i) t = 0 (秒) のとき
初期分布
z
15
12
2
3
2
3
4
y
x
4

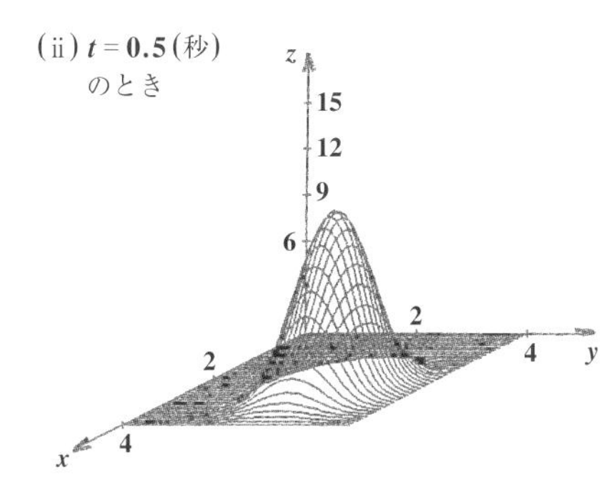
(ii) t = 0.5 (秒)
のとき
z
15
12
9
6
2
4
y
2
x
4

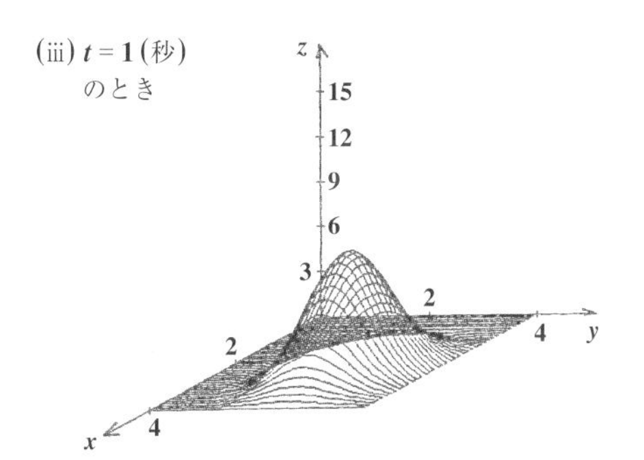
(iii) t = 1 (秒)
のとき
z
15
12
9
6
3
2
4
y
2
x
4

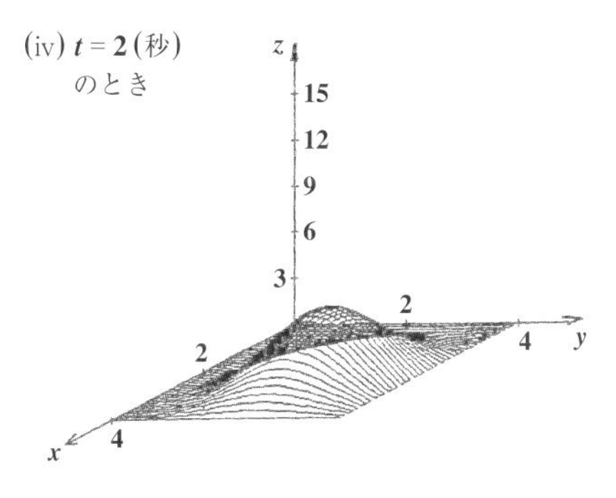
(iv) t = 2 (秒)
のとき
z
15
12
9
6
3
2
4
y
2
x
4

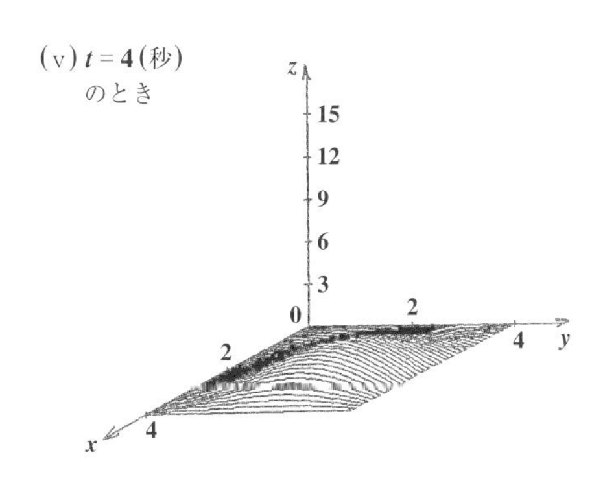
(v) t = 4 (秒)
のとき
z
15
12
9
6
3
0
2
4
y
2
x
4

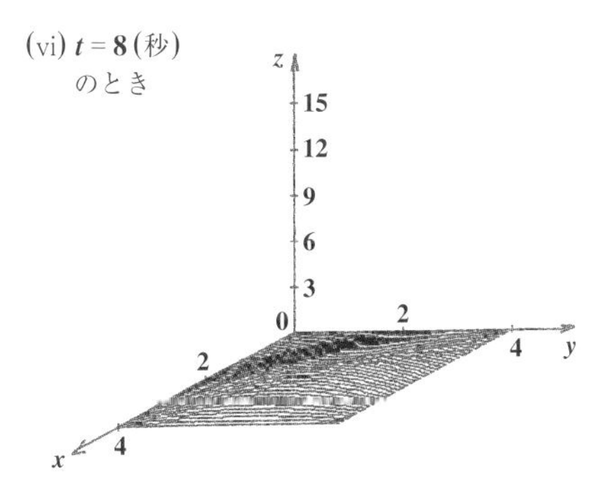
(vi) t = 8 (秒)
のとき
z
15
12
9
6
3
0
2
4
y
2
x
4

● 断熱条件の2次元熱伝導方程式を数値解析で解こう！

放熱条件での2次元熱伝導方程式の数値解析による解法の解説は終わったので，これから断熱条件での2次元熱伝導方程式を数値解析を使って解いてみることにしよう。次の例題の初期条件は例題19(P116)のものとほぼ同じなんだけれど，境界条件が断熱条件になっていることに注意しよう。

例題21　温度 $z(x, y, t)$ について，次の2次元熱伝導方程式が与えられている。

$$\frac{\partial z}{\partial t} = \frac{1}{10}\left(\frac{\partial^2 z}{\partial x^2} + \frac{\partial^2 z}{\partial y^2}\right) \cdots\cdots ① \quad (0 < x < 4,\ 0 < y < 4,\ t > 0)$$

境界条件：$\dfrac{\partial z(0, y, t)}{\partial x} = \dfrac{\partial z(4, y, t)}{\partial x} = 0$　かつ

$\dfrac{\partial z(x, 0, t)}{\partial y} = \dfrac{\partial z(x, 4, t)}{\partial y} = 0$　←断熱条件

初期条件：$z(x, y, 0) = \begin{cases} 10 & (2 \leqq x \leqq 3 \text{ かつ } 0 \leqq y \leqq 4) \\ 0 & \left(\begin{array}{l} 0 \leqq x < 2, \text{ または } 3 < x \leqq 4 \\ \text{かつ } 0 \leqq y \leqq 4 \end{array}\right) \end{cases}$

①を差分方程式（一般式）で表し，$\Delta x = \Delta y = 10^{-1}$，$\Delta t = 10^{-2}$ として，数値解析により，時刻 $t = 0,\ 0.5,\ 1,\ 2,\ 4,\ 8,\ 16$（秒）における温度 z の分布のグラフを xyz 座標空間上に図示せよ。

今回の境界条件では，

(i) $x = 0$ または 4 のとき，$\dfrac{\partial z}{\partial x} = 0$ であるので，$x = 0$ と $x = 4$ の境界において，

　x 軸方向の接線の傾きが 0 であること，また

(ii) $y = 0$ または 4 のとき，$\dfrac{\partial z}{\partial y} = 0$ であるので，$y = 0$ と $y = 4$ の境界において，

　y 軸方向の接線の傾きが 0 であることを示している。

つまり，正方形の境界線において，温度勾配が 0 であるということは，境界付近で温度差がないということなので，境界において熱の移動（流出）は存在しない。つまり断熱（保温）された条件の下で，2次元熱伝導方程式を数値解

析を使って解くことになるんだね。これをプログラムで表現するには，正方形の境界線上にある点の温度と，それより **1** 列だけ内側にある点の温度を等しくすればいいんだね。

それでは，今回の数値解析で用いるプログラムを下に示そう。

```
10 REM -----------------------------------
20 REM   2次元熱伝導問題1 (断熱条件)
30 REM -----------------------------------
40 XMAX=4
50 DELX=2
60 YMAX=4
70 DELY=2
80 ZMAX=10
90 DELZ=2
100 TMAX=0
110 DIM Z(40,40)
```

(40〜90行) X_{Max}, Y_{Max}, Z_{Max} と目盛り幅 $\Delta\overline{X}$, $\Delta\overline{Y}$, $\Delta\overline{Z}$ を代入した。

(100行) T_{Max} は，この後，**0.5**，**1**，**2**，**4**，**8**，**16** と値を変えて代入する。

(110行) 配列の定義

120〜310 行は省略 ← xyz 座標系を作るプログラムで，例題 **19**(**P117**，**118**) のものと同じ。

```
320 FOR J=0 TO 40
330 FOR I=0 TO 40
340 Z(I,J)=0
350 NEXT I:NEXT J
360 FOR J=0 TO 40
370 FOR I=20 TO 30
380 Z(I,J)=10
390 NEXT I:NEXT J
400 DX=XMAX/40:DY=YMAX/40:T=0:DT=.01:A=.1#
410 N1=TMAX*100
```

(320〜350行) まず，すべての $z_{i,j}$ ($i=0, 1, \cdots, 40$，$j=0, 1, \cdots, 40$) に **0** を代入した。

(360〜390行) 初期条件より，$z_{i,j}$ ($i=20, 21, \cdots, 30$，$j=0, 1, \cdots, 40$) に **10** を代入した。

(400行) Δx, Δy, t, Δt, a の値を代入した。

(410行) ループ計算の回数 **N1** を代入した。

```
420 FOR I0=1 TO N1
430 FOR J=1 TO 39
440 FOR I=1 TO 39
450 Z(I,J)=Z(I,J)+A*(Z(I+1,J)+Z(I-1,J)+Z(I,J+1)+Z(I,J-1)
-4*Z(I,J))*DT/(DX)^2
460 NEXT I:NEXT J
470 FOR I=1 TO 39
480 Z(I,0)=Z(I,1):Z(I,40)=Z(I,39)
490 Z(0,I)=Z(1,I):Z(40,I)=Z(39,I)
500 NEXT I
510 Z(0,0)=Z(1,1):Z(0,40)=Z(1,39)
520 Z(40,0)=Z(39,1):Z(40,40)=Z(39,39)
530 T=T+DT
540 NEXT I0
550 PRINT "t=";TMAX
560 FOR I=0 TO 40
570 LINE (FNU(I*DX,0),FNV(I*DX,0))-(FNU(I*DX,0),FNV(I*DX,
Z(I,0)))
580 FOR J=1 TO 40
590 LINE -(FNU(I*DX,J*DY),FNV(I*DX,Z(I,J)))
600 NEXT J
610 LINE -(FNU(I*DX,40*DY),FNV(I*DX,0))
620 NEXT I
```

FOR～NEXT(I0)

$z_{i,j}$を更新する一般式

FOR～NEXT(I, J)

FOR～NEXT(I)

時刻 t の更新

T_{Max}の表示

FOR～NEXT(J)

FOR～NEXT(I)

40～90 行で，$\mathbf{X_{Max}=4}$，$\mathbf{Y_{Max}=4}$，$\mathbf{Z_{Max}=10}$，目盛り幅 $\Delta\overline{\mathbf{X}}=\mathbf{2}$，$\Delta\overline{\mathbf{Y}}=\mathbf{2}$，$\Delta\overline{\mathbf{Z}}=\mathbf{2}$ を代入した。**100** 行で，$\mathbf{T_{Max}=0}$ を代入した。これは，初期条件の温度 z の分布を表示するためのもので，このとき，**420～540** 行の **FOR～NEXT(I0)** 文による計算ループは **1** 度も実行されない。

問題文から，$t=0$，**0.5**，**1**，**2**，**4**，**8**，**16**(秒) における温度 $z(x, y, t)$ の分布を表示しないといけないので，このプログラムで $t=0$(秒) のときの初期分布を示した後，この **100** 行の $\mathbf{T_{Max}}$ に，**0.5**，**1**，**2**，**4**，**8**，**16** を順次代入して書き換え，それぞれの時刻における温度分布のグラフを描かせる。

110 行で，配列 $z(40, 40)$ を定義して，配列メモリ $z_{i,j}=z(i, j)$ ($i=0, 1, \cdots, 40$，$j=0, 1, \cdots, 40$) を準備した。

ここで，**120～310** 行は，xyz 座標系を表示するプログラムで，これは **P106，107** で示した **100～290** 行のプログラムとまったく同じものなので，省略した。

320～350 行の **FOR～NEXT(I, J)** 文によって，まず，すべての $z_{i,j}=z(i,\ j)$ $(i=0,\ 1,\ \cdots,\ 40,\ j=0,\ 1,\ \cdots,\ 40)$ に **0** を代入した。

次に，**360～390** 行の **FOR～NEXT(I, J)** 文により，$z_{i,j}=z(i,\ j)$ $(i=20,\ 21,\ \cdots,\ 30,\ j=0,\ 1,\ \cdots,\ 39,\ 40)$ のみに **10** を代入して，初期条件の温度分布を離散的に作成したことになる。ここで，例題 **19** では，$j=1,\ 2,\ \cdots,\ 39$ で，$j=0$ と **40** を含んでいなかったが，今回はこれらを含めている。この意味は分かる？…，そうだね。今回は断熱の境界条件より，$z(i,\ 0)=z(i,\ 1)\ (=10)$，

（$z(i,\ 0)$：境界上の点の温度，$z(i,\ 1)$：境界より **1** 列内側の点の温度）

$z(i,\ 40)=z(i,\ 39)\ (=10)\ (i=20,\ 21,\ \cdots,\ 30)$ をみたさないといけなかった

（$z(i,\ 40)$：境界上の点の温度，$z(i,\ 39)$：境界より **1** 列内側の点の温度）

からなんだね。これについては，後で詳しく解説しよう。

400 行で，$\Delta x=0.1$，$\Delta y=0.1$，初期時刻 $t=0$，$\Delta t=0.01$，温度伝導率 $a=0.1$ を代入し，**410** 行で，ループ計算の回数 **N1** に，$T_{Max}\times 100\ (=T_{Max}/\Delta t)$ を代入した。

420～540 行の **FOR～NEXT(I0)** 文が，このプログラムの主要部だね。**I0** $=1,\ 2,\ \cdots,$ **N1** と **N1** 回のループ計算を行う。この中の入れ子構造の **430～460** 行の **FOR～NEXT(I, J)** 文で，$z_{i,j}$ $(i=1,\ 2,\ \cdots,\ 39,\ j=1,\ 2,\ \cdots,\ 39)$ の値を，**450** 行の一般式により，Δt 秒毎に更新していく。その後で，**470～500** 行の **FOR～NEXT(I)** 文により，境界上の点とその **1** 列内側の点の温度を等しくして，断熱条件をみたすようにした。右図の黒点 (●) 同士を結んで示しているのは，これらの点の温度を等しくしたことを示している。そして，**510，520** 行で，**4** つの角の (○) は，点線で結んだ黒点 (●) の温度と等しくなるようにした。

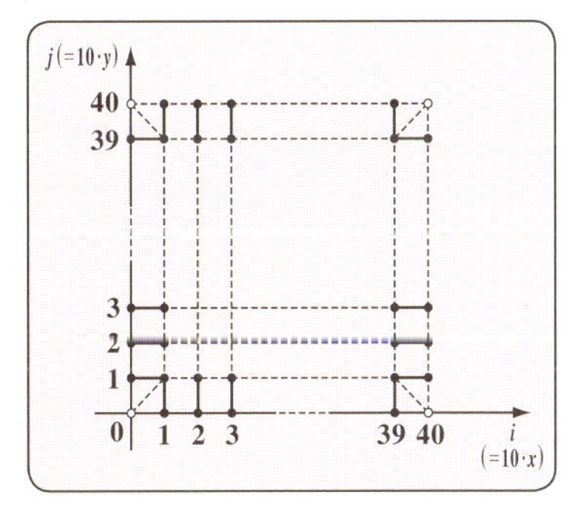

このように，境界線上の点の温度と，これより **1** 列内側の点の温度を等しくすると，境界付近での温度差が生じないので，熱は移動しない。つまり，これで離散モデルでの断熱（保温）状態を作り出したことになるんだね。そして，このループ計算の最後の **530** 行で，時刻 t を $t+\Delta t$ だけ進めて更新した。
以上の **FOR～NEXT(I0)** 文により，時刻 $t=\mathrm{T_{Max}}$ での温度分布 $z(i,\ j,\ \mathrm{T_{Max}})$ $(i=0,\ 1,\ \cdots,\ 40,\ j=0,\ 1,\ \cdots,\ 40)$ が求められる。
最後に **560～620** 行の **FOR～NEXT(I)** 文により，この温度分布を xyz 座標上のグラフとして表示する。断熱条件での温度分布の場合，その境界線で切り立ったがけのような形状になる。**560** 行の **FOR～NEXT(I)** 文で，**I=0** と **I=40** のときの曲線で，xy 平面上の $x=0$ (y 軸) と $x=4$ の境界線での絶壁の形状を作ることになる。よって，後は $y=0$ (x 軸) と $y=4$ の境界線上で，この崖（がけ）のような形状を形成させるため，まず，**570** 行で，x 軸上の点 $[\underbrace{i\cdot\Delta x}_{X},\ \underbrace{0}_{Y},\ \underbrace{0}_{Z}]$ と点 $[\underbrace{i\cdot\Delta x}_{X},\ \underbrace{0}_{Y},\ \underbrace{z_{i,\,0}}_{Z}]$ を結ぶ線分を，uv 座標上で表した **2** 点 $(fnu(\underbrace{i\cdot\Delta x}_{X},\ \underbrace{0}_{Y}),\ fnv(\underbrace{i\cdot\Delta x}_{X},\ \underbrace{0}_{Z}))$ と $(fnu(i\cdot\Delta x,\ 0),\ fnv(i\cdot\Delta x,\ z_{i,\,0}))$ を結んで絶壁を作る。この後，**580～600** 行の **FOR～NEXT(J)** 文で，$x=i\cdot\Delta x$ において，点 $[i\cdot\Delta x,\ j\cdot\Delta y,\ z_{i,j}]$ $(j=1,\ 2,\ \cdots,\ 40)$ に対応する uv 平面上の点を順次連結して曲線を作る。そして，この最後の点 $[i\cdot\Delta x,\ \underbrace{4}_{40\cdot\Delta y},\ z_{i,\,40}]$ と xy 平面上の直線 $y=4$ 上の点 $[i\cdot\Delta x,\ 4,\ 0]$ に対応する uv 平面上の **2** 点を結んで，境界線 $y=4$ $(z=0)$ での絶壁の形状を作ることができる。
それでは，$\mathrm{T_{Max}}=0,\ 0.5,\ 1,\ 2,\ 4,\ 8,\ 16$ と変えて，このプログラムを実行した結果得られる温度 z の分布を表すグラフを示そう。温度分布の経時変化が一目瞭然となって，面白いでしょう？

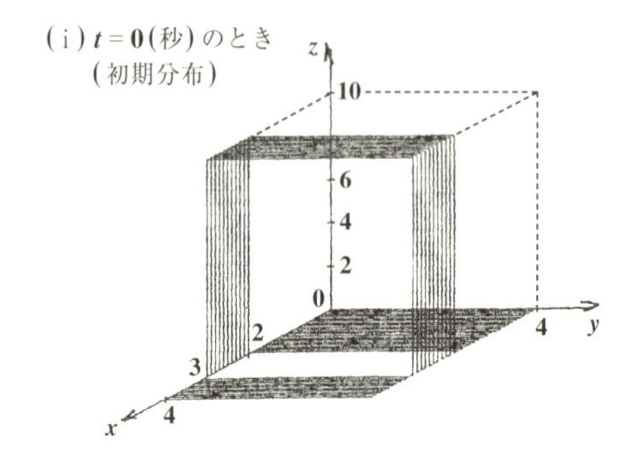

(i) $t=0$ (秒) のとき
(初期分布)

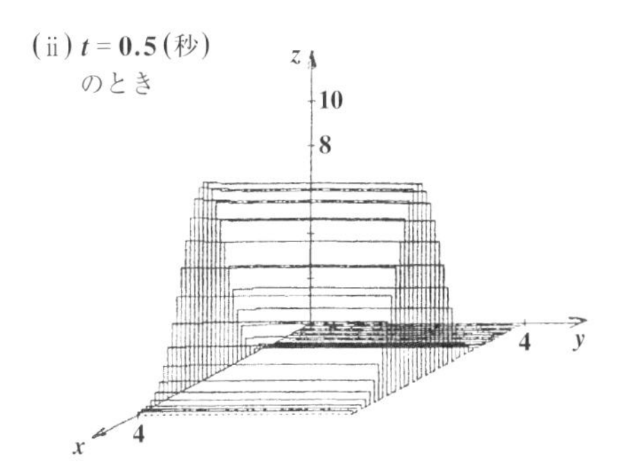

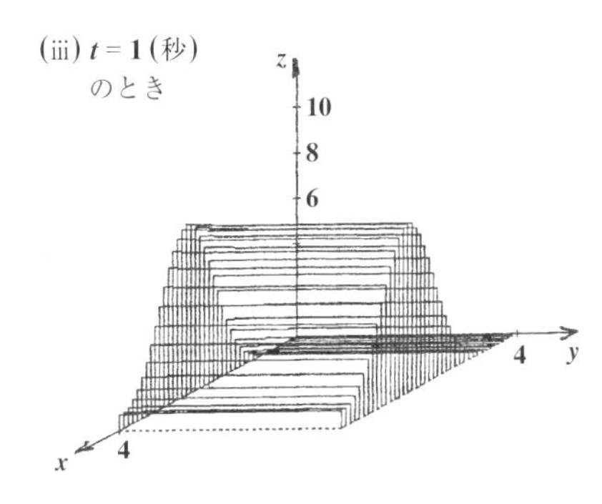

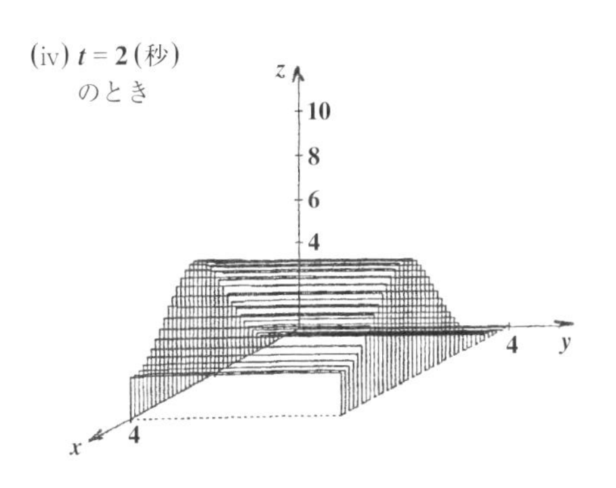

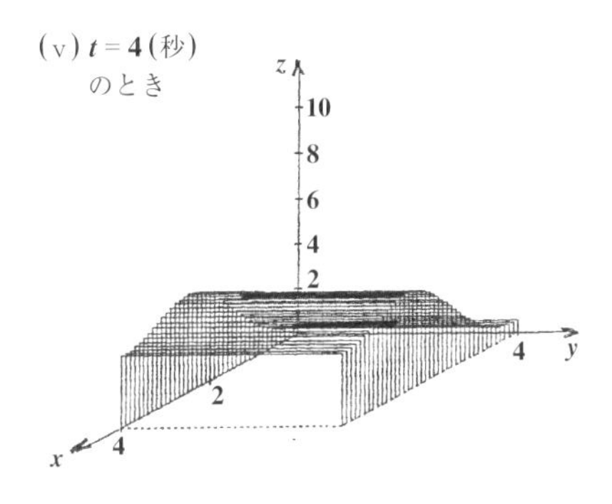

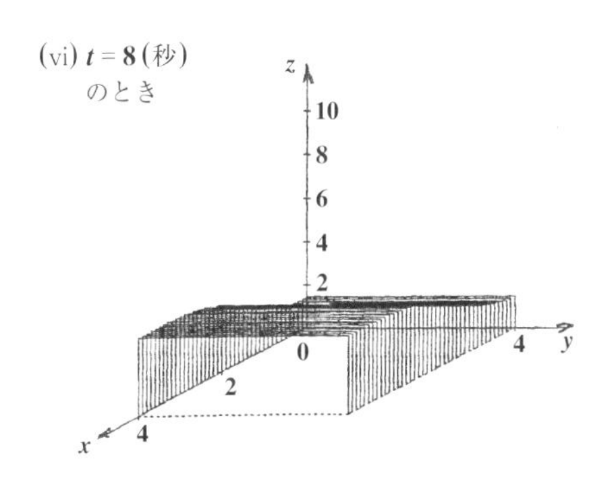

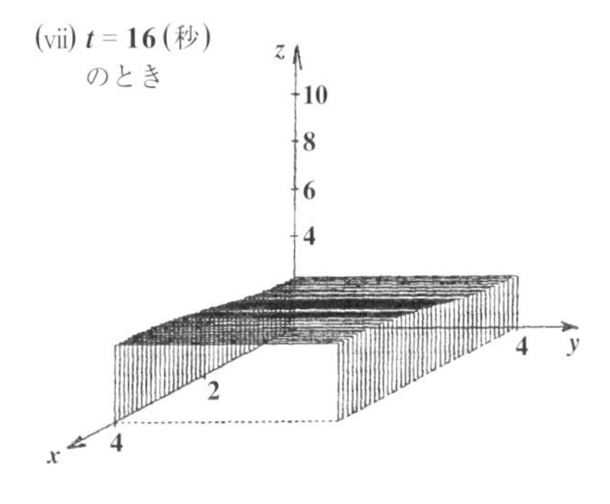

どう？境界が断熱されているので，境界線で断崖絶壁になっている美しいグラフが描けたでしょう？

それでは，もう 1 題，断熱条件での 2 次元熱伝導方程式を解いてみよう！

例題 22　温度 $z(x, y, t)$ について，次の 2 次元熱伝導方程式が与えられている。

$$\frac{\partial z}{\partial t} = \frac{1}{10}\left(\frac{\partial^2 z}{\partial x^2} + \frac{\partial^2 z}{\partial y^2}\right) \cdots\cdots ①\quad (0 < x < 4,\ 0 < y < 4,\ t > 0)$$

境界条件：$\dfrac{\partial z(0, y, t)}{\partial x} = \dfrac{\partial z(4, y, t)}{\partial x} = 0$　かつ

$\dfrac{\partial z(x, 0, t)}{\partial y} = \dfrac{\partial z(x, 4, t)}{\partial y} = 0$　←断熱条件

初期条件：$z(x, y, 0) = \begin{cases} 15 & (2 \leqq x \leqq 3 \text{ かつ } 2 \leqq y \leqq 3) \\ 0 & \left(\begin{array}{l} 0 \leqq x \leqq 4 \text{ かつ } 0 \leqq y \leqq 4 \text{ のうち} \\ \text{上記の領域以外のすべて} \end{array}\right) \end{cases}$

①を差分方程式（一般式）で表し，$\Delta x = \Delta y = 10^{-1}$，$\Delta t = 10^{-2}$ として，数値解析により，時刻 $t = 0$，0.5，1，2，4，8，16（秒）における温度 z の分布のグラフを xyz 座標空間上に図示せよ。

初期条件は例題 20（P122）と同じなんだけれど，今回の境界条件は断熱条件になっているため，保温された状態で，温度 z の分布がどのように経時変化していくかを調べることになるんだね。

それでは，今回の問題を数値解析で解くためのプログラムを下に示す。今回も，xyz 座標系を作成する部分は省略して示す。

```
10 REM ------------------------------------
20 REM    2次元熱伝導問題2（断熱条件）
30 REM ------------------------------------
40 XMAX=4
50 DELX=2
60 YMAX=4
70 DELY=2
80 ZMAX=15
90 DELZ=3
```

←X_{Max}，Y_{Max}，Z_{Max} と目盛り幅 $\Delta\overline{X}$，$\Delta\overline{Y}$，$\Delta\overline{Z}$ の代入。

```
100 TMAX=0
110 DIM Z(40,40)
```

T_{Max} は，この後，**0.5**，**1**，**2**，**4**，**8**，**16** と値を変えて代入する。

配列の定義

120～310 行は省略 ← xyz 座標系を作るプログラムで，例題 **19**(**P117**，**118**) のものと同じ。

```
320 FOR J=0 TO 40
330 FOR I=0 TO 40
340 Z(I,J)=0
350 NEXT I:NEXT J
```

まず，すべての $z_{i,j}$ ($i=0, 1, \cdots, 40$，$j=0, 1, \cdots, 40$) に **0** を代入した。

```
360 FOR J=20 TO 30
370 FOR I=20 TO 30
380 Z(I,J)=15
390 NEXT I:NEXT J
```

初期条件より，$z_{i,j}$ ($i=20, 21, \cdots, 30$，$j=20, 21, \cdots, 30$) のみに **15** を代入する。

```
400 DX=XMAX/40:DY=YMAX/40:T=0:DT=.01:A=.1#
410 N1=TMAX*100
420 FOR I0=1 TO N1
430 FOR J=1 TO 39
440 FOR I=1 TO 39
450 Z(I,J)=Z(I,J)+A*(Z(I+1,J)+Z(I-1,J)+Z(I,J+1)+Z(I,J-1)
-4*Z(I,J))*DT/(DX)^2
460 NEXT I:NEXT J
470 FOR I=1 TO 39
480 Z(I,0)=Z(I,1):Z(I,40)=Z(I,39)
490 Z(0,I)=Z(1,I):Z(40,I)=Z(39,I)
500 NEXT I
510 Z(0,0)=Z(1,1):Z(0,40)=Z(1,39)
520 Z(40,0)=Z(39,1):Z(40,40)=Z(39,39)
530 T=T+DT
540 NEXT I0
550 PRINT "t=";TMAX
```

400行：$\Delta x, \Delta y, t, \Delta t, a$ の値の代入

410行：ループ計算の回数**N1**の代入

420～540行：**FOR～NEXT(I0)**

430～460行：**FOR～NEXT(I, J)**

470～500行：**FOR～NEXT(I)**

530行：時刻 t の更新

550行：T_{Max} の表示

```
560 FOR I=0 TO 40
570 LINE (FNU(I*DX,0),FNV(I*DX,0))-(FNU(I*DX,0),FNV(I*DX,
Z(I,0)))
580 FOR J=1 TO 40
590 LINE -(FNU(I*DX,J*DY),FNV(I*DX,Z(I,J)))
600 NEXT J
610 LINE -(FNU(I*DX,40*DY),FNV(I*DX,0))
620 NEXT I
```

FOR～NEXT(J)

FOR～NEXT(I)

40～90 行で，$\mathbf{X_{Max}=4}$，$\mathbf{Y_{Max}=4}$，$\mathbf{Z_{Max}=15}$，目盛り幅 $\Delta\overline{\mathbf{X}}=\mathbf{2}$，$\Delta\overline{\mathbf{Y}}=\mathbf{2}$，$\Delta\overline{\mathbf{Z}}=\mathbf{3}$ を代入した。**100** 行で，$\mathbf{T_{Max}=0}$ を代入して，初期条件の温度 z の分布を描かせることにする。$\mathbf{T_{Max}=0}$ のとき，**420～540** 行の **FOR～NEXT(I0)** 文による計算ループは **1** 度も実行されず，**560～620** 行により，z の初期分布のグラフが表示される。したがって，この後 $\mathbf{T_{Max}}$ に **0.5**，**1**，**2**，**4**，**8**，**16** を順次代入して，プログラムを実行すると，**420～540** 行のループ計算が行なわれ，それぞれの時刻における温度 z の分布が算出されて，グラフが描かれることになるんだね。

110 行で，配列 $z(\mathbf{40},\ \mathbf{40})$ を定義して，配列メモリ $z_{i,j}=z(i,\ j)$ ($i=\mathbf{0}$，**1**，…，**40**，$j=\mathbf{0}$，**1**，…，**40**) を利用できるようにする。

120～310 行は，xyz 座標系を作成するプログラムで，これは **P106**，**107** で示した **100～290** 行のプログラムと同じなので省略した。

320～350 行の **FOR～NEXT(I, J)** 文によって，まず，すべての $z_{i,j}=z(i,\ j)$ ($i=\mathbf{0}$，**1**，…，**40**，$j=\mathbf{0}$，**1**，…，**40**) に **0** を代入した。

次に，**360～390** 行の **FOR～NEXT(I, J)** 文により，$z_{i,j}=z(i,\ j)$ ($i=\mathbf{20}$，**21**，…，**30**，$j=\mathbf{20}$，**21**，…，**30**) のみに **15** を代入して，$t=\mathbf{0}$ のときの初期条件の温度 z の分布を作成した。この z の初期分布から明らかに境界線上のすべての点の温度とそれより **1** 列だけ内側にあるすべての点の温度は，いずれも **0** (℃) であるため，$t=\mathbf{0}$ のときは境界における断熱条件をみたしていることになる。

400 行で，$\Delta x=\mathbf{0.1}$，$\Delta y=\mathbf{0.1}$，初期時刻 $t=\mathbf{0}$，$\Delta t=\mathbf{0.01}$，温度伝導率 $a=\mathbf{0.1}$ を代入し，**410** で，**420～540** 行の **FOR～NEXT(I0)** によるループ計算の計算回数 **N1** の値 $\mathbf{T_{Max}\times 100}$ を代入した。

420～540 行の **FOR～NEXT(I0)** により，**I0＝1，2，3，…，N1** と **N1** 回のループ計算を行う。この中に，さらに **2** つの **FOR～NEXT** 文が入っている。まず，**430～460** 行の **FOR～NEXT(I, J)** 文により，$z_{i,j}$ ($i=1, 2, \cdots, 39$, $j=1, 2, \cdots, 39$) の値を，**450** 行で表した次の一般式を使って実行する。

$$z_{i,j} = z_{i,j} + \frac{\alpha \cdot \Delta t}{(\Delta x)^2}\left(z_{i+1,j} + z_{i-1,j} + z_{i,j+1} + z_{i,j-1} - 4z_{i,j}\right)$$

$t+\Delta t$ での新温度　t での旧温度　t における旧温度

その後，**470～500** 行の **FOR～NEXT(I)** 文により，境界線の **4** 角の点を除いて，境界線上の点の温度をそれより **1** 列だけ内側にある点の温度と等しくして，熱が移動しないように，すなわち，境界条件としての断熱条件をみたすようにした。右図の黒点 (●) 同士を結んでいるのは，これらの点の温度が等しいことを示している。

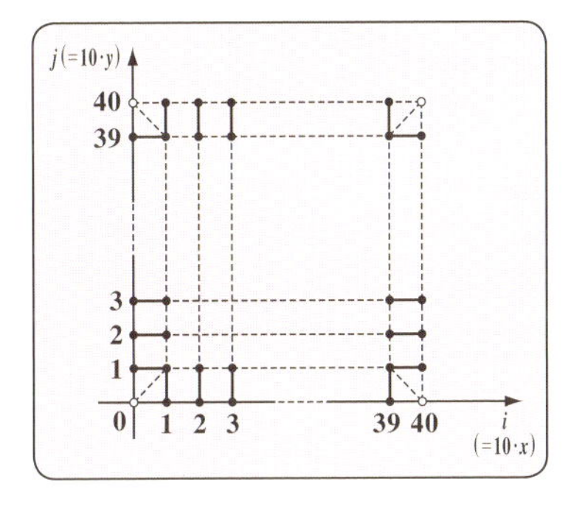

そして，**510**，**520** 行で，**4** つの角の白点 (○) の温度は，**1** 列だけ内側にあるそれぞれの角の点 (●) の温度と等しくした。これは，上図では白黒 **2** 点を点線で結んで，これらの温度を等しくしたことを示している。そして，**530** 行で，時刻 t を Δt だけ進めて更新して，この計算ループを **I0=N1** となるまで繰り返す。これにより，時刻 $t=\mathrm{T_{Max}}$ における温度 z の分布が求められるんだね。

後は，この結果の表示を行う。まず，**550** 行で，$t=\mathrm{T_{Max}}$ を画面上に表示する。**560～620** 行の **FOR～NEXT(I)** により，**I＝0，1，…，40** と変化させて，$t=\mathrm{T_{Max}}$ における温度 z の分布を **41** 本の曲線 (折れ線) を使ってグラフ表示する。ここでの解説は，xyz 座標を用いて行うが，実際に画面の uv 座標では，$(u, v)=(fnu(\mathrm{X}, \mathrm{Y}), fnv(\mathrm{X}, \mathrm{Z}))$ と変換して表すことになるのは大丈夫だね。ではまず，**570** 行で，x 軸上の点 $[i\cdot dx, 0, 0]$ と $[i\cdot dx, 0, z(i, 0)]$ を垂直に結ぶ。次に，**580～600** 行の **FOR～NEXT(J)** 文により，$j=1, 2,$

…, **40** と動かして，順次点 $[i\cdot dx,\ j\cdot dy,\ z(i,\ j)]$ を連結して，**1** 本の曲線を作り，最後に，**610** 行で，$[i\cdot dx,\ 40dy,\ z(i,\ 40)]$ と $[i\cdot dx,\ 40dy,\ 0]$ を垂直に結ぶ。$i = 0,\ 1,\ 2,\ \cdots,\ 40$ と変化させて，以上の手続きを繰り返すことにより，**41** 本の曲線（折れ線）により，xyz 座標系に温度 z の分布を表す曲面の概形を描き出すことができるんだね。

それでは，$T_{Max} = 0,\ 0.5,\ 1,\ 2,\ 4,\ 8,\ 16$ と順に代入して，このプログラムを実行した結果得られる温度分布のグラフを以下に示そう。$T_{Max} = 0$ のときの温度 z の初期分布から，時刻の経過と供にこれが変化していく様子が，ヴィジュアルに分かって面白いと思う。

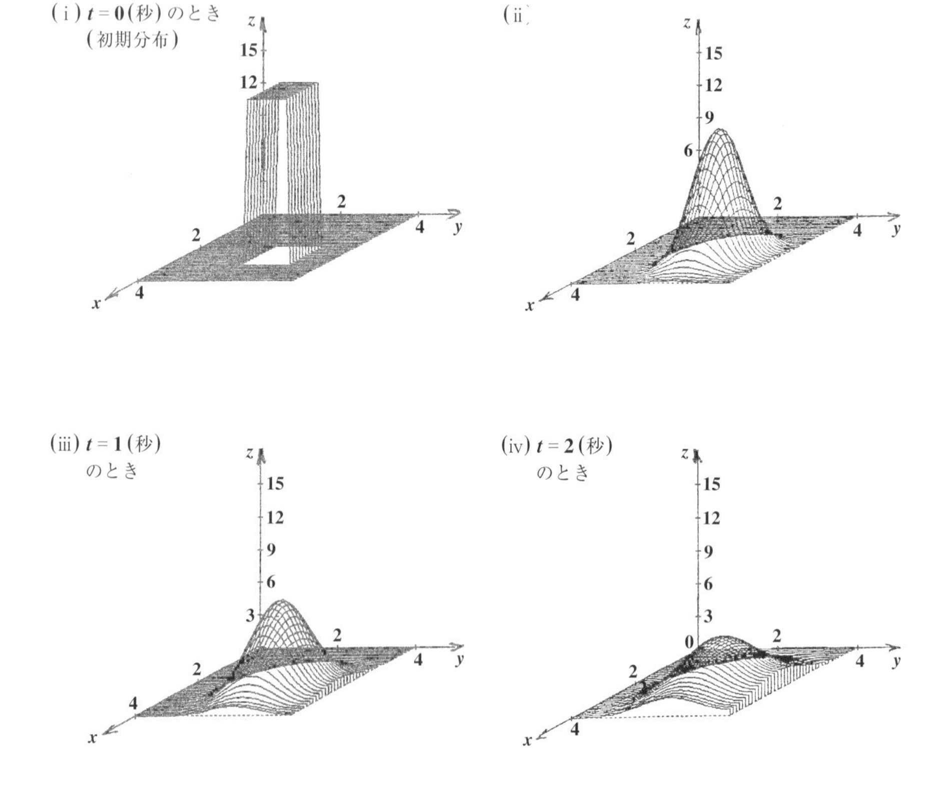

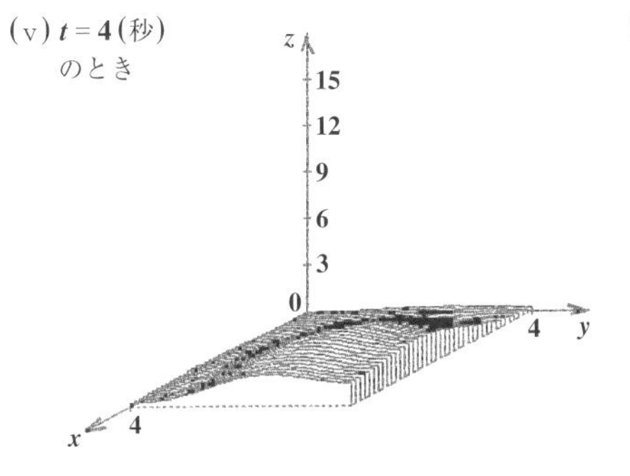

(v) $t = \mathbf{4}$ (秒) のとき

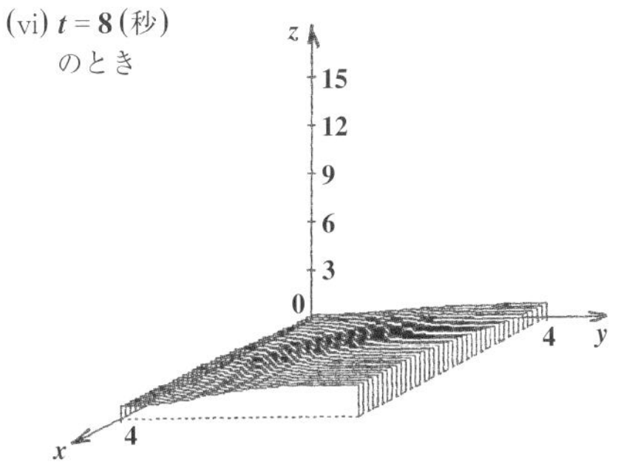

(vi) $t = \mathbf{8}$ (秒) のとき

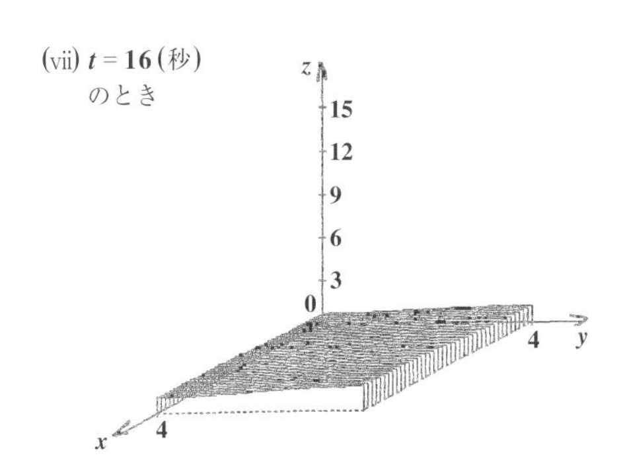

(vii) $t = \mathbf{16}$ (秒) のとき

最終的には，一様な温度分布に近づいていくことが，これらのグラフからご理解頂けたと思う。

以上で，典型的な(i)放熱条件と(ii)断熱条件における，**2**次元熱伝導方程式の数値解析による解法の解説は終了です。プログラムもかなり上手に読み取れるようになったと思う。

しかし，これまで解説してきた**2**次元熱伝導方程式の問題は数値解析を用いなくても，フーリエ解析を使って解析的に解くこともできる。これは，境界線が矩形(正方形)で規則的な形をしていたからなんだね。でも，この境界線が三角形やその他イレギュラーな形の場合には，フーリエ解析による解法は非常に困難になるんだね。でも，そのような場合でも，数値解析ならば，**2**次元熱伝導方程式の近似解を求めることができる。次の講義では，イレギュラーな境界の例として，境界が三角形である場合の**2**次元熱伝導方程式を数値解析により解いてみよう。

§3. 2次元熱伝導方程式の応用

それでは，三角形の境界線をもつ物体の温度zの分布の経時変化についても調べてみよう。ここでも，境界条件として(i)放熱条件と(ii)断熱条件の**2**つの場合について，例題を解くことにする。これまでの**2**次元熱伝導方程式の数値解析による解法の応用問題ではあるが，数学的にも，プログラミングの知識としても，特に新たに教えることは何もないんだね。早速解いてみよう！

● 放熱条件での2次元熱伝導方程式の応用問題を解こう！

それでは，次の三角形の境界をもつ，放熱条件での**2**次元熱伝導方程式の問題を解いてみよう。これはもうフーリエ解析で解くのは困難な問題なんだよ。

例題 23　温度$z(x, y, t)$について，次の**2**次元熱伝導方程式が与えられている。

$$\frac{\partial z}{\partial t} = \frac{1}{10}\left(\frac{\partial^2 z}{\partial x^2} + \frac{\partial^2 z}{\partial y^2}\right) \cdots\cdots ① \quad \left(\begin{array}{l} 0 < x \text{ かつ } 0 < y \text{ かつ} \\ x + y < 6,\ t > 0 \end{array}\right)$$

境界条件：$z(0, y, t) = z(x, 0, t) = z(x, 6-x, t) = 0$　← 放熱条件

$$\text{初期条件：} z(x, y, 0) = \begin{cases} 20 & \left(1 \leqq x \leqq \frac{5}{2},\ 0 < y \leqq 2\right) \\ 0 & \left(\begin{array}{l} 0 \leqq x \text{ かつ } 0 \leqq y \text{ かつ } x + y \leqq 6 \\ \text{の内，上記以外のすべての点} \end{array}\right) \end{cases}$$

①を差分方程式(一般式)で表し，$\Delta x = \Delta y = 10^{-1}$，$\Delta t = 10^{-2}$として，数値解析により，時刻$t = 0, 0.5, 1, 2, 4, 8, 16$(秒)における温度$z$の分布のグラフを$xyz$座標空間上に図示せよ。

右図に示すように，今回の**2**次元熱伝導問題で扱う領域$0 \leqq x$かつ$0 \leqq y$かつ$x + y \leqq 6$を領域Dとおく。$\Delta x = \Delta y = 10^{-1}$より，$x$軸，$y$軸両軸の$[0, 6]$の範囲を**60**等分しなければばらないため，配列$z(60, 60)$を定義しよう。もちろん，三角形の領域なので，使うのはこの内のほぼ半分のメモリだけだけどね。

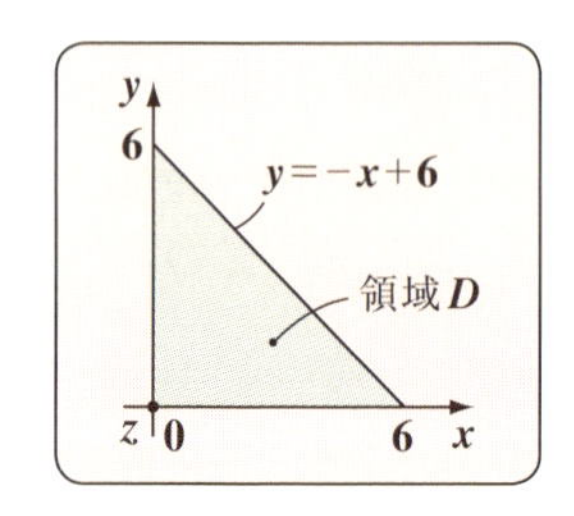

それでは，今回の数値解析プログラムを下に示そう。

```
10 REM -----------------------------------------------
20 REM   2次元熱伝導問題1（放熱条件）（応用）
30 REM -----------------------------------------------
40 XMAX=6
50 DELX=2
60 YMAX=6
70 DELY=2
80 ZMAX=20
90 DELZ=5
100 TMAX=0
110 DIM Z(60,60)
120 CLS 3
130 DEF FNU(X,Y)=320-160*X/XMAX+200*Y/YMAX
140 DEF FNV(X,Z)=250+80*X/XMAX-200*Z/ZMAX
150 LINE (320,250)-(320,10)
160 LINE (320,250)-(120,350)
170 LINE (320,250)-(570,250)
180 LINE (160,330)-(520,250),,,2
190 N=INT(XMAX/DELX)
200 FOR I=1 TO N
210 LINE (FNU(I*DELX,0),FNV(I*DELX,0)-3)-(FNU(I*DELX,0),
FNV(I*DELX,0)+3)
220 NEXT I
230 N=INT(YMAX/DELY)
240 FOR I=1 TO N
250 LINE (FNU(0,I*DELY),FNV(0,0)-3)-(FNU(0,I*DELY),FNV(0,
0)+3)
260 NEXT I
270 N=INT(ZMAX/DELZ)
```

X_{Max}，Y_{Max}，Z_{Max} と目盛り幅 $\Delta\overline{X}$，$\Delta\overline{Y}$，$\Delta\overline{Z}$ の代入。（40〜90行）

T_{Max} は，この後，0.5，1，2，4，8，16 と値を変えて代入する。（100行）

配列の定義（110行）

xyz 座標系の作成。これまでと異なるのは 180 行のみで，これで斜めの破線を入れる。（120〜270行）

```
280 FOR I=1 TO N
290 LINE (FNU(0,0)-3,FNV(0,I*DELZ))-(FNU(0,0)+3,FNV(0,
I*DELZ))
300 NEXT I
310 FOR I=0 TO 60
320 FOR J=0 TO 60-I
330 Z(I,J)=0
340 NEXT J:NEXT I
350 FOR I=10 TO 25
360 FOR J=1 TO 20
370 Z(I,J)=20
380 NEXT J:NEXT I
390 DX=XMAX/60:DY=YMAX/60:T=0:DT=.01:A=.1#
400 N1=TMAX*100
410 FOR I0=1 TO N1
420 FOR I=1 TO 58
430 FOR J=1 TO 59-I
440 Z(I,J)=Z(I,J)+A*(Z(I+1,J)+Z(I-1,J)+Z(I,J+1)+Z(I,J-1)
-4*Z(I,J))*DT/(DX)^2
450 NEXT J:NEXT I
460 T=T+DT
470 NEXT I0
480 PRINT "t=";TMAX
490 FOR I=0 TO 60 STEP 2
500 PSET (FNU(I*DX,0),FNV(I*DX,0))
510 FOR J=1 TO 60-I
520 LINE -(FNU(I*DX,J*DY),FNV(I*DX,Z(I,J)))
530 NEXT J:NEXT I
```

（310〜340行）まず，領域内のすべての $z_{i,j}$ ($i=0, 1, \cdots, 60$, $j=0, 1, \cdots, 60-i$) に **0** を代入する。

（350〜380行）初期条件より，$z_{i,j}$ ($i=10, 11, \cdots, 25$, $j=1, 2, \cdots, 20$) のみに **20** を代入する。

（390行）$\Delta x, \Delta y, t, \Delta t, a$ の値の代入

（400行）ループ計算の回数**N1**の代入

（420〜450行）**FOR〜NEXT(I, J)**

（410〜470行）**FOR〜NEXT(I0)**

（460行）時刻 t の更新

（480行）T_{Max} の表示

（490〜530行）**FOR〜NEXT(I, J)**

40〜90 行で，$\mathbf{X_{Max}=6}$，$\mathbf{Y_{Max}=6}$，$\mathbf{Z_{Max}=20}$，$\Delta\overline{\mathbf{X}}=\mathbf{2}$，$\Delta\overline{\mathbf{Y}}=\mathbf{2}$，$\Delta\overline{\mathbf{Z}}=\mathbf{5}$ を代入する。**100** 行で $\mathbf{T_{Max}=0}$ を代入して，初期条件の温度分布のグラフを描かせる。$\mathbf{T_{Max}=0}$ のとき，**410〜470** 行の **FOR〜NEXT(I0)** 文による計算ループは **1** 度も実行されず，**490〜530** 行の **FOR〜NEXT(I, J)** 文により，温度 z の初期分布のグラフが描かれる。その後，$\mathbf{T_{Max}}$ に **0.5**，**1**，**2**，**4**，**8**，**16** を

順次代入して，プログラムを実行することにより，各時刻における温度 z の分布のグラフが描かれることになるんだね。

110 行で，配列 $z(60,\ 60)$ を定義したが，実際にメモリとして使われるのは，$z_{i,j}=z(i,\ j)$ $(i=0,\ 1,\ 2,\ \cdots,\ 60,\ j=0,\ 1,\ \cdots,\ 60-i)$ の，

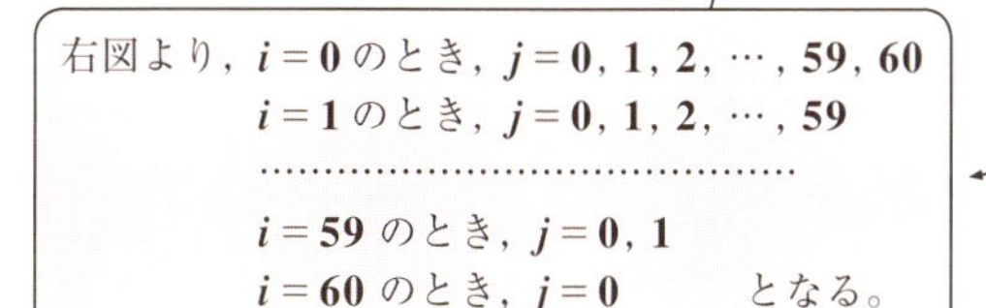

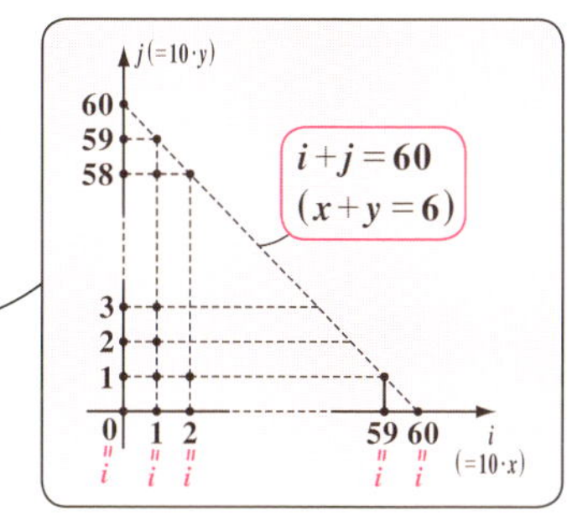

配列メモリだけなんだね。

120～300 行は，xyz 座標系を作るプログラムで，これまで示したものとほぼ同じだが，今回の領域の境界線は三角形なので，右図に示すよう，180 行で，$[X,\ Y,\ Z]=[6,\ 0,\ 0]$ と $[0,\ 6,\ 0]$ を結ぶ線分を破線で示すことにしている。

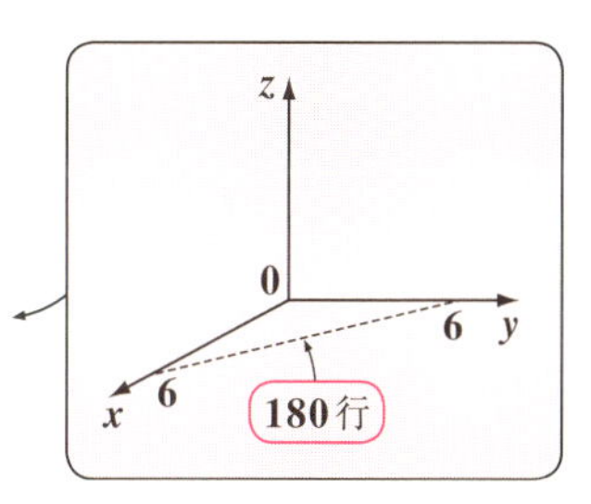

310～340 行の FOR～NEXT(I, J) 文により，境界線を含む領域 D 内のすべての点の温度をまず 0 (℃) とした。すなわち，$z_{i,j}=0$ $(i=0,\ 1,\ 2,\ \cdots,\ 60,\ j-0,\ 1,\ 2,\ \cdots,\ 60-i)$ とした。

350～380 行の FOR～NEXT(I, J) 文により，$z_{i,j}$ $(i=10,\ 11,\ \cdots,\ 25,\ j=1,\ 2,\ \cdots,\ 20)$ のみに 20(℃) を代入した。これは，初期条件 $z(x,\ y,\ 0)=20$ $(1\leqq x\leqq 2.5,\ 0<y\leqq 2)$ に対応しているんだね。

390 行で，$\Delta x=0.1$，$\Delta y=0.1$，初期時刻 $t=0$，$\Delta t=0.01$，$a=0.1$ を代入し，400 行で，410～470 行の FOR～NEXT(I0) によるループ計算の回数 N1 を代入する。410～470 行の FOR～NEXT(I0) が，このプログラム計算の主要部で，旧 $z_{i,j}$ から新 $z_{i,j}$ に更新する 440 行の一般式：

$$\underset{\text{新}}{z_{i,j}}=\underset{\text{旧}}{z_{i,j}}+\frac{\alpha\cdot\Delta t}{(\Delta x)^2}(\underset{\text{右}}{z_{i+1,j}}+\underset{\text{左}}{z_{i-1,j}}+\underset{\text{上}}{z_{i,j+1}}+\underset{\text{下}}{z_{i,j-1}}-4\underset{\text{旧}}{z_{i,j}})$$

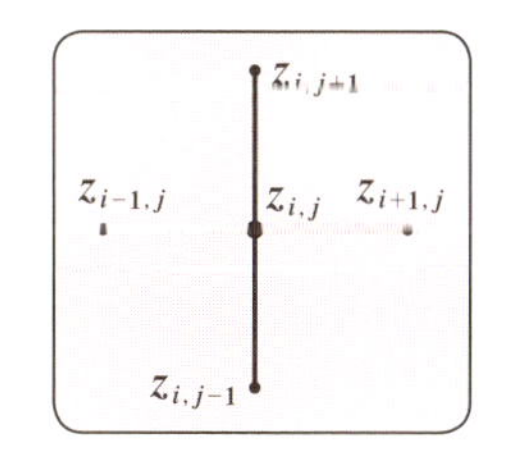

は，右図に示すように，新 $z_{i,j}$ を求めるために，旧 $z_{i,j}$ とその右・左・上・下の z の値を使うんだね。

よって，右図から明らかに，更新されるべき $z_{i,j}$ の i と j は，"●"で示した，

$i=1,\ 2,\ 3,\ \cdots,\ 57,\ 58,$

$j=1,\ 2,\ 3,\ \cdots,\ 59-i$ となる。

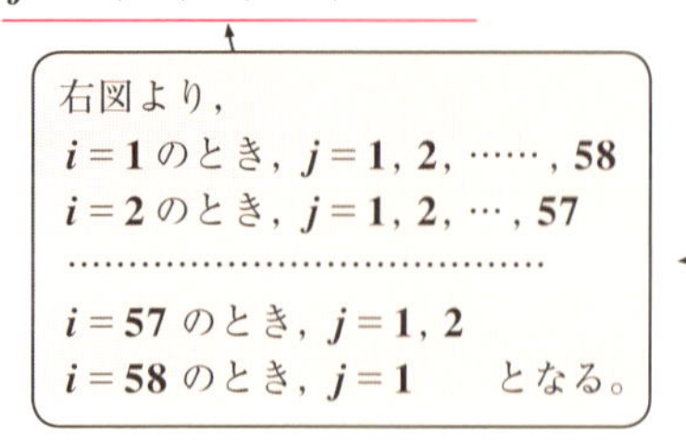

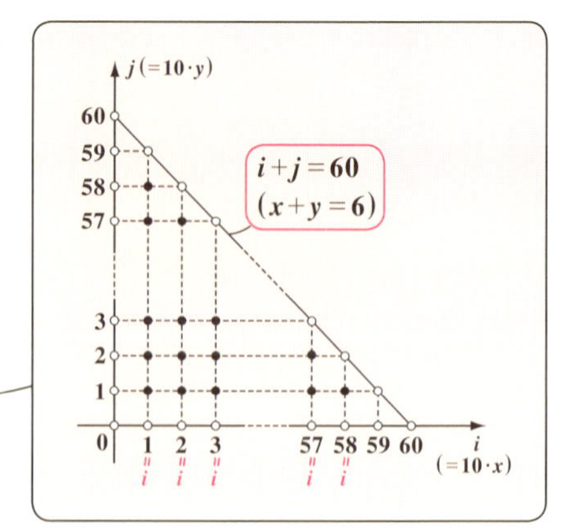

これで，**420〜450**行の **FOR〜NEXT(I, J)** 文の意味が分かったと思う。放熱条件より，境界線上の"○"の温度は **0**(℃)のままである。

460行で，時刻 t を更新して，**I0＝N1** となるまで，**410〜470**行のループ計算を行う。**480**行で，T_{Max} を表示し，**490〜530**行の **FOR〜NEXT(I, J)** 文により，$t=T_{Max}$ での温度 z の分布のグラフを描く。今回，**490**行で，**FOR I=0 TO 60** とすると，**I＝0，1，2，…，60** となって，**61**本の曲線で z の分布を描くことになる。これはグラフを描く上で，曲線の本数が多すぎて，逆に分かりづらくなるので，**490**行を **FOR I=0 TO 60 STEP 2** として，**31**本

（これにより，**I** は **1** つおきに，**I＝0，2，4，…，60** のときのみ，曲線を描く。）

の曲線で表すことにした。

500行で，$[X,\ Y,\ Z]=[i\cdot dx,\ 0,\ 0]$ の点を表示し，**510〜530**行の **FOR〜NEXT(J)** 文により，順に $[i\cdot dx,\ 1\cdot dy,\ z(i,\ 1)]$，$[i\cdot dx,\ 2\cdot dy,\ z(i,\ 2)]$，… の点を結んで曲線を作る。これを，$i=0,\ 2,\ \cdots,\ 60$ まで行って，**31**本の曲線で z の分布を表す。

それでは，このプログラムを実行した結果得られた，時刻 $t=0,\ 0.5,\ 1,\ 2,\ 4,\ 8,\ 16$(秒)における温度 z の分布のグラフを示す。

(i) $t=0$(秒)のとき
(初期分布)

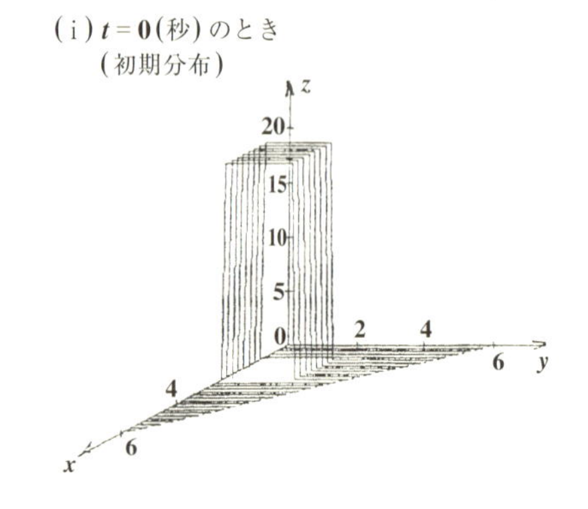

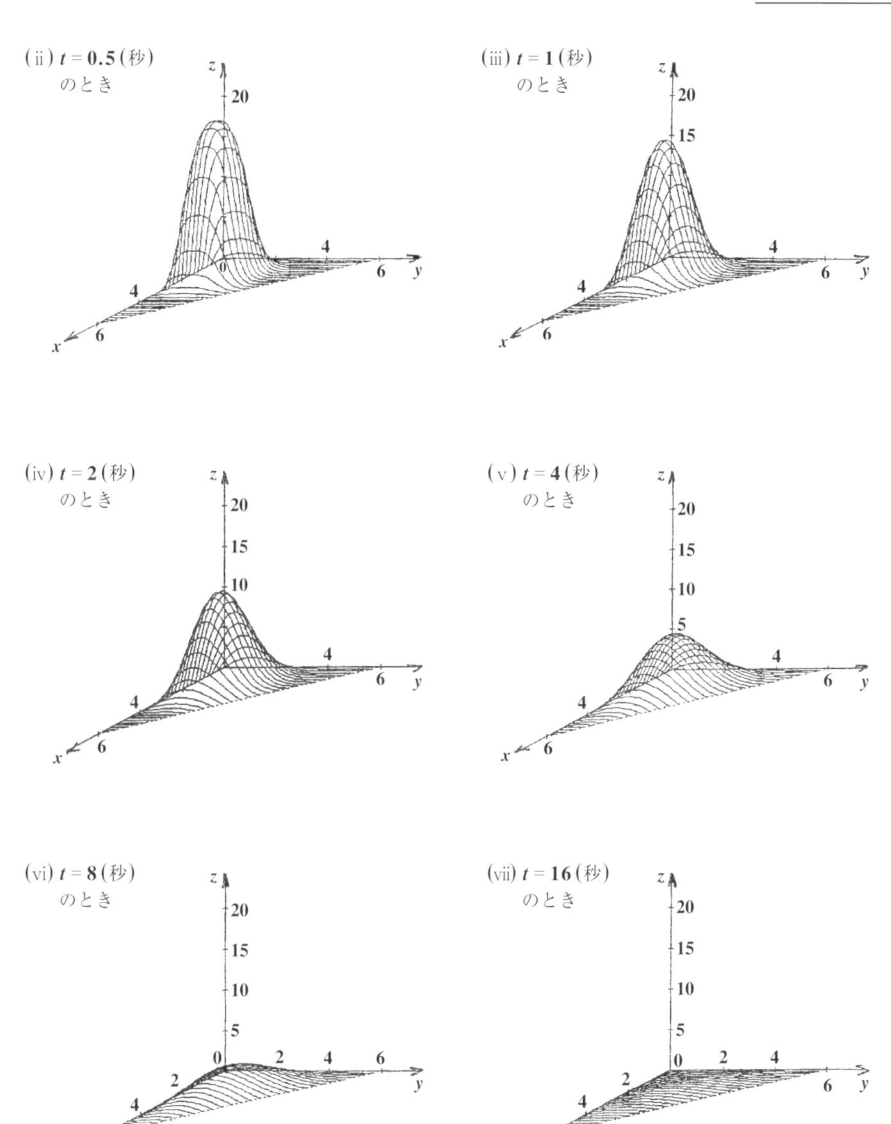

これらのグラフは，数値解析だからこそできた計算結果を表しているんだね。面白いでしょう？

● 断熱条件での2次元熱伝導方程式の応用問題を解こう！

では，境界条件が断熱条件ではあるが，他は例題 **23**(**P138**) とほぼ同じ設定の次の例題を数値解析を使って解いてみよう。

例題 **24** 温度 $z(x, y, t)$ について，次の **2** 次元熱伝導方程式が与えられている。

$$\frac{\partial z}{\partial t} = \frac{1}{10}\left(\frac{\partial^2 z}{\partial x^2} + \frac{\partial^2 z}{\partial y^2}\right) \cdots\cdots ① \quad \left(\begin{array}{l} 0 < x,\ 0 < y, \\ x + y < 6,\ t > 0 \end{array}\right)$$

境界条件：$\dfrac{\partial z(0, y, t)}{\partial x} = 0 \quad \cdots\cdots ②$

$\dfrac{\partial z(x, 0, t)}{\partial y} = \dfrac{\partial z(x, 6-x, t)}{\partial y} = 0 \quad \cdots\cdots ③$ ←断熱条件

初期条件：$z(x, y, 0) = \begin{cases} 20 & \left(1 \leqq x \leqq \frac{5}{2},\ 0 \leqq y \leqq 2\right) \\ 0 & \left(0 \leqq x \text{ かつ } 0 \leqq y \text{ かつ } x+y \leqq 6 \text{ の内，上記以外のすべての点}\right) \end{cases}$

①を差分方程式（一般式）で表し，$\Delta x = \Delta y = 10^{-1}$，$\Delta t = 10^{-2}$ として，数値解析により，時刻 $t = 0,\ 0.5,\ 1,\ 2,\ 4,\ 8,\ 16,\ 32$（秒）における温度 z の分布のグラフを xyz 座標空間上に図示せよ。

例題 **23** に比べて，境界条件②, ③が異なるだけで，他はほぼ同じ設定条件なので，ここに気を付けて解いていこう。ではまず，今回の数値解析のプログラムを下に示す。

```
10 REM ---------------------------------------------
20 REM     2次元熱伝導問題2 (断熱条件) (応用)
30 REM ---------------------------------------------
40 XMAX=6
50 DELX=2
60 YMAX=6
70 DELY=2
80 ZMAX=20
90 DELZ=5
```

（40〜90行：X_{Max}，Y_{Max}，Z_{Max}，$\Delta\overline{X}$，$\Delta\overline{Y}$，$\Delta\overline{Z}$ の代入）

```
100 TMAX=0
110 DIM Z(60,60)
```

T_{Max} は，この後，**0.5**，**1**，**2**，**4**，**8**，**16**，**32** と値を変えて代入する。

配列の定義

120～300 行は省略 ← *xyz* 座標系を作るプログラムで，これは例題 **23**(**P139**，**140**) のものと同じなので，省略する。

```
310 FOR I=0 TO 60
320 FOR J=0 TO 60-I
330 Z(I,J)=0
340 NEXT J:NEXT I
350 FOR I=10 TO 25
360 FOR J=0 TO 20
370 Z(I,J)=20
380 NEXT J:NEXT I
390 DX=XMAX/60:DY=YMAX/60:T=0:DT=.01:A=.1#
400 N1=TMAX*100
410 FOR I0=1 TO N1
420 FOR I=1 TO 58
430 FOR J=1 TO 59-I
440 Z(I,J)=Z(I,J)+A*(Z(I+1,J)+Z(I-1,J)+Z(I,J+1)+Z(I,J-1)
-4*Z(I,J))*DT/(DX)^2
450 NEXT J:NEXT I
460 FOR I=1 TO 58
470 Z(I,0)=Z(I,1):Z(0,I)=Z(1,I):Z(I,60-I)=Z(I,59-I)
480 NEXT I
490 Z(0,0)=Z(1,1):Z(0,59)=Z(1,58):Z(0,60)=Z(1,58)
500 Z(59,0)=Z(58,1):Z(59,1)=Z(58,1):Z(60,0)=Z(58,1)
510 T=T+DT
520 NEXT I0
530 PRINT "t=";TMAX
```

（310～340）まず，領域内のすべての $z_{i,j}$ ($i=0, 1, \cdots, 60$, $j=0, 1, \cdots, 60-i$) に **0** を代入する。

（350～380）初期条件より，$z_{i,j}$ ($i=\mathbf{10}, \mathbf{11}, \cdots, \mathbf{25}$, $j=\mathbf{0}, \mathbf{1}, \mathbf{2}, \cdots, \mathbf{20}$) のみに，**20** を代入する。

（390）$\Delta x, \Delta y, t, \Delta t, a$ の値の代入

（400）ループ計算の回数**N1**の代入

（420～450）**FOR～NEXT(I, J)**

（460～480）**FOR～NEXT(I)**

（410～520）**FOR～NEXT(I0)**

（510）時刻 t の更新

（530）T_{Max} の表示

```
540 FOR I=0 TO 60 STEP 2
550 LINE (FNU(I*DX,0),FNV(I*DX,0))-(FNU(I*DX,0),FNV(I*DX,
Z(I,0)))
560 FOR J=1 TO 60-I
570 LINE -(FNU(I*DX,J*DY),FNV(I*DX,Z(I,J)))
580 NEXT J
590 LINE -(FNU(I*DX,(60-I)*DY),FNV(I*DX,0))
600 NEXT I
```
FOR～NEXT(I)
FOR～NEXT(J)

40～90 行で，$X_{Max}=6$，$Y_{Max}=6$，$Z_{Max}=20$，$\Delta\overline{X}=2$，$\Delta\overline{Y}=2$，$\Delta\overline{Z}=5$ を代入する。**100** 行で $T_{Max}=0$ を代入して，初期条件の温度 z の分布のグラフを描かせる。$T_{Max}=0$ のとき，**410～520** 行の **FOR～NEXT(I0)** 文による計算ループは **1** 度も実行されず，**540～600** 行の **FOR～NEXT(I)** 文により，温度 z の初期分布のグラフが描かれる。その後，$T_{Max}=0.5$，**1**，**2**，**4**，**8**，**16**，**32** を順次代入して，プログラムを実行することにより，それぞれの時刻における温度分布のグラフを描くことができる。

110 行で，配列 $z(60,\ 60)$ を定義するが，**P141** の図で示した通り，実際に利用する配列メモリは，$z_{i,j}=z(i,\ j)\ (i=0,\ 1,\ 2,\ \cdots,\ 60,\ j=0,\ 1,\ \cdots,\ 60-i)$ のみである。

120～300 行は，xyz 座標系を作るプログラムで，これは，例題 **23** の **120～300** 行のプログラムとまったく同じなので省略した。

310～340 行の **FOR～NEXT(I, J)** 文により，境界線を含む領域内のすべての点の温度をまず **0** (℃)とした。つまり，$z_{i,j}=0\ (i=0,\ 1,\ \cdots,\ 60,\ j=0,\ 1,\ \cdots,\ 60-i)$ とした。

350～380 行の **FOR～NEXT(I, J)** により，$z_{i,j}\ (i=10,\ 11,\ \cdots,\ 25,\ j=0,\ 1,\ 2,\ \cdots,\ 20)$ のみに **20** (℃)を代入する。境界での断熱条件を満たすために，$j=0$ と $j=1$ のときの値は等しくないといけない。つまり，$z(i,\ 0)=z(i,\ 1)=20\ (i=10,\ 11,\ \cdots,\ 25)$ となるようにした。これで，$t=0$(秒)のときの初期条件の分布ができたんだね。

390 行で，$\Delta x=0.1$，$\Delta y=0.1$，初期時刻 $t=0$，$\Delta t=0.01$，$a=0.1$ を代入し，**400** 行で，主要なループ計算(**410～520** 行)の回数 **N1** ($=100\times T_{Max}$)を代入した。

410～520 行の **FOR～NEXT(I0)** 文により，この領域内の $z_{i,j}(i=0,\ 1,\ \cdots,$

60, $j=0$, **1**, …, **60**$-i$) の更新を行う。この中の入れ子構造となっている **420**～**450** 行の **FOR**～**NEXT(I, J)** では次の一般式：

$$\underbrace{z_{i,j}}_{\text{新}} = \underbrace{z_{i,j}}_{\text{旧}} + \frac{\alpha \cdot \Delta t}{(\Delta x)^2}(z_{i+1,j} + z_{i-1,j} + z_{i,j+1} + z_{i,j-1} - 4z_{i,j})$$

（右辺括弧内の各項：旧）

により，まず更新される温度は，$z_{i,j}$($i=1, 2, \cdots, 58$, $j=1, 2, \cdots, 59-i$) であり，これは，境界線上の点を除く，その内側のすべての点の温度なんだね。(**P142** の図の "●" を参照)

今回の境界条件は断熱条件なので，境界線上の点の温度は，それよりも **1** 列内側の点の温度と一致させなければならない。そのため，**460**～**480** 行の **FOR**～**NEXT(I)** 文により，

$z(i, 0) = z(i, 1)$ ……………… ①

$z(0, i) = z(1, i)$ ……………… ②

$z(i, 60-i) = z(i, 59-i)$ …… ③

($i = 1, 2, 3, \cdots, 58$)

とした。右図で，境界線上の点 "●" と，それより **1** 列だけ内側の "●" を線分で結んで，**2** 点の温度を等しくしたこと，

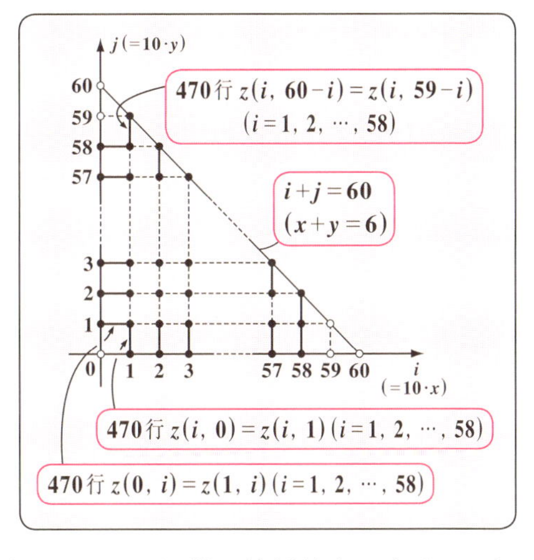

すなわち，①, ②, ③の意味を図で示した。これ以外の境界線上の点は，**6** 点 $(i, j) = (0, 0), (0, 59), (0, 60), (59, 0), (59, 1), (60, 0)$ がある。この **6** 点は右上図に "○" で示した。これらの温度も **490**, **500** 行で，

$z(0, 0) = z(1, 1)$, $z(0, 59) = z(1, 58)$, $z(0, 60) = z(1, 58)$,

$z(59, 0) = z(58, 1)$, $z(59, 1) = z(58, 1)$, $z(60, 0) = z(58, 1)$ として，**1** 列だけ内側の点の温度と一致させた。そして，**510** 行で，時刻 t を $t+\Delta t$ に更新した。

以上，**410**～**520** 行の **FOR**～**NEXT(I0)** の計算ループを **N1** 回繰り返して，$t = \mathrm{T_{Max}}$ における温度 $z_{i,j}$ ($i = 0, 1, \cdots, 60$, $j = 0, 1, \cdots, 60-i$) を求める。

530 行で，$\mathbf{T_{Max}}$ を表示する。

540～600 行の **FOR～NEXT(I)** 文により，温度 $z_{i,j}$ の分布のグラフを作成して示す。例題 **23** のときと同様に，**540** 行を，

FOR I=0 TO 60 STEP 2 として，i の値を **1** つ置きに，$i=0,\ 2,\ 4,\ \cdots,\ 60$ のときの **31** 本の曲線（折れ線）によって，温度 $z_{i,j}$ の分布のグラフを表す。点を [**X**，**Y**，**Z**] の形で表すことにすると，まず，**550** 行で，点 $[i\cdot\varDelta x,\ 0,\ 0]$ と $[i\cdot\varDelta x,\ 0,\ z(i,\ 0)]$ を結び，これ以降，$[i\cdot\varDelta x,\ 1\cdot\varDelta y,\ z(i,\ 1)]$，$[i\cdot\varDelta x,\ 2\cdot\varDelta y,\ z(i,\ 2)]$，$\cdots$，$[i\cdot\varDelta x,\ (60-i)\cdot\varDelta y,\ z(i,\ 60-i)]$ を順に連結して曲線を作り，最後 **590** 行で，$[i\cdot\varDelta x,\ (60-i)\cdot\varDelta y,\ z(i,\ 60-i)]$ と

$[i\cdot\varDelta x,\ (60-i)\cdot\varDelta y,\ 0]$ を結ぶ。この操作を $i=0,\ 2,\ 4,\ \cdots,\ 60$ と繰り返し計算して，温度 $z_{i,j}$ の分布を **31** 本の曲線（折れ線）で表示するんだね。

以上で，今回のプログラムの解説も終了です。では，**100** 行の $\mathbf{T_{Max}}$ の値を **0**，**0.5**，**1**，**2**，**4**，**8**，**16**，**32**（秒）と変化させて，このプログラムを **8** 回実行して得られた温度 $z_{i,j}$ の分布のグラフを次に示そう。三角形の境界線で断熱された状態で，この温度分布がどのように変化していくか，その様子をグラフで確認してみよう。

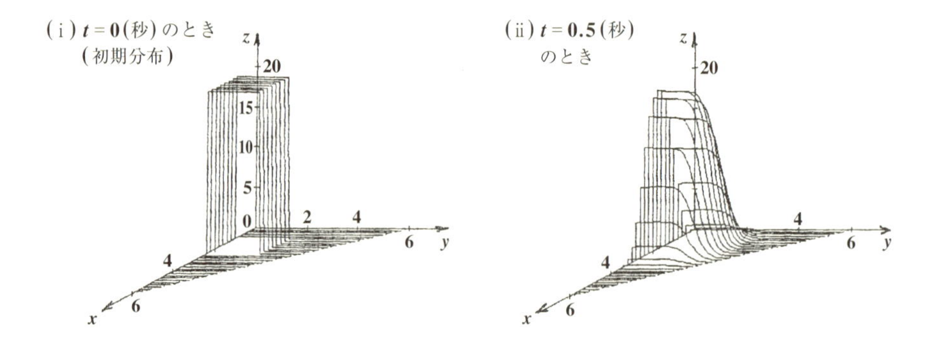

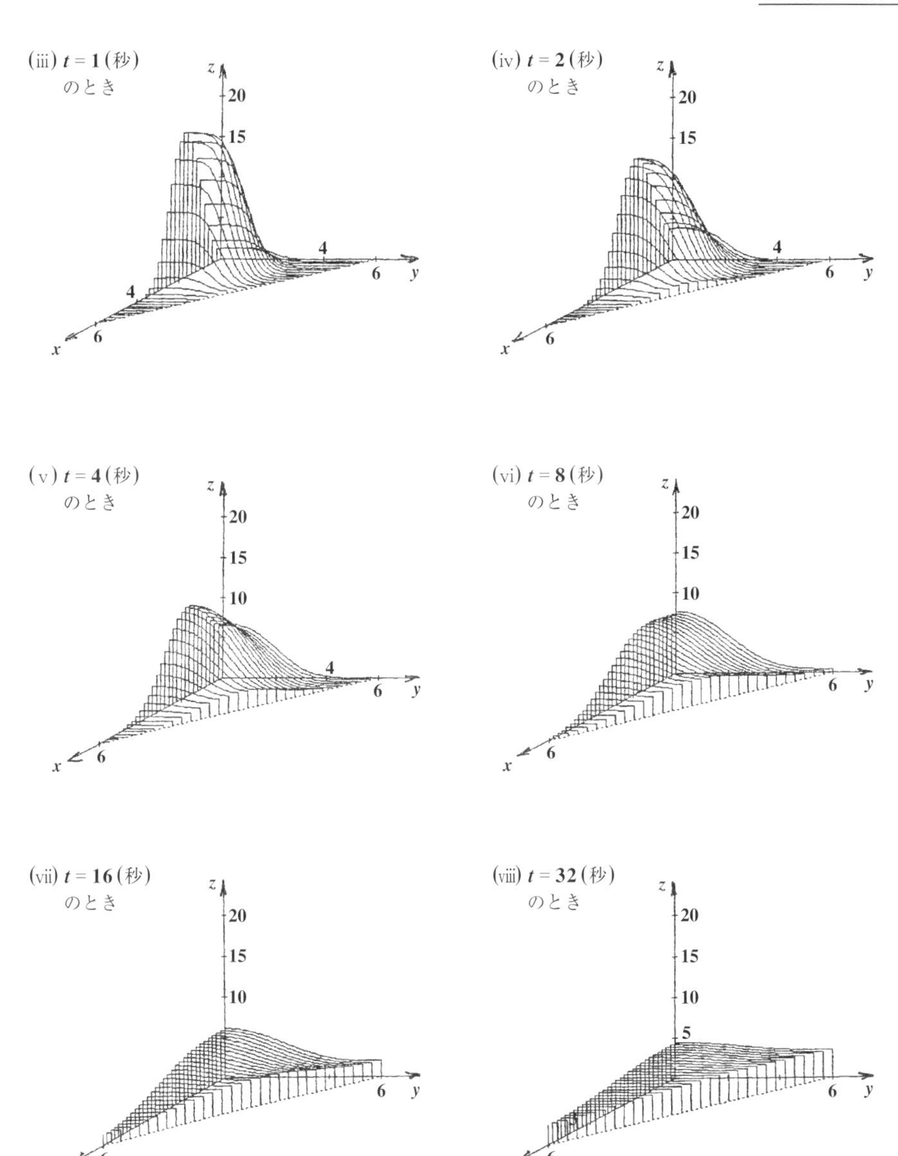

これらも，解析的に解くことは難しいんだけれど，数値解析を用いることにより，見事な結果が得られたんだね。これも，面白かったしょう？

講義3 ● 2次元熱伝導方程式　公式エッセンス

1. xyz 座標系の作成

右図に示すように，BASICの画面（uv座標系）に，XYZ空間座標系を描く場合，

点$[\mathrm{X}, \mathrm{Y}, \mathrm{Z}]$ → 点(u, v)への変換公式は，

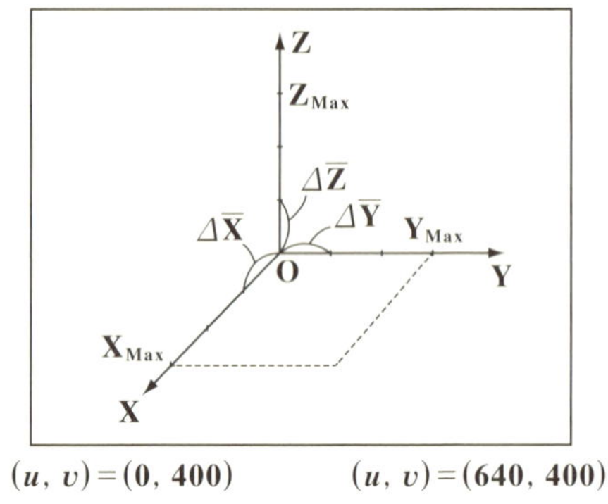

$$\cdot\, u(\mathrm{X}, \mathrm{Y}) = 320 - \frac{160\mathrm{X}}{\mathrm{X_{Max}}} + \frac{200\mathrm{Y}}{\mathrm{Y_{Max}}}$$

$$\cdot\, v(\mathrm{X}, \mathrm{Z}) = 250 + \frac{80\mathrm{X}}{\mathrm{X_{Max}}} - \frac{200\mathrm{Z}}{\mathrm{Z_{Max}}}$$ となる。

（ただし，$0 \leqq \mathrm{X} \leqq \mathrm{X_{Max}}$，$0 \leqq \mathrm{Y} \leqq \mathrm{Y_{Max}}$，$0 \leqq \mathrm{Z} \leqq \mathrm{Z_{Max}}$ とする。）

2. 2次元熱伝導方程式の差分方程式と数値解析

2次元熱伝導方程式：$\dfrac{\partial z}{\partial t} = \alpha\left(\dfrac{\partial^2 z}{\partial x^2} + \dfrac{\partial^2 z}{\partial y^2}\right)$ ……① について，

（$z(x, y, t)$：温度，t：時刻，x, y：xy平面の座標）

$\Delta x = \Delta y$ とおくと，①の差分方程式は次式で表される。

$$\frac{z_{i,j}(t+\Delta t) - z_{i,j}(t)}{\Delta t} = \frac{\alpha}{(\Delta x)^2}\left(z_{i+1,j} + z_{i-1,j} + z_{i,j+1} + z_{i,j-1} - 4z_{i,j}\right)$$

よって，$z_{i,j}$ を更新する一般式は，

$$\underbrace{z_{i,j}}_{\text{新}} = \underbrace{z_{i,j}}_{\text{旧}} + \frac{\alpha \cdot \Delta t}{(\Delta x)^2}\left(\underbrace{z_{i+1,j} + z_{i-1,j} + z_{i,j+1} + z_{i,j-1} - 4z_{i,j}}_{\text{旧}}\right)$$ ……② となる。

数値解析では，境界線の内側の各点を②の一般式を用いて，繰り返し計算により，時刻 $t = \mathrm{T_{Max}}$ となるまで計算して，その温度分布を求める。

境界線上の点の温度 $z_{i,j}$ については，

(i) 放熱条件の場合，$z_{i,j} = 0$ とし，

(ii) 断熱条件の場合，$z_{i,j}$ をそれより1列だけ内側の点の温度と一致させる。

1次元・2次元波動方程式

▶ 1次元波動方程式

$$\left(\begin{array}{l} \dfrac{\partial^2 y}{\partial t^2} - a^2 \dfrac{\partial^2 y}{\partial x^2} \\ y_i(t+\Delta t) = -y_i(t-\Delta t) + 2(1-m)y_i + m(y_{i+1} + y_{i-1}) \end{array}\right)$$

▶ 2次元波動方程式

$$\left(\begin{array}{l} \dfrac{\partial^2 z}{\partial t^2} = a^2 \left(\dfrac{\partial^2 z}{\partial x^2} + \dfrac{\partial^2 z}{\partial y^2}\right) \\ z_{i,j}(t+\Delta t) = 2(1-2m)z_{i,j} \\ \qquad\qquad + m(z_{i+1,j} + z_{i-1,j} + z_{i,j+1} + z_{i,j-1}) - z_{i,j}(t-\Delta t) \end{array}\right)$$

§1. 1次元波動方程式

これまで，1次元と2次元の熱伝導方程式の数値解析による解法について解説してきたんだね。そして，今回から1次元と2次元の波動方程式を数値解析を用いて解いていくことにしよう。ここではまず，1次元の波動方程式：$\frac{\partial^2 y}{\partial t^2} = a^2 \frac{\partial^2 y}{\partial x^2}$ ……① の数値解析について教えよう。熱伝導方程式のときと同様に，①も差分方程式に変形することができる。そして，この差分方程式(一般式)を用いたBASICプログラミングにより，(i)固定端と(ii)自由端の2つの場合について，具体的な弦の振動問題を解いてみることにしよう。

● 1次元波動方程式を導いてみよう！

それでは次，1次元波動方程式：$\frac{\partial^2 y}{\partial t^2} = a^2 \frac{\partial^2 y}{\partial x^2}$ …① の解説に入る。これは，図1に示すように，水平に張られた弦(げん)が鉛直方向に振動する場合，弦の平衡状態から(振動せず，静かな状態)の変位 $y(x, t)$ (位置 x と時刻 t の関数)を表す偏微分方程式なんだ。

図1 弦の振動のイメージ(固定端)

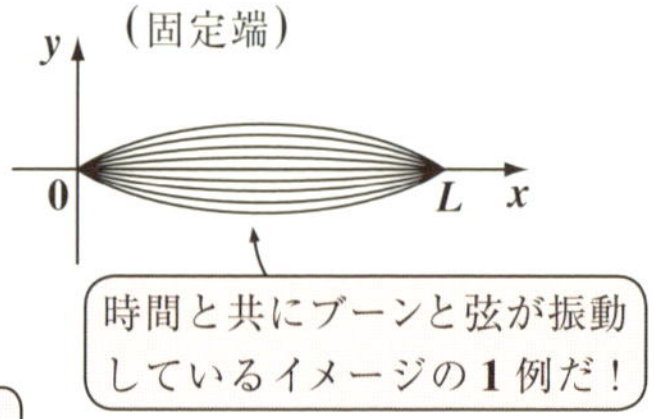

ここで，a^2 は物理定数で，(単位長さ当たりの質量)

$a^2 = \frac{T}{\rho}$ (T：張力(N)，ρ：弦の線密度(kg/m))と表される。("ニュートン"(力の単位：$kg \cdot m/sec^2$)) a でなく慣例上 a^2 を用いるのは，この物理定数が正であることを表すためなんだ。

それでは，①の1次元波動方程式を早速導いてみよう。

図2に示すように，水平方向に x 軸，鉛直方向に y 軸をとる。ただし，弦は一様な線密度 ρ(kg/m)と断面積をもつものとし，また，張力 T(N)は弦のいずれにおいても一定であるものとする。

図2 弦の $[x, x+\Delta x]$ の部分に働く力

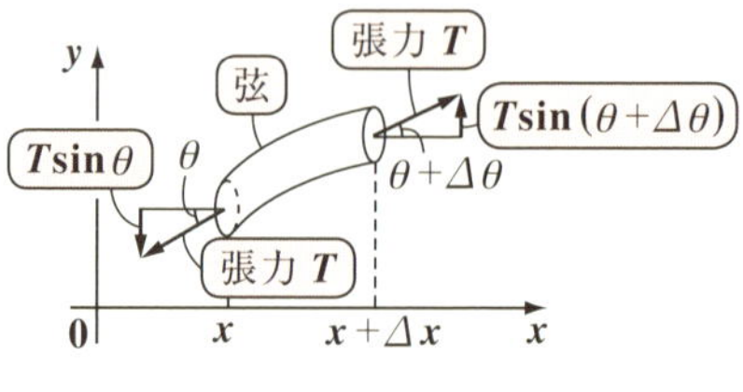

このとき，弦の微小部分 $[x,\ x+\Delta x]$ について，鉛直方向に"ニュートンの運動方程式"：$F = m \cdot \alpha$ …(＊) を立ててみよう。

力 (N)　質量：$\Delta x \cdot \rho$ (kg)　加速度：$\frac{\partial^2 y}{\partial t^2}$ (m/sec²)

((＊)の右辺) $= m \cdot \alpha = \Delta x \cdot \rho \cdot \frac{\partial^2 y}{\partial t^2}$ …② は大丈夫だね。

次，(＊)の左辺は弦の $[x,\ x+\Delta x]$ の微小部分に鉛直方向に働く力のことで，図2より，

$$((*)\text{の左辺}) = T \cdot \sin(\theta+\Delta\theta) - T \cdot \sin\theta$$

（$\sin(\theta+\Delta\theta) \fallingdotseq \tan(\theta+\Delta\theta)$，$\sin\theta \fallingdotseq \tan\theta$）

θ は微小と考えていいので，$\sin\theta \fallingdotseq \tan\theta$，$\sin(\theta+\Delta\theta) \fallingdotseq \tan(\theta+\Delta\theta)$

$$\fallingdotseq T \cdot \tan(\theta+\Delta\theta) - T \cdot \tan\theta$$

（$\tan(\theta+\Delta\theta) = \left(\frac{\partial y}{\partial x}\right)_{x+\Delta x}$，$\tan\theta = \left(\frac{\partial y}{\partial x}\right)_x$）

tan は，曲線(弦)の接線の傾きを表すからね。

よって，

$$((*)\text{の左辺}) = T \cdot \left(\frac{\partial y}{\partial x}\right)_{x+\Delta x} - T \cdot \left(\frac{\partial y}{\partial x}\right)_x$$

$$= T \cdot \left\{\left(\frac{\partial y}{\partial x}\right)_{x+\Delta x} - \left(\frac{\partial y}{\partial x}\right)_x\right\}$$

$$\fallingdotseq T \cdot \Delta x \frac{\partial^2 y}{\partial x^2} \quad \cdots\cdots ③ \text{となる。}$$

ここで，$g(x) = \left(\frac{\partial y}{\partial x}\right)_x$ とおくと
$g(x+\Delta x) = \left(\frac{\partial y}{\partial x}\right)_{x+\Delta x}$ となる。
関数の第1次近似公式：
$g'(x) \fallingdotseq \frac{g(x+\Delta x) - g(x)}{\Delta x}$ より，
$g(x+\Delta x) - g(x) \fallingdotseq \Delta x \cdot g'(x)$
$\therefore \left(\frac{\partial y}{\partial x}\right)_{x+\Delta x} - \left(\frac{\partial y}{\partial x}\right)_x \fallingdotseq \Delta x \cdot \frac{\partial^2 y}{\partial x^2}$

((＊)の右辺) $= \Delta x \cdot \rho \cdot \frac{\partial^2 y}{\partial t^2}$ …②と③を，

運動方程式(＊)に代入して，

$T \cdot \Delta x \cdot \frac{\partial^2 y}{\partial x^2} = \Delta x \cdot \rho \cdot \frac{\partial^2 y}{\partial t^2}$　　両辺を $\Delta x \cdot \rho\ (>0)$ で割って，

$\frac{\partial^2 y}{\partial t^2} = \frac{T}{\rho} \cdot \frac{\partial^2 y}{\partial x^2}$　　ここで，$\frac{T}{\rho} = a^2\ (>0)$ とおくと，

1次元波動方程式：$\frac{\partial^2 y}{\partial t^2} = a^2 \frac{\partial^2 y}{\partial x^2}$ ……① が導けるんだね。大丈夫？

● 1次元波動方程式の差分方程式を求めてみよう！

1次元波動方程式：

$$\frac{\partial^2 y}{\partial t^2}=a^2\frac{\partial^2 y}{\partial x^2}\ \cdots\cdots ①$$

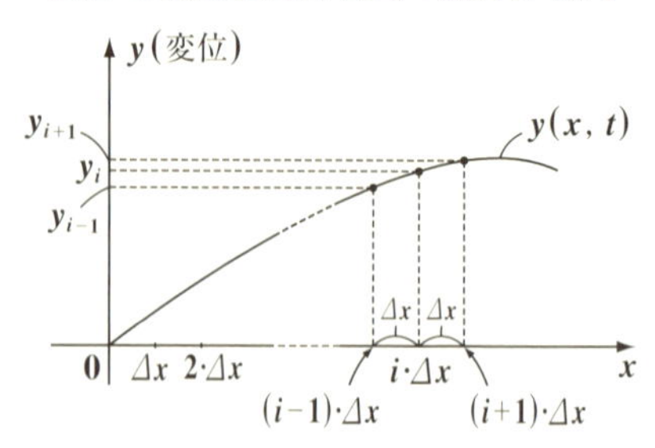

図2　1次元波動方程式の差分方程式

を数値解析により解くためには，①を差分方程式の形に変形する必要がある。図2は，時刻 t における固定端の弦の振動の1部を表しているんだけれど，長さ L の弦を N 等分して，微小な長さ $\Delta x\left(=\frac{L}{N}\right)$ に分割し，$(i-1)\cdot\Delta x$，$i\cdot\Delta x$，$(i+1)\cdot\Delta x$ における弦の変位を順に，y_{i-1}，y_i，y_{i+1} として表した。

このとき，①の右辺の2階偏微分 $\frac{\partial^2 y}{\partial x^2}$ は，差分形式で近似的に

$$\frac{\partial^2 y}{\partial x^2}=\frac{1}{(\Delta x)^2}(\underbrace{y_{i+1}+y_{i-1}-2y_i}_{\text{すべて，時刻}\,t})\ \cdots\cdots ②\ \ (i=1,\ 2,\ \cdots,\ N-1)$$

と表されるのは大丈夫だね。何度も同じ変形をしてきたからね。では，

同様に，①の左辺の2階偏微分 $\frac{\partial^2 y}{\partial t^2}$ も，$y_i(t+\Delta t)$，$y_i(t)$，$y_i(t-\Delta t)$ により，差分形式で近似的に

$$\frac{\partial^2 y}{\partial t^2}=\frac{1}{(\Delta t)^2}\{\underbrace{y_i(t+\Delta t)}_{\text{未来}}+\underbrace{y_i(t-\Delta t)}_{\text{過去}}-2\underbrace{y_i(t)}_{\text{現在}}\}\ \cdots\cdots ③$$

と表すことができる。

③をみて，これまでは旧 $y_i(t)$ から新 $y_i(t+\Delta t)$ を求めていたものが，これ以外に $y_i(t-\Delta t)$ が存在して，さらに過去のデータが必要になっていることが分かるんだね。つまり，③式から言えることは，現在の $y_i(t)$ と過去の $y_i(t-\Delta t)$ から未来の $y_i(t+\Delta t)$ を求めて，y_i を更新していくことになるんだね。

では，②，③を①に代入して，①の差分方程式，すなわち y_i を更新するための一般式を求めてみよう。

$$\frac{1}{(\Delta t)^2}\{\underbrace{y_i(t+\Delta t)}_{\text{未来（更新後の}y_i\text{のこと）}}+\underbrace{y_i(t-\Delta t)}_{\text{過去}}-2\underbrace{y_i(t)}_{\text{現在}}\}=\frac{a^2}{(\Delta x)^2}(y_{i+1}+y_{i-1}-2y_i)$$

（y_{i+1}, y_{i-1}, y_i：これらはすべて時刻 t（現在）のもの）

両辺に $(\Delta t)^2$ をかけて，新たに定数 $\frac{a^2(\Delta t)^2}{(\Delta x)^2}=m$ とおくと，

$y_i(t+\Delta t)=2y_i+m(y_{i+1}+y_{i-1}-2y_i)-y_i(t-\Delta t)$ より，求める一般式は，

$$\therefore\ \underbrace{y_i(t+\Delta t)}_{\text{未来（更新された}y_i\text{）}}=2(1-m)\cdot y_i+m(y_{i+1}+y_{i-1})-\underbrace{y_i(t-\Delta t)}_{\text{過去}}\quad\cdots\cdots④$$

となるんだね。（y_i, y_{i+1}, y_{i-1}：時刻 t（現在）のもの）

1次元熱伝導方程式のように，旧 y_i から新 y_i に更新する場合，旧 y_i の入ったメモリを更新したものを新 y_i とすればよいので，同じメモリを使って

$\underbrace{y_i}_{\text{新}}=(\underbrace{y_i}_{\text{旧}}$ の式) と表現することができた。

しかし，波動方程式では，現在の $y_i(t)$ と過去の $y_i(t-\Delta t)$ から未来の $y_i(t+\Delta t)$ を求めないといけないので，プログラムの上で，配列の取り方に気を付けなければならない。

たとえば，$0\leqq x\leqq 1$ で定義された物体（または，弦）を 100 等分するとき，

(i) 1次元熱伝導方程式では，DIM Y(100) として，$Y(i)$ $(i=0, 1, 2, \cdots, 100)$ の 101 個の配列メモリを準備すれば十分だった。これに対して，

(ii) 1次元波動方程式では，DIM Y(100, 2) として，$Y(i, 0)$，$Y(i, 1)$，$Y(i, 2)$（過去 $(t-\Delta t)$，現在 (t)，未来 $(t+\Delta t)$）

$(i=0, 1, 2, \cdots, 100)$ のように $3\times101=303$ 個の配列メモリが必要となるんだね。

ン？何だか，とても難しそうになったと感じるって!? そうでもないよ。変位 $Y(i, j)$ の $i=0, 1, 2, \cdots, 100$ で位置を表し，$j=0$（過去），1（現在），2（未来）を表すことに注意して，④の一般式を BASIC で表すと，

```
Y(I, 2)=2*(1-M)*Y(I, 1)+M*(Y(I+1, 1)+Y(I-1, 1))-Y(I, 0)
```

となり，FOR I=1 TO 99～NEXT(I) によって，Y(I, 2) を更新していけばいいんだね。後は，端点が (i) 固定端か (ii) 自由端によって，Y(0, 2) と Y(100, 2) の処理が異なるだけなんだね。話が見えてきたでしょう？

● 固定端の1次元波動方程式の問題を解こう！

それでは，準備も整ったので，次の例題で，固定端の1次元波動方程式を数値解析により解いてみよう。

例題 25　変位 $y(x,\ t)$ について，次の1次元波動方程式が与えられている。

$$\frac{\partial^2 y}{\partial t^2} = \frac{\partial^2 y}{\partial x^2} \quad \cdots\cdots ① \quad (0 < x < 1,\ t > 0) \leftarrow \boxed{a^2 = 1 \text{ の場合だ}}$$

初期条件：$y(x,\ 0) = \begin{cases} \dfrac{1}{4}x & \left(0 \leqq x \leqq \dfrac{1}{2}\right) \\ \dfrac{1}{4}(1-x) & \left(\dfrac{1}{2} < x \leqq 1\right) \end{cases} \quad \cdots\cdots ②$

$$\frac{\partial y(x,\ 0)}{\partial t} = 0 \quad \cdots\cdots ③$$

境界条件：$y(0,\ t) = y(1,\ t) = 0$ ……④

①を差分方程式（一般式）で表し，$\Delta x = 10^{-2}$，$\Delta t = 10^{-3}$ として，数値解析により，時刻 $t = 0,\ 0.2,\ 0.4,\ 0.6,\ 0.8,\ 1$（秒）における変位 $y(x,\ t)$ のグラフを xy 座標平面上に描け。

これと同じ設定条件の1次元波動方程式の問題は実は,「**フーリエ解析キャンパス・ゼミ**」で，フーリエ解析を用いて解いている。数値解析による近似解と，この解析解とが一致することも後で示そう。

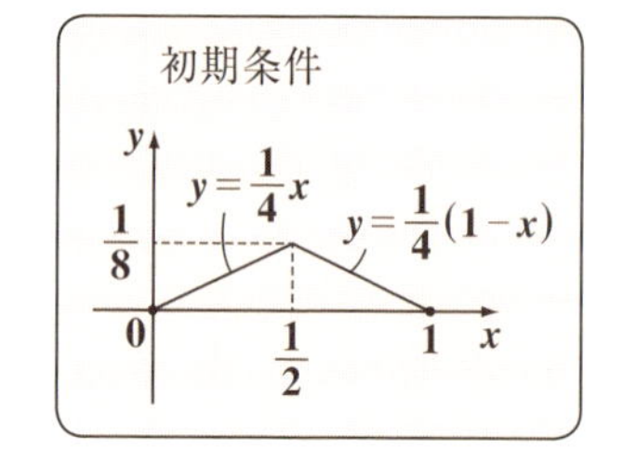

①の1次元波動方程式は，その係数 $a^2 = 1$ の場合の方程式で，$t = 0$（秒）のときの初期条件より，弦は右図のような形から静かに振動を開始する。何故なら，同じく初期条件③から，$t = 0$ のとき $\dfrac{\partial y}{\partial t} = 0$ となっているから，初めに y は急激に変化することはない。つまり静かに振動し始めるということなんだね。また，④の境界条件より，時刻 t に関わらず，$x = 0$ と 1 の両端点での変位 $y = 0$ となるので，この両端は固定端となっているんだね。

また，弦の存在範囲は $0 \leqq x \leqq 1$ で，微小な $\Delta x = 10^{-2} = 0.01$ より，微小切片の個数は $\frac{1}{\Delta x} = \frac{1}{10^{-2}} = 100$ であり，また，変位 y_i を更新する際に，時刻 $t+\Delta t$（未来），t（現在），$t-\Delta t$（過去）の3つが必要となるので，今回用いる変位の配列は Y(100, 2) とする。

それでは，この1次元波動方程式を数値解析で解くプログラムを下に示す。

```
10 REM ------------------------------------
20 REM   1次元波動方程式1  (固定端)
30 REM ------------------------------------
40 DIM Y(100,2)
50 XMAX=1.5#
60 XMIN=-.5#
70 DELX=.5#
80 YMAX=.25#
90 YMIN=-.25#
100 DELY=1/16
110 CLS 3
120 DEF FNU(X)=INT(640*(X-XMIN)/(XMAX-XMIN))
130 DEF FNV(Y)=INT(400*(YMAX-Y)/(YMAX-YMIN))
140 DELU=640*DELX/(XMAX-XMIN)
150 DELV=400*DELY/(YMAX-YMIN)
160 N-INT(XMAX/DELX):M=INT(-XMIN/DELX)
170 FOR I=-M TO N
180 LINE (FNU(0)+INT(I*DELU),0)-(FNU(0)+INT(I*DELU),
400),,,2
190 NEXT I
200 LINE (FNU(0),0)-(FNU(0),400)
210 N=INT(YMAX/DELY):M=INT(-YMIN/DELY)
220 FOR I=-M TO N
230 LINE (0,FNV(0)-INT(I*DELV))-(640,FNV(0)-INT(I*D
ELV)),,,2
240 NEXT I
250 LINE (0,FNV(0))-(640,FNV(0))
```

配列の定義

X_{Max}，X_{min}，$\Delta\overline{X}$ と Y_{Max}，Y_{min}，$\Delta\overline{Y}$ の代入。

xy 座標系を作るためのプログラム

```
260 T=0:DT=.001:A=1:DX=.01:M=A*(DT)^2/(DX)^2
270 FOR I=0 TO 50
280 Y(I,0)=I/400:NEXT I
290 FOR I=51 TO 100
300 Y(I,0)=(1-I/100)/4:NEXT I
310 PSET (FNU(0),FNV(Y(0,0)))
320 FOR I=1 TO 100
330 LINE -(FNU(I*DX),FNV(Y(I,0))):NEXT I
340 FOR I=0 TO 100
350 Y(I,1)=Y(I,0):NEXT I
360 FOR J=1 TO 1000
370 FOR I=1 TO 99
380 Y(I,2)=2*(1-M)*Y(I,1)+M*(Y(I+1,1)+Y(I-1,1))-Y(I,0)
390 NEXT I
400 T=T+DT
410 FOR J1=1 TO 5
420 IF J=200*J1 THEN GOTO 490
430 NEXT J1
440 FOR I=1 TO 99
450 Y(I,0)=Y(I,1):Y(I,1)=Y(I,2):NEXT I
460 NEXT J
470 STOP
480 END
490 PSET (FNU(0),FNV(Y(0,2)))
500 FOR I=1 TO 100
510 LINE -(FNU(I*DX),FNV(Y(I,2)))
520 NEXT I:GOTO 460
```


40 行で，配列 **Y(100, 2)** を定義した。$y(i,\ j)$ について，$i=0,\ 1,\ 2,\ \cdots,\ 100$ として位置を表し，j は $j=0$(過去)，**1**(現在)，**2**(未来) に対応させる。

50～100 行で，$X_{max}=1.5$，$X_{min}=-0.5$，目盛り幅 $\Delta\overline{x}=0.5$，$Y_{max}=0.25$，

$Y_{min}=-0.25$, 目盛り幅 $\Delta\overline{y}=0.0625$ を代入した。

110～250行は，これらのデータを基に xy 座標系を作成するプログラムで，これは，例題14の100～240行のプログラム(P78, 79)とまったく同じなので，解説を省略する。

260行で，初期時刻 $t=0$, $\Delta t=10^{-3}$, $A=1(A=a^2)$, $\Delta x=10^{-2}$, $m=\dfrac{A\cdot(\Delta t)^2}{(\Delta x)^2}=10^{-2}$ を代入した。270～300行の2つのFOR～NEXT(I)文により，$t=0$ における y の初期条件：$\dfrac{1}{4}x\ \left(0\leqq x\leqq\dfrac{1}{2}\right)$, $\dfrac{1}{4}(1-x)\ \left(\dfrac{1}{2}<x\leqq 1\right)$ を，$Y(i,\ 0)\ (i=0,\ 1,\ 2,\ \cdots,\ 100)$ の形にして代入した。310～330行で，uv 座標平面上に最初の点 $[X,\ Y]=[0,\ Y(0,\ 0)]$ を表示し，順次 $[1\cdot\Delta x,\ Y(1,\ 0)]$, $[2\cdot\Delta x,\ Y(2,\ 0)]$, …, $[100\cdot\Delta x,\ Y(100,\ 0)]$ を結んで，$t=0$ における変位 $y\,(0\leqq x\leqq 1)$ のグラフを描く。

もう1つの初期条件：$\dfrac{\partial y(x,\ 0)}{\partial t}=0$ より，初期の $t=0$ から弦は静かにゆっく

これは，$\dfrac{\partial y(x,\ t)}{\partial t}$ を計算した後，$t=0$ を代入した偏微分係数なんだね。

りと振動を始める。よって，$t=0$ のときと $t=\Delta t$ のときの変位 y の値は等しいとおける。

よって，340, 350行のFOR～NEXT(I)文で，$Y(i,\ 1)-Y(i,\ 0)\ (i=0,\ 1,\ \cdots,\ 100)$ としたんだね。(Y(i, 1)：現在，Y(i, 0)：過去) これから，この後，380行で初めて一般式を使って，未来の $Y(i,\ 2)$ を求める際に，過去の $Y(i,\ 0)$ と現在の $Y(i,\ 1)$ の値が決まってないと計算できないんだね。少し先回りしたんだけれど納得いったでしょう?

360～460行のFOR～NEXT(J)文により，$j=1,\ 2,\ \cdots,\ 1000$ まで繰り返し(ループ)計算を行う。これは $\Delta t=10^{-3}$ より，この計算を1000回行うことにより，$t=1$(秒)となるんだね。この中の370～390行のFOR～NEXT(I)文により，一般式を使って，過去の $Y(i,\ 0)$ と現在の $Y(i,\ 1)$ を用いて未来の $Y(i,\ 2)$ を更新して求めることができる。最初の $j=1$ のときでも，これが可能なのは340, 350行のおかげであることも前述した。400行により，t を $\Delta t\,(=10^{-3}(秒))$ ずつ更新させる。410～430行のFOR～NEXT(J1)文により，

J = 200, 400, 600, 800, 1000 のとき，すなわち，t = 0.2, 0.4, 0.6, 0.8, 1 のときのみ，この j = 1, 2, …, 1000 の計算ループを一旦飛び出して，490 行～520 行に行き，このときの変位 y のグラフを描かせるんだね。そして，この J の計算ループの最後に，440，450 行の FOR～NEXT(I) により，現在を過去に，未来を現在にするために，Y(i, 0) = Y(i, 1)，Y(i, 1) = Y(i, 2)（i = 1, 2, …, 99）とする。
（i = 0 と 100 のときは，端点 x = 0 と 1 に対応し，これは境界条件より，過去，現在，未来に関わらず常に 0 のまま保存しておく。）以上で，J のループ計算が 1 回終了し，この後，同様の計算を，J = 1000 となるまで繰り返す。
そして，470，480 行の STOP と END 文によりプログラムの実行を停止・終了する。
以上で，プログラムの意味と働き，アルゴリズムのすべてを理解して頂けたと思う。それでは，プログラムを実行した結果得られる，時刻 t = 0, 0.2, 0.4, 0.6, 0.8, 1(秒) における変位 y のグラフを右図に示そう。

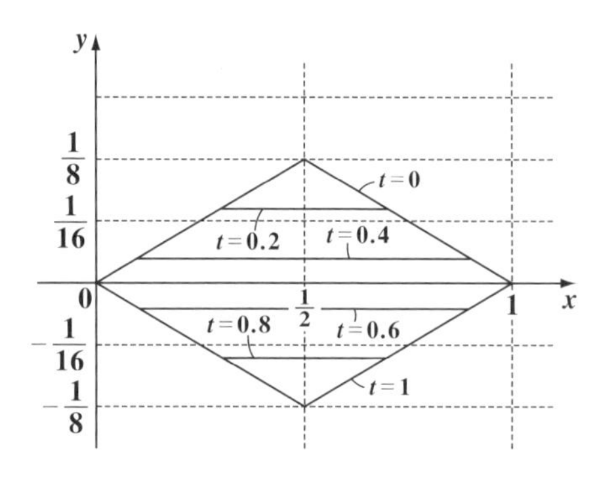

t = 0 (秒) のときの山形の変位 (弦) y のグラフが時刻 t の経過と共に変化して，t = 1 (秒) のときには，x 軸に関して対称な谷の形になっている。つまり，$\frac{1}{2}$ 周期だけ変化したことが分かるんだね。

ここで，これと同じ条件の 1 次元波動方程式をフーリエ解析によって求めた結果のグラフも右図に示そう。これは，グラフを見やすくするために，ボクが y の変位を少しずらして示しているんだけれど，数値解析によるものと見分けがつかないくらい，ほとんど一致していることが分かると思う。

フーリエ解析による解

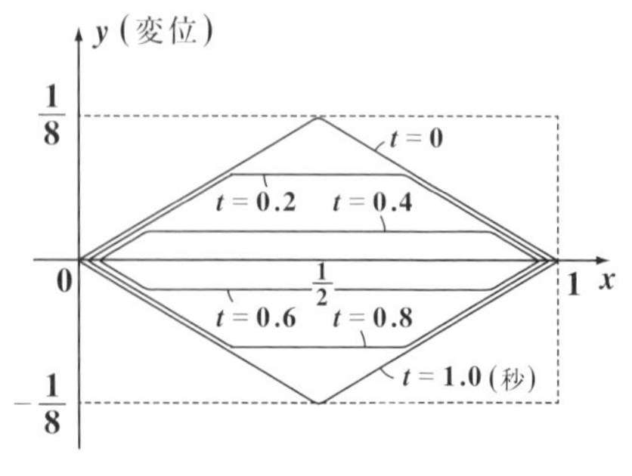

数値解析とフーリエ解析のように，まったく異なる手法で解いたとしても，そのやり方が数学的に正しければ，同じ問題を解けば，同じ結果が得られることが分かった。面白かったでしょう？ これが数学や物理を学んでいく上での最高の醍醐味と言えるんだね。

● 自由端の1次元波動方程式の問題を解こう！

では次，自由端の1次元波動方程式の例題についても，これを数値解析により解いてみよう。今回の例題では，弦の範囲は $0 \leqq x \leqq 2$ と与えられており，この両端点において，$\dfrac{\partial y(0,\ t)}{\partial x}=0$，$\dfrac{\partial y(2,\ t)}{\partial x}=0$ の条件を自由端の境界条件という。このとき，$x=0$ と 2 の両端点での変位 y の微分係数が 0 より，両端点での y の接線の傾きが常に 0，つまり y 軸と垂直であるということだ。

例題 26　変位 $y(x,\ t)$ について，次の1次元波動方程式が与えられている。

$$\frac{\partial^2 y}{\partial t^2}=\frac{\partial^2 y}{\partial x^2}\ \cdots\cdots ①\quad (0<x<2,\ t>0) \leftarrow \boxed{a^2=1\text{ の場合}}$$

$$\text{初期条件：}y(x,\ 0)=\begin{cases} -\dfrac{1}{10} & \left(0 \leqq x \leqq \dfrac{1}{2}\right) \\ \dfrac{1}{5}(x-1) & \left(\dfrac{1}{2}<x \leqq \dfrac{3}{2}\right) \\ \dfrac{1}{10} & \left(\dfrac{3}{2}<x \leqq 2\right) \end{cases}\ \cdots\cdots ②$$

$$\frac{\partial y(x,\ 0)}{\partial t}=0\ \cdots\cdots ③ \leftarrow \boxed{\text{静止状態から振動を開始}}$$

$$\text{境界条件：}\frac{\partial y(0,\ t)}{\partial x}=\frac{\partial y(2,\ t)}{\partial x}=0\ \cdots\cdots ④ \leftarrow \boxed{\text{自由端の条件}}$$

①を差分方程式（一般式）で表し，$\Delta x=10^{-2}$，$\Delta t=10^{-3}$ として，数値解析により，時刻 $t=0,\ 0.4,\ 0.8,\ 1.2,\ 1.6,\ 2$（秒）における変位 $y(x,\ t)$ のグラフを xy 座標平面上に描け。

②の初期条件：$y(x, 0)$の式から，これをグラフにしたものを右図に示す。$x=0$と2の両端点で弦（変位）がy軸と垂直になっていることが分かると思う。これが，自由端の条件④である。したがって，時刻tが0からスタートして変化していくと，

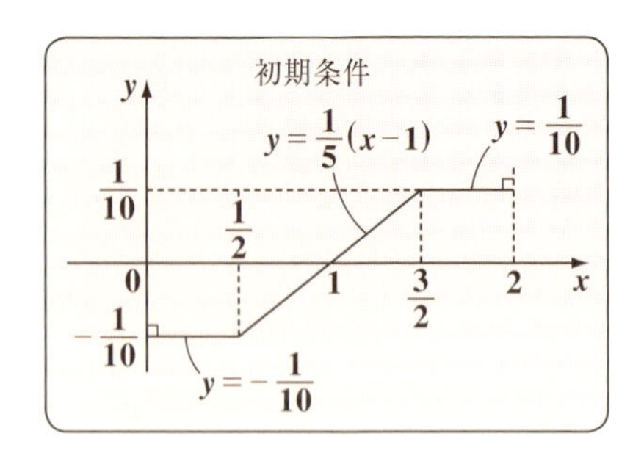

$x=0$，2の端点の変位yの値そのものは変化するが，この両端点で弦がy軸と垂直であるという自由端の条件は常に満たされることになる。

今回，弦の存在範囲は$0 \leqq x \leqq 2$で，微小な$\Delta x=10^{-2}$より，微小切片の数Nは，$N=\dfrac{2}{\Delta x}=\dfrac{2}{10^{-2}}=200$であり，これに時刻の更新の際に過去$(t-\Delta t)$，現在$(t)$，未来$(t+\Delta t)$が必要となるため，数値解析用の変位$y$の配列として$Y(200, 2)$を定義して利用する。

0（過去），1（現在），2（未来）として使用する。

それでは，この自由端の1次元波動方程式の差分方程式は，

$y_i(t+\Delta t)=2\cdot(1-m)\cdot y_i(t)+m\cdot\{y_{i+1}(t)+y_{i-1}(t)\}-y_i(t-\Delta t)$であり，これを用いて，この波動方程式を解くプログラムを以下に示そう。

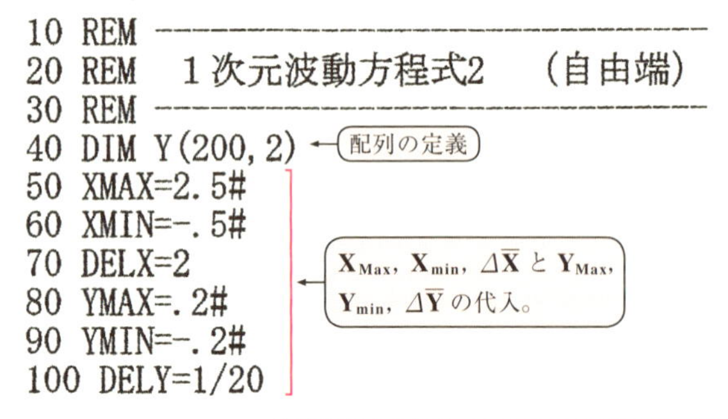

```
10 REM ------------------------------------------
20 REM   1次元波動方程式2   (自由端)
30 REM ------------------------------------------
40 DIM Y(200,2)
50 XMAX=2.5#
60 XMIN=-.5#
70 DELX=2
80 YMAX=.2#
90 YMIN=-.2#
100 DELY=1/20
```


110〜250行 ← xy座標系を作るプログラム（例題25，P157と同じ。）

```
260 T=0:DT=.001:A=1:DX=.01:M=A*(DT)^2/(DX)^2
270 FOR I=0 TO 50
280 Y(I,0)=-.1#:NEXT I
290 FOR I=51 TO 150
300 Y(I,0)=(I/100-1)/5:NEXT I
310 FOR I=151 TO 200
320 Y(I,0)=.1#:NEXT I
330 PSET (FNU(0),FNV(Y(0,0)))
340 FOR I=1 TO 200
350 LINE -(FNU(I*DX),FNV(Y(I,0))):NEXT I
360 FOR I=0 TO 200
370 Y(I,1)=Y(I,0):NEXT I
380 FOR J=1 TO 2000
390 FOR I=1 TO 199
400 Y(I,2)=2*(1-M)*Y(I,1)+M*(Y(I+1,1)+Y(I-1,1))-Y(I,0)
410 NEXT I
420 Y(0,2)=Y(1,2):Y(200,2)=Y(199,2)
430 T=T+DT
440 FOR J1=1 TO 5
450 IF J=400*J1 THEN GOTO 520
460 NEXT J1
470 FOR I=0 TO 200
480 Y(I,0)=Y(I,1):Y(I,1)=Y(I,2):NEXT I
490 NEXT J
500 STOP
510 END
520 PSET (FNU(0),FNV(Y(0,2)))
530 FOR I=1 TO 200
540 LINE -(FNU(I*DX),FNV(Y(I,2)))
550 NEXT I:GOTO 490
```

40 行で，配列 Y(200，2) を定義した。$y(i, j)$ について，$i=0, 1, 2, \cdots, 200$ として，i は位置を表し，j は，$j=0$(過去)，$j=1$(現在)，$j=2$(未来) に対応させる。

50～100 行で，$X_{max}=2.5$，$X_{min}=-0.5$，目盛り幅 $\Delta\overline{x}=2$，$Y_{max}=0.2$，$Y_{min}=-0.2$，目盛り幅 $\Delta\overline{y}=0.05$ を代入した。

110～250 行は，xy 座標系を作成するプログラムで，例題 14 (P78，79) の 100～240 行のプログラムとまったく同じなので，ここでは省略した。

260 行で，初期時刻 $t=0$，$\Delta t=10^{-3}$，A=1 (A=a^2 のこと)，$\Delta x=10^{-2}$，

$m=\dfrac{a^2\cdot(\Delta t)^2}{(\Delta x)^2}=\dfrac{1\cdot(10^{-3})^2}{(10^{-2})^2}=10^{-2}$ を代入した。

270～320 行の 3 つの FOR～NEXT(I) 文により，$t=0$ における②の変位 y の初期条件：$y=-\dfrac{1}{10}\ \left(0\leqq x\leqq\dfrac{1}{2}\right)$，$y=\dfrac{1}{5}(x-1)\ \left(\dfrac{1}{2}<x\leqq\dfrac{3}{2}\right)$，$y=\dfrac{1}{10}$ $\left(\dfrac{3}{2}<x\leqq 2\right)$ を，Y(i，0) ($i=0, 1, 2, \cdots, 200$) の形に変えて代入した。すなわち，(ⅰ) Y(i，0)$=-0.1$ ($i=0, 1, \cdots, 50$)，(ⅱ) Y(i，0)$=\left(\dfrac{\mathrm{I}}{100}-1\right)/5$ ($i=51, 52, \cdots, 150$)，(ⅲ) Y(i，0)$=0.1$ ($i=151, 152, \cdots, 200$) とした。

330～350 行では，まず，330 行で uv 座標平面上に最初の点 [X，Y]=[0，Y(0，0)] を表示し，340，350 行の FOR～NEXT(I) で，[$1\cdot\Delta x$，Y(1，0)]，[$2\cdot\Delta x$，Y(2，0)]，…，[$200\cdot\Delta x$，Y(200，0)] の点を次々に連結して，$t=0$ における初期条件の変位 y ($0\leqq x\leqq 2$) のグラフを描く。

360，370 行の FOR～NEXT(I) 文で，もう 1 つの初期条件③：$\dfrac{\partial y(x, 0)}{\partial t}=0$ を，数値解析的に表した。すなわち，時刻 $t=0$ における変位 y の時刻 t による偏微分が 0 であるということは，弦が**初め静かに**振動を開始するということなんだね。よって，$t=0$ と $t=\Delta t$ の 2 つの変位 $y(i, 0)$ と $y(i, 1)$ は一致していると考えていい。よって，360，370 行で，$y(i, 1)=y(i, 0)$ ($i=0, 1, \cdots, 200$) としたんだね。これで過去と現在の変位 $y(i, 0)$ と $y(i, 1)$ が定まるので，この後，400 行で初めて未来の変位 $y(i, 2)$ を計算するときに，この過去と現在の変位 $y(i, 0)$ と $y(i, 1)$ を利用することができるわけなんだね。

(注: $t=0$ …このときを過去，$t=\Delta t$ …このときを現在とする，$y(i, 0)$ の 0 …過去，$y(i, 1)$ の 1 …現在)

380～490 行の FOR～NEXT(J) 文がこのプログラムのメインとなる部分なんだね。$j=1, 2, 3, \cdots, 2000$ と変化せてループ計算を行うんだけれど，これは $\Delta t=10^{-3}=0.001$ より，$\Delta t\times 2000=2$(秒) ということで，今回のプログラムで弦の振動を $0\leqq t\leqq 2$ の 2 秒間だけ調べることを意味している。まず，J=1 のとき，390～410 行の FOR～NEXT(I) 文によって，$y_i(0)=Y(i, 0)$ (過去) と $y_i(1)=Y(i, 1)$(現在) の変位を基に，$y_i(2)=Y(i, 2)$(未来) の変位を求める。その更新のための式が 400 行で，これが①の差分方程式：

$\underbrace{y_i(2)}_{\text{未来}}=\underbrace{2\cdot(1-m)\cdot y_i(1)+m\cdot\{y_{i+1}(1)+y_{i-1}(1)\}}_{\text{現在}}-\underbrace{y_i(0)}_{\text{過去}}$ であり，

$i=1, 2, 3, \cdots, 199$ まで計算する。ン？何故 $i=0$ と 200 が抜けているのか？分かる？…，そうだね。今回は自由端の問題だから，端点の $x=0$ と 2 では y の x による偏微分係数が 0，すなわち，$\dfrac{\partial y(0, t)}{\partial x}=\dfrac{\partial y(2, t)}{\partial x}=0$ となるんだった。これを差分形式で表すと，$i=0$ と 1 のときの未来の y_i は等しく，$i=199$ と 200 のときの未来の y_i も等しいということなんだね。よって，420行で，$\underbrace{Y(0, 2)=Y(1, 2)}_{y_0(2)=y_1(2)}$，$\underbrace{Y(200, 2)=Y(199, 2)}_{y_{200}(2)=y_{199}(2)}$ としている。これだけをみると，

これは，1 次元熱伝導方程式での断熱条件と同じ処理をしていることが分かるはずだ。

430 行の $t=t+\Delta t$ により，$t=0$ から $t=\Delta t(=10^{-3})$ にして時刻を更新し，490 行の NEXT J 文で，また，380 行の FOR J=1 TO 2000 に戻り，J=2 として，同様の計算を行い，同様の計算ループによって，J=3, 4, 5, …と計算していって，その都度，更新された未来の $y_i(2)$ $(i=0, 1, 2, \cdots, 200)$ を求めていくんだね。このように，計算そのものは，時刻 t が $0\leqq t\leqq 2$ の範囲を $\Delta t=10^{-3}=0.001$(秒) 刻みで 2000 回行うわけだけれど，この内，J=400, 800, 1200, 1600, 2000 のとき，すなわち，時刻でいうと，$t=0.4, 0.8, 1.2, 1.6, 2$ (秒) のときのみ，440～460 行の FOR～NEXT(J1) 文により，この計算ループから飛び出して，520 行の処理に移る。

520 行の PSET 文で，まず，点 $[X, Y]=[0, Y(0, 2)]$ を表示する。この後，530～550 行のFOR～NEXT(I)文により，$[1\cdot\Delta x, Y(1, 2)], [2\cdot\Delta x, Y(2, 2)]$,

…, **[200・Δx, Y(200, 2)]** の点を順次連結していき，$t=0.4$, **0.8**, **1.2**, **1.6**, **2**(秒)のときのみの弦の変位 y のグラフを描く。この処理が終わる毎に，**550** 行の **GOTO 490** により，元の **FOR〜NEXT(J)** 文の計算ループに戻り，この計算ループが **J=2000** まで行われたら，**500**, **510** 行の **STOP**, **END** 文により，このプログラムを停止・終了する。以上で，今回のプログラムの意味と働き，そしてアルゴリズムをすべてご理解頂けたと思う。

それでは，このプログラムを実行して得られる時刻 $t=0$, **0.4**, **0.8**, **1.2**, **1.6**, **2**(秒)における弦の変位 y のグラフを右図に示す。

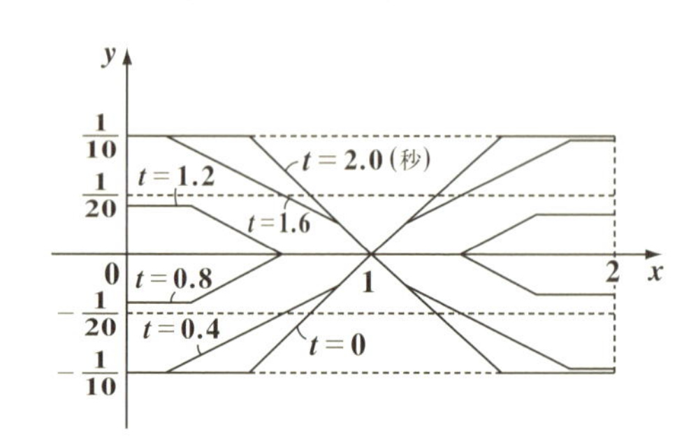

$t=0$(秒)のときの変位 y のグラフに対して，$t=2$(秒)のときの y のグラフは，x 軸に関して，ちょうど上下対称になっている。これから今回の振動は，**2** 秒で半周期，すなわち周期 $T=4$(秒)の自由端の振動であることが分かるんだね。

この自由端の振動についても，実は，これと同じ問題を「**振動・波動キャンパス・ゼミ**」(マセマ)の中で，フーリエ解析を使って解いている。その結果は，$y(x,\ t)=\dfrac{4}{5\pi^2}\displaystyle\sum_{j=1}^{\infty}\dfrac{\cos\frac{3j\pi}{4}-\cos\frac{j\pi}{4}}{j^2}\cos\frac{j\pi}{2}x\cdot\cos\frac{j\pi}{2}t$ ……① となる。

このフーリエ級数展開も無限級数表示なので，これを実際に計算することは不可能なんだけれど，分母に j^2 があることから，j を大きくしていくと，各項は急速に小さくなって，無視することができる。よって，これを $j=1$ から **100** までの部分和，すなわち，変位 $y(x,\ t)$ を次式で近似的に表すことができる。

$$y(x,\ t)\fallingdotseq\frac{4}{5\pi^2}\sum_{j=1}^{100}\frac{\cos\frac{3j\pi}{4}-\cos\frac{j\pi}{4}}{j^2}\cos\frac{j\pi}{2}x\cdot\cos\frac{j\pi}{2}t \quad\text{……①}'$$

x を $0\leqq x\leqq 2$ とし，t を $t=0$, **0.4**, **0.8**, **1.2**, **1.6**, **2** として，①′のグラフを

描いたものが，右図になるんだね。このグラフに関しても，弦の変位の位置を見やすくするために，ボクが少しずらして表示している部分もあるんだけれど，このグラフと左図に示した数値解析によるグラフとが見事に一致していることが分かるでしょう？

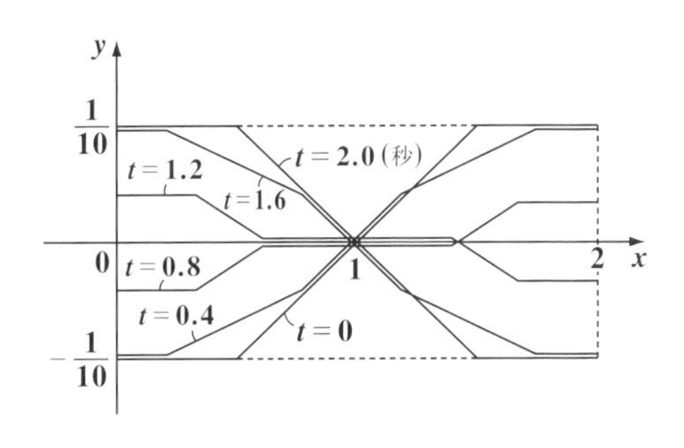

これで，固定端と自由端の1次元波動方程式のいずれも解いてみたんだね。この1次元の波動方程式の解について，よく読者の皆さんから受ける質問で，「1次元の弦の振動問題なのに，何故こんなに弦が角張っていて，滑らかな曲線じゃないのですか？」という内容のものも結構多いんだね。これに対する，マセマとしての答えは，「角張った弦の初期条件の下で，この偏微分方程式 (1次元波動方程式) をフーリエ級数展開を正確に使って解いた結果が，こうなるので，これで間違いありません」となるんだけど，この正しさが，今回の数値解析による計算結果からも，裏付けられたんだね。

この自由端の振動は，普段あまり見ることはないけれど，例題 **25** (**P156**) で示した，固定端の振動は，ゴムの両端を固定して，中央部を指でつまみ上げて静かに指を離すと，ゴムはこんな角張った形では振動せず，ブ～ンと曲線的な振動を繰り返しながら，減衰して静止する。これが，ボク達が見る自然な現象なんだけれど，この場合，ゴムが受ける空気抵抗や，ゴムの内部での摩擦など，様々な抵抗する要素が働いていると考えられる。でも，もし，これらが無ければ，ゴムは理想的には，この角張った振動を永遠に続けることになるんだろうね。ボク自身も，不思議だと思っています。(^o^)！

§2. 2次元波動方程式

それでは，これから，xy 平面上のある面の振動の変位を $z(x, y, t)$ とおいた場合の 2 次元波動方程式：$\frac{\partial^2 z}{\partial t^2} = a^2\left(\frac{\partial^2 z}{\partial x^2} + \frac{\partial^2 z}{\partial y^2}\right)$ ……① の数値解析について解説しよう。①を数値解析するためには，これを差分方程式(一般式)に置き換えて，プログラミングすることは，1 次元波動方程式のときと同様なんだね。

この 2 次元波動方程式においても，境界条件として，(i) 固定端と (ii) 自由端の場合について教えよう。また，境界が正方形のような規則的なものでない三角形の境界をもつ場合の波動方程式の数値解析にもチャレンジしてみよう。三角形の太鼓の面の振動がどうなるか？興味があるでしょう？

ただし，今回も，2 次元熱伝導方程式のときと同様に，xyz 空間座標系を用いるんだけれど，2 次元波動方程式の解をグラフで表示する場合，従来の xyz 座標系を uv 平面上で少し上にあげて表示する必要がある。この座標系の修正から講義を始めることにしよう！

● xyz 座標系の表示を修正しよう！

xy 平面上のある面の振動を調べるとき，その面の変位 $z(x, y, t)$ は当然，xy 平面の下側にくることもある。よって，図 1 に示すように 2 次元熱伝導方程式 (P104) で用いた，xyz 座標系を uv 平面上で少し上にあげて表示する必要がある。xyz 座標系の点を $[X, Y, Z]$ と表し，uv 平面上の点を (u, v) と表すことにして，今回の修正箇所を "＝" で表示した。

図1 xyz 座標系の修正

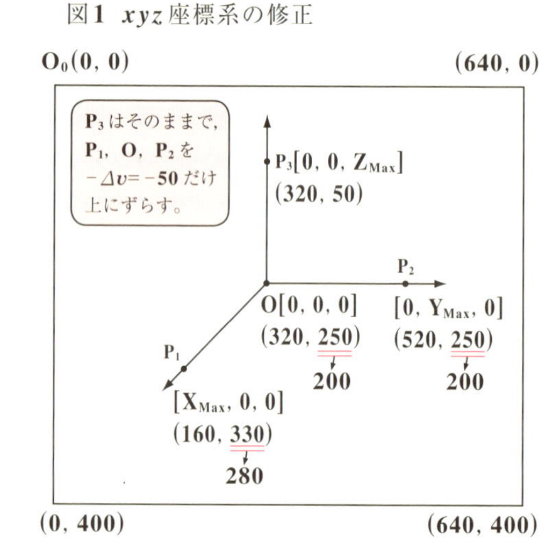

それでは，図2に示すように，**OXYZ**座標系における任意の点**R**[**X**, **Y**, **Z**]と，uv平面上の点(u, v)との関係式を求めてみよう。

図2より，まず**OXYZ**座標系で考えると，$\overrightarrow{OR}$は，

$$\overrightarrow{OR} = \overrightarrow{OA} + \overrightarrow{OB} + \overrightarrow{OC} \quad \cdots\cdots ①$$

$\left(\overrightarrow{OA} = \frac{X}{X_{Max}}\overrightarrow{OP_1},\ \overrightarrow{OB} = \frac{Y}{Y_{Max}}\overrightarrow{OP_2},\ \overrightarrow{OC} = \frac{Z}{Z_{Max}}\overrightarrow{OP_3}\right)$

図2 点**R**[**X**, **Y**, **Z**]→(u, v)への変換公式

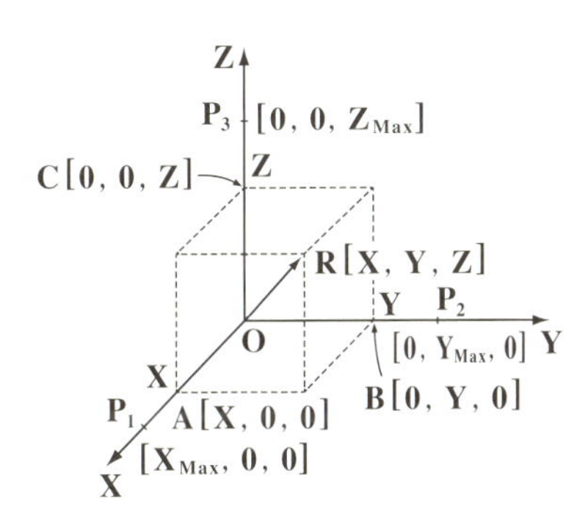

となる。ここで，

$$\overrightarrow{OA} = \frac{X}{X_{Max}}\overrightarrow{OP_1} \cdots ②,\quad \overrightarrow{OB} = \frac{Y}{Y_{Max}}\overrightarrow{OP_2} \cdots ③,\quad \overrightarrow{OC} = \frac{Z}{Z_{Max}}\overrightarrow{OP_3} \cdots ④ \text{ となる。}$$

$\overrightarrow{OP_1} = (u_1 - u_0,\ v_1 - v_0) = (-160,\ 80)$
O $(u_0, v_0) = (320, 200)$
$P_1(u_1, v_1) = (160, 280)$

$\overrightarrow{OP_2} = (u_1 - u_0,\ v_1 - v_0) = (200,\ 0)$
O $(u_0, v_0) = (320, 200)$
P_2 $(u_1, v_1) = (520, 200)$

$\overrightarrow{OP_3} = (u_1 - u_0,\ v_1 - v_0) = (0,\ -150)$
P_3 $(u_1, v_1) = (320, 50)$
O $(u_0, v_0) = (320, 200)$

ここで，$\overrightarrow{OP_1}$, $\overrightarrow{OP_2}$, $\overrightarrow{OP_3}$をuv座標系の成分表示で表すと，

$$\overrightarrow{OP_1} = (-160,\ 80) \cdots ②',\quad \overrightarrow{OP_2} = (200,\ 0) \cdots ③',\quad \overrightarrow{OP_3} = (0,\ -150) \cdots ④' \text{ となる。}$$

②′を②に，③′を③に，④′を④に代入した後，これらを①に代入すると，$\overrightarrow{OR}$は，

$$\overrightarrow{OR} = \frac{X}{X_{Max}}(-160,\ 80) + \frac{Y}{Y_{Max}}(200,\ 0) + \frac{Z}{Z_{Max}}(0,\ -150)$$

$$= \left(-\frac{160X}{X_{Max}} + \frac{200Y}{Y_{Max}},\ \frac{80X}{X_{Max}} - \frac{150Z}{Z_{Max}}\right) \quad \cdots\cdots ⑤ \text{ となる。}$$

ここで，uv平面上の点**R**の位置ベクトルは，uv平面の原点$O_0(0,\ 0)$を基準点とするベクトルである。よって，求める$\overrightarrow{O_0R}$は，

$$\overrightarrow{O_0R} = \overrightarrow{O_0O} + \overrightarrow{OR} = (320,\ 200) + \left(-\frac{160X}{X_{Max}} + \frac{200Y}{Y_{Max}},\ \frac{80X}{X_{Max}} - \frac{150Z}{Z_{Max}}\right)$$

($\overrightarrow{O_0O} = (320,\ 200)$，$\overrightarrow{OR}$は⑤より)

$$\therefore \overrightarrow{\mathbf{O_0R}} = (u,\ v) = \left(\mathbf{320} - \frac{\mathbf{160X}}{\mathbf{X_{Max}}} + \frac{\mathbf{200Y}}{\mathbf{Y_{Max}}},\ \mathbf{200} + \frac{\mathbf{80X}}{\mathbf{X_{Max}}} - \frac{\mathbf{150Z}}{\mathbf{Z_{Max}}}\right) \cdots ⑥$$ となる。

これから，点 **[X, Y, Z]** → 点 $(u,\ v)$ に変換するプログラム上の関数を fnu(**X, Y**)，fnv(**X, Z**) と定義して，

DEF FNU(X, Y)=320−160*X/XMAX+200*Y/YMAX

DEF FNV(X, Z)=200+80*X/XMAX−150*Z/ZMAX

とすればいい。その他，**P106** で示した **3** 次元座標系を作るプログラムで，**X** 軸，**Y** 軸，**Z** 軸と破線を引く際の v 座標に変更を加えて，全体の座標系を上に上げることにする。(変更箇所は赤で示す。)

```
10 REM ------------------------------
20 REM   3次元座標系2 グラフ
30 REM ------------------------------
40 XMAX=4
50 DELX=1
60 YMAX=4
70 DELY=1
80 ZMAX=2/32
90 DELZ=1/32
100 CLS 3
110 DEF FNU(X,Y)=320-160*X/XMAX+200*Y/YMAX
120 DEF FNV(X,Z)=200+80*X/XMAX-150*Z/ZMAX
130 LINE (320,200)-(320,10)
140 LINE (320,200)-(120,300)
150 LINE (320,200)-(570,200)
160 LINE (160,280)-(360,280),,,2
170 LINE (520,200)-(360,280),,,2
180 N=INT(XMAX/DELX)
190 FOR I=1 TO N
200 LINE (FNU(I*DELX,0),FNV(I*DELX,0)-3)-(FNU(I*DELX,0),
FNV(I*DELX,0)+3)
210 NEXT I
```

```
220 N=INT(YMAX/DELY)
230 FOR I=1 TO N
240 LINE (FNU(0,I*DELY),FNV(0,0)-3)-(FNU(0,I*DELY),FNV(0,
0)+3)
250 NEXT I
260 N=INT(ZMAX/DELZ)
270 FOR I=1 TO N
280 LINE (FNU(0,0)-3,FNV(0,I*DELZ))-(FNU(0,0)+3,FNV(0,I*D
ELZ))
290 NEXT I
```

このプログラムを実行した結果，描かれる xyz 座標系を下に示す。矢印や文字や数字は後で記入したものである。これだけを見ている限り，変化はないように思うかもしれないけれど，uv平面上で，全体の xyz 座標系を $-\Delta v = -50$ の分だけ上に上げて，面の波動(振動)現象を表示しやすくした。

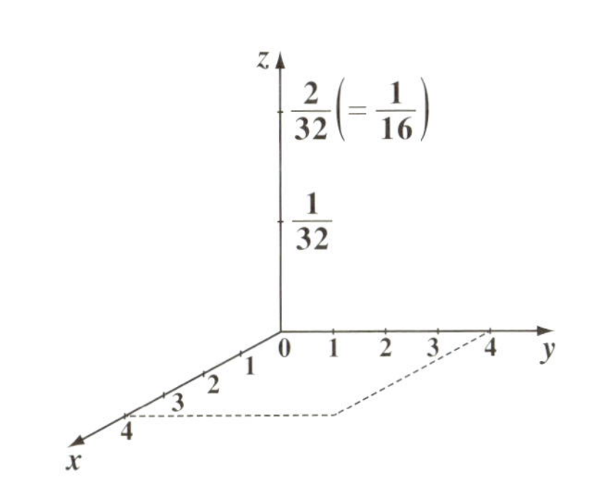

Z の目盛りが $\frac{1}{32}$，$\frac{2}{32}$ と非常に小さいと感じたかもしれないね。…，そう，これから扱う 2 次元波動方程式の変位 $z(x, y, t)$ は，2 次元熱伝導方程式のときの温度とは違って，微小な値となることにも要注意だね。

2 次元波動方程式の差分方程式を求めよう！

1 次元波動方程式では，変位を $y(x, t)$ として，$\frac{\partial^2 y}{\partial t^2} = a^2 \frac{\partial^2 y}{\partial x^2}$ と表した。これに対して，2 次元波動方程式は，波動の変位を $z(x, y, t)$ と表すことにすると，次式で表される。

$$\frac{\partial^2 z}{\partial t^2} = a^2 \left(\frac{\partial^2 z}{\partial x^2} + \frac{\partial^2 z}{\partial y^2} \right) \quad \cdots\cdots ① \quad (a^2 : 定数)$$

微小変位 Δx と Δy を $\Delta x = \Delta y$ として，この①の差分方程式を求めてみると，

$$(①の左辺) = \frac{\partial^2 z}{\partial t^2}$$

$$\frac{\partial^2 z}{\partial t^2} = a^2\left(\frac{\partial^2 z}{\partial x^2} + \frac{\partial^2 z}{\partial y^2}\right) \cdots\cdots ①$$

$$= \frac{1}{(\Delta t)^2}\{z_{i,j}(t+\Delta t) + z_{i,j}(t-\Delta t) - 2z_{i,j}(t)\} \cdots\cdots ②$$

$$(①の右辺) = a^2\left(\frac{\partial^2 z}{\partial x^2} + \frac{\partial^2 z}{\partial y^2}\right)$$

$$= a^2\left(\frac{z_{i+1,j} + z_{i-1,j} - 2z_{i,j}}{(\Delta x)^2} + \frac{z_{i,j+1} + z_{i,j-1} - 2z_{i,j}}{(\Delta y)^2}\right)$$

$(\Delta y)^2 = (\Delta x)^2$ ← $\Delta x = \Delta y$ とする。

$$= \frac{a^2}{(\Delta x)^2}(z_{i+1,j} + z_{i-1,j} + z_{i,j+1} + z_{i,j-1} - 4z_{i,j}) \cdots\cdots ③$$

②, ③を①に代入して，両辺に $(\Delta t)^2$ をかけると，

$$z_{i,j}(t+\Delta t) + z_{i,j}(t-\Delta t) - 2z_{i,j}(t) = \frac{a^2(\Delta t)^2}{(\Delta x)^2}(z_{i+1,j} + z_{i-1,j} + z_{i,j+1} + z_{i,j-1} - 4z_{i,j})$$

（$z_{i,j}(t+\Delta t)$：未来，$z_{i,j}(t-\Delta t)$：過去，$z_{i,j}(t)$：現在，$\frac{a^2(\Delta t)^2}{(\Delta x)^2}$：$m$（定数）とおく，$z_{i+1,j}, z_{i-1,j}, z_{i,j+1}, z_{i,j-1}, z_{i,j}$：これらの時刻はすべて t で，現在）

となり，$\frac{a^2(\Delta t)^2}{(\Delta x)^2} = m$（定数）とおくと，①の差分方程式は

$$z_{i,j}(t+\Delta t) = 2(1-2m)z_{i,j} + m(z_{i+1,j} + z_{i-1,j} + z_{i,j+1} + z_{i,j-1}) - z_{i,j}(t-\Delta t) \cdots\cdots ④$$

（$z_{i,j}(t+\Delta t)$：未来，$2(1-2m)z_{i,j} + m(z_{i+1,j} + z_{i-1,j} + z_{i,j+1} + z_{i,j-1})$：現在，$z_{i,j}(t-\Delta t)$：過去）

となり，これをプログラム上では，$z_{i,j}$ の値を更新する一般式として利用するんだね。

具体的に，たとえば，$0 \leqq x \leqq X_{Max}$，$0 \leqq y \leqq Y_{Max}$ で定義される波動面をそれぞれ 40 等分して，$\Delta x = \frac{X_{Max}}{40}$ と $\Delta y = \frac{Y_{Max}}{40}$ を 2 辺にもつ微小な切片に分割して数値解析する場合，変位 $z_{i,j}$ を表す配列としては，Z(40, 40, 2) を定義すればいい。Z(i, j, k) で，i, j は i=0, 1, 2, …, 40，j=0, 1, 2, …, 40 により位置を表し，k=0, 1, 2 は，k=0 で過去を，k=1 で現在を，そして，k=2 で未来を表すものとすればいいからだね。

以上で，準備も整ったので，これから，様々な 2 次元波動方程式の解を数値解析により求めて，グラフで表すことにしよう。美しいグラフが次々と描かれることになるので，楽しみながら学んで頂きたい。

● 固定端の 2 次元波動方程式を解いてみよう！

それでは，次の例題で，固定端の 2 次元波動方程式を数値解析を使って解いてみよう。

例題 27　変位 $z(x, y, t)$ について，次の 2 次元波動方程式が与えられている。

$$\frac{\partial^2 z}{\partial t^2} = \frac{\partial^2 z}{\partial x^2} + \frac{\partial^2 z}{\partial y^2} \cdots\cdots ① \quad (0 < x < 2,\ 0 < y < 2,\ t > 0)$$

← $a^2 = 1$ の場合

初期条件：$z(x, y, 0) = \frac{1}{32}(2x - x^2)(2y - y^2) \cdots\cdots ②$

$$\frac{\partial z(x, y, 0)}{\partial t} = 0 \cdots\cdots ③$$

境界条件：$z(0, y, t) = z(2, y, t) = z(x, 0, t) = z(x, 2, t) = 0 \cdots ④$

①を差分方程式（一般式）で表し，$\varDelta x = \varDelta y = 0.05$，$\varDelta t = 0.01$ として，数値解析により，時刻 $t = 0$，0.4，0.8，1.2，1.6，2.0，2.4，2.8（秒）における変位 $z(x, y, t)$ のグラフを xyz 座標空間上に描け。

これと同じ設定条件の 2 次元波動方程式の問題も実は，「**フーリエ解析キャンパス·ゼミ**」の中で，2 重フーリエ級数を用いて解いている。数値解析による近似解が，この結果と同じグラフになることも分かって面白いと思う。

①の 2 次元波動方程式は，その係数 $a^2 = 1$ の場合の方程式で，$0 \leqq x \leqq 2$，$0 \leqq y \leqq 2$ の正方形の膜の振動問題と考えるといい。この正方形の境界線上の変位 z はすべて 0 となるように固定されている。時刻 $t = 0$ における初期条件：$z(x, y, 0) = \frac{1}{32}(2x - x^2)(2y - y^2) \cdots\cdots ②$ も，$z(0, y, 0) = 0$，$z(2, y, 0) = 0$，$z(x, 0, 0) = 0$，$z(x, 2, 0) = 0$ とすべて境界条件とみたす。さらに，任意の時刻 t に対しても，この条件，すなわち，固定端の条件はみたされる。

また，もう 1 つの初期条件：$\frac{\partial z(x, y, 0)}{\partial t} = 0 \cdots\cdots ③$ より，②の初期条件の状態から，静かに膜の振動が開始されることになるんだね。

また，膜の存在範囲 $0 \leqq x \leqq 2$，$0 \leqq y \leqq 2$ と，微小な $\Delta x = \Delta y = 0.05 = \dfrac{1}{20}$ より，微小な要素の個数は $\dfrac{2}{\dfrac{1}{20}} = 40$ であり，また，変位 $z_{i,j}$ を更新する差分方程式(一般式)では，時刻 $t+\Delta t$(未来)，t(現在)，$t-\Delta t$(過去) の 3 つが必要となるため，今回利用する変位 z の配列として，**Z(40, 40, 2)** を定義することにする。

では，この 2 次元波動方程式を数値解析で解くプログラムを下に示す。

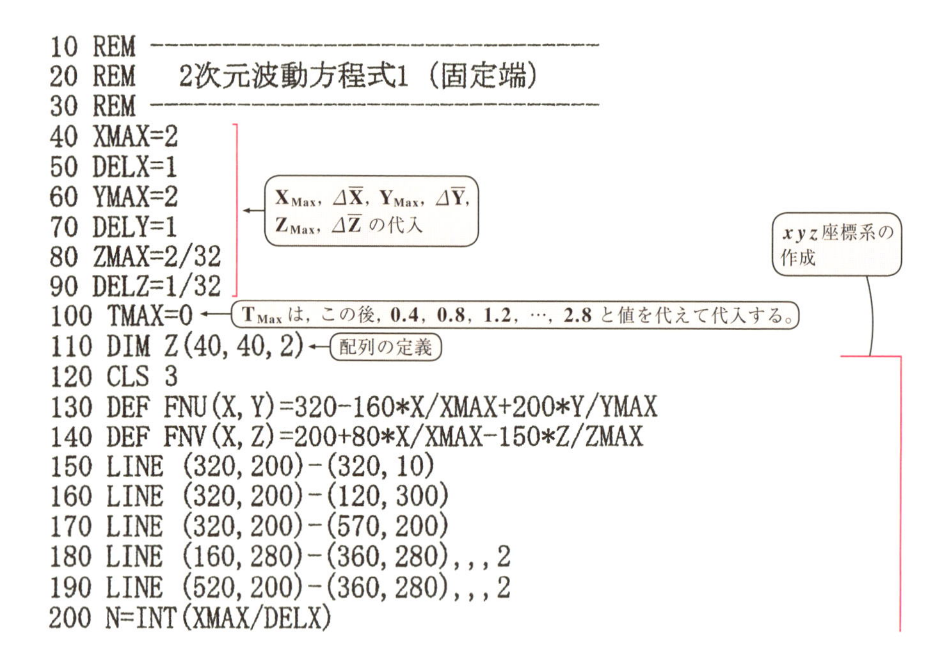

```
10 REM ────────────────────────
20 REM   2次元波動方程式1 (固定端)
30 REM ────────────────────────
40 XMAX=2
50 DELX=1
60 YMAX=2
70 DELY=1
80 ZMAX=2/32
90 DELZ=1/32
100 TMAX=0
110 DIM Z(40,40,2)
120 CLS 3
130 DEF FNU(X,Y)=320-160*X/XMAX+200*Y/YMAX
140 DEF FNV(X,Z)=200+80*X/XMAX-150*Z/ZMAX
150 LINE (320,200)-(320,10)
160 LINE (320,200)-(120,300)
170 LINE (320,200)-(570,200)
180 LINE (160,280)-(360,280),,,2
190 LINE (520,200)-(360,280),,,2
200 N=INT(XMAX/DELX)
```

```
210 FOR I=1 TO N
220 LINE (FNU(I*DELX,0),FNV(I*DELX,0)-3)-(FNU(I*DELX,0),
FNV(I*DELX,0)+3)
230 NEXT I
240 N=INT(YMAX/DELY)
250 FOR I=1 TO N
260 LINE (FNU(0,I*DELY),FNV(0,0)-3)-(FNU(0,I*DELY),FNV(0,
0)+3)
270 NEXT I
280 N=INT(ZMAX/DELZ)
290 FOR I=1 TO N
300 LINE (FNU(0,0)-3,FNV(0,I*DELZ))-(FNU(0,0)+3,FNV(0,I*D
ELZ))
310 NEXT I
320 FOR I=0 TO 40
330 FOR J=0 TO 40
340 Z(I,J,0)=(2*I/20-(I/20)^2)*(2*J/20-(J/20)^2)/32
350 NEXT J:NEXT I
360 FOR I=0 TO 40
370 FOR J=0 TO 40
380 Z(I,J,1)=Z(I,J,0)
390 NEXT J:NEXT I
400 T=0:DT=.01:DX=XMAX/40:DY=YMAX/40:A=1:M=A*(DT)^2/(DX)^
2:N1=100*TMAX
410 FOR I0=1 TO N1
420 FOR I=1 TO 39
430 FOR J=1 TO 39
440 Z(I,J,2)=2*(1-2*M)*Z(I,J,1)+M*(Z(I+1,J,1)+Z(I-1,J,1)
+Z(I,J+1,1)+Z(I,J-1,1))-Z(I,J,0)
450 NEXT J:NEXT I
460 FOR I=1 TO 39
470 FOR J=1 TO 39
480 Z(I,J,0)=Z(I,J,1):Z(I,J,1)=Z(I,J,2)
490 NEXT J:NEXT I
500 T=T+DT
510 NEXT I0
```

FOR～NEXT(I, J) 初期条件の代入

FOR～NEXT(I, J) 初期条件 $\dfrac{\partial z(x, y, 0)}{\partial t} = 0$

$t, \Delta t, \Delta x, \Delta y$, A$(=a^2)$, m, N1の代入

FOR～NEXT(I, J) $z_{i,j}(2)$の更新

FOR～NEXT(I, J) $z_{i,j}(0)$と$z_{i,j}(1)$の更新

時刻 t の更新

FOR～NEXT(I0)

```
520 PRINT "t=";TMAX ←(時刻tmaxの表示)
530 FOR I=0 TO 40 STEP 2
540 PSET (FNU(I*DX,0),FNV(I*DX,0))
550 FOR J=1 TO 40
560 LINE -(FNU(I*DX,J*DX),FNV(I*DY,Z(I,J,1)))
570 NEXT J:NEXT I
```

FOR〜NEXT(I, J)
$t=t_{max}$ での $z_{i,j}$ のグラフの表示

40〜90 行で，$X_{max}=2$，$\Delta\overline{x}=1$，$Y_{max}=2$，$\Delta\overline{y}=1$，$Z_{max}=\frac{2}{32}\left(=\frac{1}{16}\right)$，$\Delta\overline{z}=\frac{1}{32}$ を代入した。これから，$0\leqq x\leqq 2(=x_{max})$，$0\leqq y\leqq 2(=y_{max})$ の範囲の膜の振動問題を調べることになるんだね。

100 行で $t_{max}=0$ を代入した。これは，$t=0$ における初期条件の変位 z のグラフを描かせるためのものなんだね。従って，この後で $t_{max}=0.4$，0.8，1.2，…，2.8 を順次代入して，プログラムを実行し，それぞれの時刻における変位 z のグラフを描かせて，膜の振動の経時変化を調べることができるんだね。

110 行で，配列 Z(40, 40, 2) を定義した。これは微小な $\Delta x=0.05$，$\Delta y=0.05$ より，x 軸，y 軸両方向に $z(i, j, k)$ $(i=0, 1, 2, \cdots, 40, j=0, 1, 2, \cdots, 40)$ として，$0\leqq x\leqq 2$，$0\leqq y\leqq 2$ の範囲の各要素の位置を特定させることができる。また，$k=0$(過去)，1(現在)，2(未来) として，$z_{i,j}(2)=z(i, j, 2)$ を一般式により更新するときに利用する。

120〜310 行は，新たに全体を上方に移動した xyz 座標系を作成するためのプログラムで，これにより，膜の振動をグラフで表しやすくした。

320〜350 行の FOR〜NEXT(I, J) 文により，時刻 $t=0$ における初期条件：$z=(2x-x^2)\cdot(2y-y^2)/32$ を代入する。$\Delta x=\frac{1}{20}$，$\Delta y=\frac{1}{20}$ より，$x=i\cdot\Delta x$，$y=j\cdot\Delta y$ として，$z(i, j, \underset{\text{過去}}{0})$ $(i=0, 1, 2, \cdots, 40, j=0, 1, 2, \cdots, 40)$ に代入した。

360〜390 行の FOR〜NEXT(I, J) により，$z(i, j, \underset{\text{現在}(t=\Delta t)}{1})=z(i, j, \underset{\text{過去}\,t=0}{0})$ $(i=0, 1, 2, \cdots, 40, j=0, 1, 2, \cdots, 40)$ とした。これは，初期条件 $\frac{\partial z(x, y, 0)}{\partial t}=0$ を数値的に表現したものだ。つまり，z を t で偏微分して，$t=0$ を代入した

ものが**0**となるということは，時刻 $t=0$ の初めの時点で，変位 z はほとんど変化しないということだから，$t=\Delta t$ (秒)(現在) 後の変位は，$t=0$ (秒)(過去)のときの変位と一致していると考えてよいからだ。これで，$z(i, j, 1)$ と $z(i, j, 0)$ ($i=0, 1, 2, \cdots, 40$, $j=0, 1, 2, \cdots, 40$) のメモリがすべて代入されているので，**440** 行の一般式で，$z(i, j, 2)$ (未来) の変位を更新して求めることができる。また，$z(i, j, 1)$ に z の初期条件のデータが納められていることも重要だ。

400 行で，初期時刻 $t=0$，$\Delta t=0.01=10^{-2}$，$\Delta x=\dfrac{x_{max}}{40}=\dfrac{2}{40}=0.05$，$\Delta y=0.05$，$A=1\ (=a^2)$，$m=\dfrac{A\cdot(\Delta t)^2}{(\Delta x)^2}=\dfrac{1\cdot(10^{-2})^2}{(0.05)^2}=0.04$，$N1=100\times t_{max}$ を代入した。

410～510 行の **FOR～NEXT(I0)** 文が，このプログラムの主要部になる。ただし，$t_{max}=0$ のとき，**N1=0** で，**FOR I0=1 TO 0** となって処理できないので，この場合だけは，この処理を飛ばして，**520** 行に行って，$t=0$ を表示した後，初期の変位 $z(i, j, 1)\ (=z(i, j, 0))$ のグラフを描くことになる。

$t_{max}=0.4, 0.8, \cdots, 2.8$ のときは，**N1=40，80，…，280** となって，当然の **FOR～NEXT(I0)** の計算ループが，**I0=1，2，3，…，N1** となるまで実行される。

この中の **420～450** 行の **FOR～NEXT(I, J)** 文により，一般式：

$$z_{i,j}(2)=2\cdot(1-2m)\cdot z_{i,j}(1)+m\{z_{i+1,j}(1)+z_{i-1,j}(1)+z_{i,j+1}(1)+z_{i,j-1}(1)\}-z_{i,j}(0)$$

($i=1, 2, 3, \cdots, 39$, $j=1, 2, 3, \cdots, 39$) を用いて，未来の $z_{i,j}(2)=z(i, j, 2)$ に変位を更新する。ただし，境界線上の $z(i, j, 2)$ は **0** のまま保存されて，

・$i=0$ のとき，$j=0, 1, \cdots, 40$，・$i=40$ のとき，$j=0, 1, \cdots, 40$
・$j=0$ のとき，$i=1, 2, \cdots, 39$，・$j=40$ のとき，$i=1, 2, \cdots, 39$ だね。

境界条件としての固定端の条件はみたされる。

460～490 行の **FOR～NEXT(I, J)** 文により，次の計算ループのステップとして，現在の z は過去の z へ，そして，未来の z は現在の z にそれぞれ

$\underbrace{z(i, j, 0)}_{過去}=\underbrace{z(i, j, 1)}_{現在}$，$\underbrace{z(i, j, 1)}_{現在}=\underbrace{z(i, j, 2)}_{未来}$ ($i=1, 2, \cdots, 39$, $j=1, 2, \cdots, 39$)

により，移行(更新)される。

500 行の $t=t+\Delta t$ により，時刻も Δt だけ進めて更新する。この後また，**FOR～NEXT(I0)** のループに戻って，同様の計算を，**I0＝N1** となるまで計算する。

520 行で，t_{max} を表示する。

530～570 行の **FOR～NEXT(I, J)** 文では，**530** 行が **FOR I=0 TO 40 STEP 2** となっているため，**I＝0, 2, 4, …, 40** と **21** 回の処理が行われる。これにより，$t=t_{max}$ における変位 z のグラフを **21** 本の曲線で表示することになる。まず，**540** 行の **PSET** 文で，点 $[i\cdot\Delta x,\ 0,\ 0]$ $(i=0,\ 2,\ 4,\ \cdots,\ 40)$ を表示し，次の **550～570** 行の **FOR～NEXT(J)** 文により，

点 $[i\cdot\Delta x,\ 1\cdot\Delta y,\ z(i,\ 1,\ 1)]$，$[i\cdot\Delta x,\ 2\cdot\Delta y,\ z(i,\ 2,\ 1)]$，…，

（j）　（j）（現在）

$[i\cdot\Delta x,\ 40\cdot\Delta y,\ z(i,\ 40,\ 1)]$ を順次連結して，z を表す曲線を作ることになる。ここで，$z(i,\ j,\ 2)$ ではなく，$z(i,\ j,\ 1)$ を使った理由は，**460～490** 行の中で

（未来）　（現在）

$z(i,\ j,\ 1)=z(i,\ j,\ 2)$ により，$z(i,\ j,\ 1)$ に最新のデータが入っているからであり，もう **1** つ，$t_{max}=0$ のとき，**410～510** 行の **FOR～NEXT(I0)** は **1** 度も実行されないため，$z(i,\ j,\ 2)$ はすべて **0** となって，初期の z の分布を保存していないが，$z(i,\ j,\ 1)$ は，**360～390** 行の中で，$z(i,\ j,\ 1)=z(i,\ j,\ 0)$ により，z の初期分布のデータが移されているため，初期分布を表すグラフを描くことができるからなんだね。このように，配列メモリの中に，常に何が入っているのかに目が行くようになると，プログラム作成能力を大きくアップさせることができるんだね。

以上で，今回のプログラムの意味と働き，そしてアルゴリズムについても，すべてご理解頂けたと思う。

それでは，このプログラムの **100** 行の t_{max} の値を，$t_{max}=0$，**0.4**，**0.8**，**1.2**，**1.6**，**2.0**，**2.4**，**2.8** と変化させて，プログラムを実行 **(run)** した結果得られる **8** つの変位 z のグラフを順に示すことにしよう。これにより，$0\leq x\leq 2$，$0\leq y\leq 2$ の範囲の膜の振動の経時変化の様子が一目瞭然に分かって，非常に面白いと思う。尚，この結果は，「**フーリエ解析キャンパス・ゼミ**」でフーリエ級数を使って解いたものと非常によく一致している。「フーキャン」をお持ちの方は，数学の面白さを，是非堪能して頂きたい。

・固定端の **2** 次元波動方程式の解

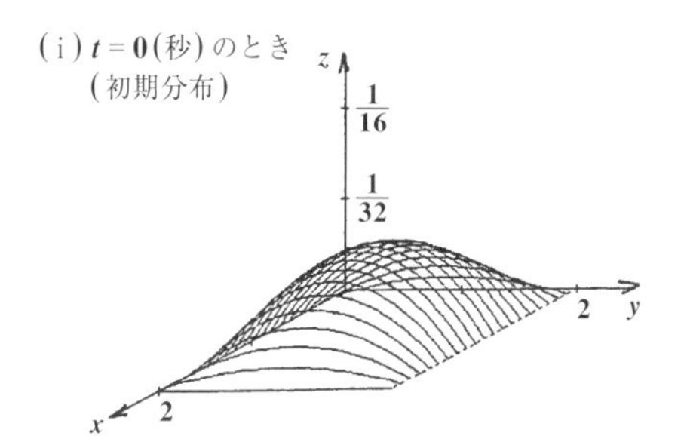

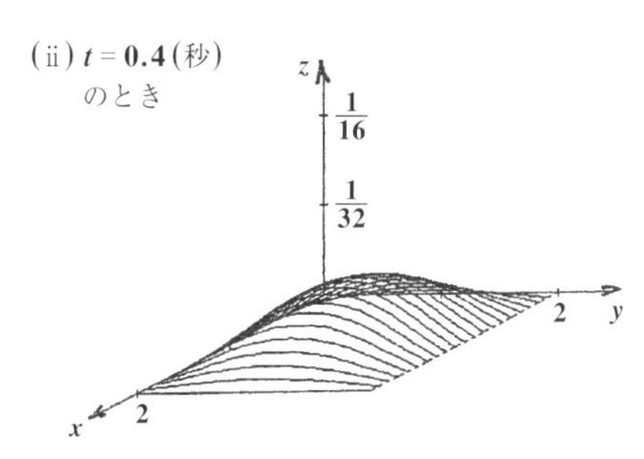

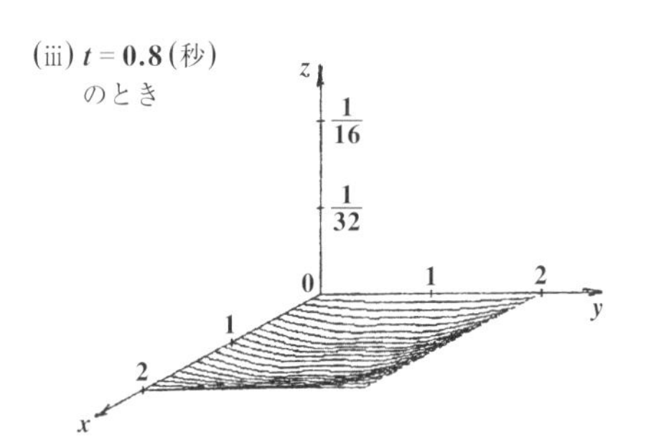

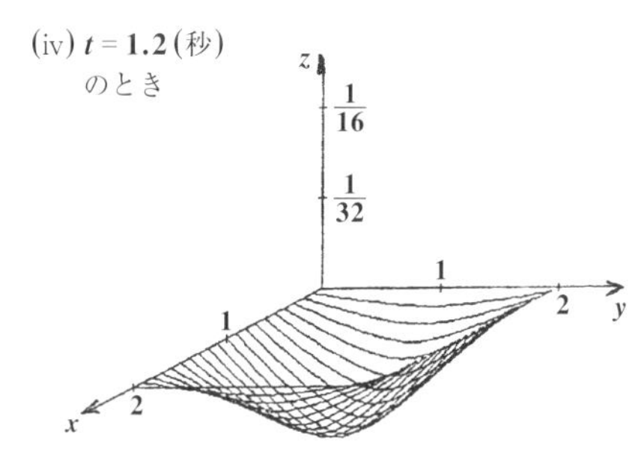

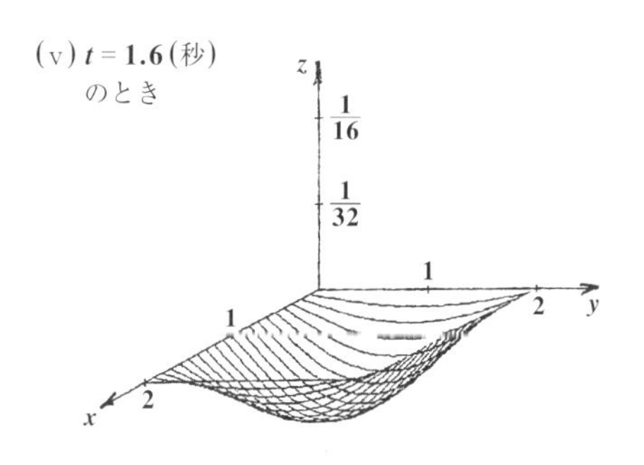

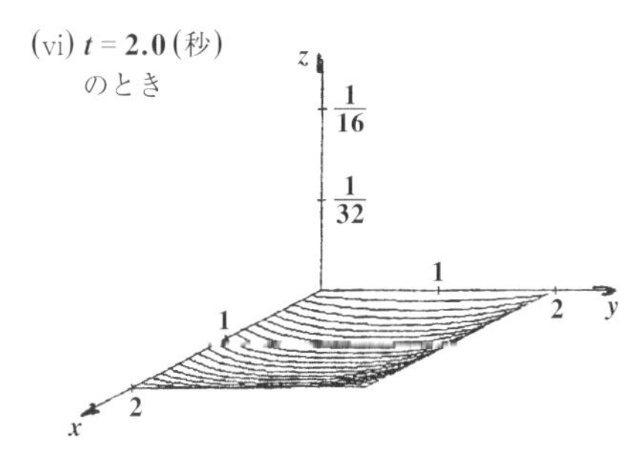

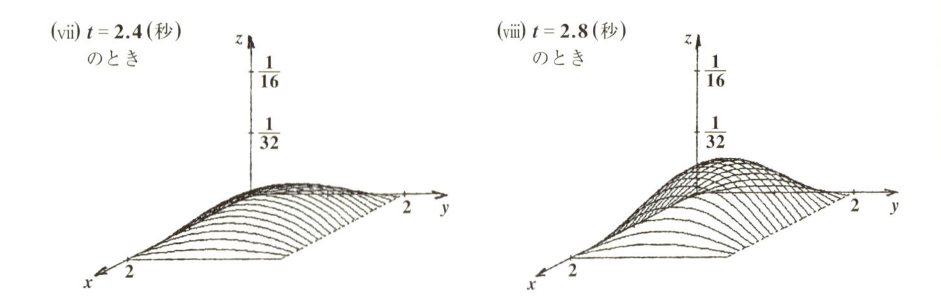

グラフから，周期 $T \fallingdotseq 2.8$(秒) 位で振動していることが分かったんだね。

● 自由端の2次元波動方程式を解いてみよう！

今度は，次の例題で，自由端の**2**次元波動方程式を数値解析で解いてみよう。

例題 28 変位 $z(x,\ y,\ t)$ について，次の **2** 次元波動方程式が与えられている。

$$\frac{\partial^2 z}{\partial t^2} = \left(\frac{\partial^2 z}{\partial x^2} + \frac{\partial^2 z}{\partial y^2}\right) \cdots\cdots ① \quad (0 < x < 2,\ 0 < y < 2,\ t > 0)$$

← $a^2 = 1$ の場合

初期条件：$z(x,\ y,\ 0) = \dfrac{1}{96}(1 - \cos\pi x)(1 - \cos\pi y)$ ……②

$$\frac{\partial z(x,\ y,\ 0)}{\partial t} = 0 \quad \cdots\cdots ③$$

境界条件：$\dfrac{\partial z(0,\ y,\ t)}{\partial x} = \dfrac{\partial z(2,\ y,\ t)}{\partial x} = 0$ ……④

$$\frac{\partial z(x,\ 0,\ t)}{\partial y} = \frac{\partial z(x,\ 2,\ t)}{\partial y} = 0 \quad \cdots\cdots ⑤ \quad (t \geqq 0)$$

①を差分方程式（一般式）で表し，$\varDelta x = \varDelta y = 0.05$，$\varDelta t = 0.01$ として，数値解析により，時刻 $t = 0,\ 0.2,\ 0.4,\ 0.6,\ 0.8,\ 1.0,\ 1.2,\ 1.4,\ 1.6,\ 1.8$(秒) における変位 $z(x,\ y,\ t)$ のグラフを xyz 座標空間上に描け。

初期条件：$z(x,\ y,\ 0)=\frac{1}{96}(1-\cos\pi x)(1-\cos\pi y)$ ……② について，

(i) x での偏微分を求めると，

$$\frac{\partial z(x,\ y,\ 0)}{\partial x}=\frac{1}{96}\underbrace{(1-\cos\pi x)'}_{\pi\sin x}\cdot\underbrace{(1-\cos\pi y)}_{\text{定数扱い}}=\frac{\pi}{96}(1-\cos\pi y)\cdot\sin\pi x \text{ より，}$$

$\frac{\partial z(0,\ y,\ 0)}{\partial x}=0$， $\frac{\partial z(2,\ y,\ 0)}{\partial x}=0$ となって，

$t=0$ のとき，④の境界条件をみたす。

(ii) y での偏微分を求めると，

$$\frac{\partial z(x,\ y,\ 0)}{\partial y}=\frac{1}{96}\underbrace{(1-\cos\pi x)}_{\text{定数扱い}}\cdot\underbrace{(1-\cos\pi y)'}_{\pi\sin y}=\frac{\pi}{96}(1-\cos\pi x)\cdot\sin\pi y \text{ より，}$$

$\frac{\partial z(x,\ 0,\ 0)}{\partial y}=0$， $\frac{\partial z(x,\ 2,\ 0)}{\partial y}=0$ となって，

$t=0$ のとき，⑤の境界条件をみたす。

今回は自由端の2次元波動方程式の問題なので，境界線で変位 z が0に固定されているのではなく，それぞれの微分係数が0となるようになっている。このことを上記(i)，(ii)で，$t=0$ のときについて確認した。これは，$t>0$ のときでも，常に満たすべき条件で，z のグラフでみると，境界線付近では xy 平面に平行となるような(または，z 軸と垂直な)曲面になるんだね。

もう一つの初期条件：$\frac{\partial z(x,\ y,\ 0)}{\partial t}=0$ ……③ より，②の初期条件の変位 z のグラフは，静かにゆっくりと振動を開始することになるんだね。

今回の振動膜の存在範囲が $0\leqq x\leqq 2$，$0\leqq y\leqq 2$ であり，$\Delta x=\Delta y=\frac{1}{20}$ より，微小な要素の個数は $\frac{2}{\Delta x}=\frac{2}{\frac{1}{20}}=40$ であり，同様に $\frac{2}{\Delta y}=40$ となる。

また，変位 z の値の更新に，$t+\Delta t$(未来)，t(現在)，$t-\Delta t$(過去) の3通りが必要になる。よって，今回利用する変位を表す配列として，$\mathbf{Z}(40,\ 40,\ 2)$ を

定義しよう。これは，$\mathbf{Z}(i, j, k)(i=\mathbf{0}, \mathbf{1}, \cdots, \mathbf{40},\ j=\mathbf{0}, \mathbf{1}, \cdots, \mathbf{40},\ k=\mathbf{0}$(過去)，**1**(現在)，**2**(未来))として解説しよう。

それでは，この自由端の**2**次元波動方程式を数値的を使って解くプログラムを下に示そう。

```
10 REM ─────────────────────
20 REM    2次元波動方程式2 (自由端)
30 REM ─────────────────────
40 XMAX=2
50 DELX=1
60 YMAX=2
70 DELY=1
80 ZMAX=2/24
90 DELZ=1/24
100 TMAX=0
110 DIM Z(40,40,2)

120～310行

320 PI=3.14159#
330 FOR I=1 TO 39
340 FOR J=1 TO 39
350 Z(I,J,0)=(1-COS(PI*I/20))*(1-COS(PI*J/20))/96
360 NEXT J:NEXT I
370 FOR I=1 TO 39
380 Z(0,I,0)=Z(1,I,0):Z(40,I,0)=Z(39,I,0)
390 Z(I,0,0)=Z(I,1,0):Z(I,40,0)=Z(I,39,0)
400 NEXT I
410 Z(0,0,0)=Z(1,1,0):Z(0,40,0)=Z(1,39,0)
420 Z(40,0,0)=Z(39,1,0):Z(40,40,0)=Z(39,39,0)
```

(40～90行) $\mathbf{X}_{\mathbf{Max}}$，$\Delta\overline{\mathbf{X}}$，$\mathbf{Y}_{\mathbf{Max}}$，$\Delta\overline{\mathbf{Y}}$，$\mathbf{Z}_{\mathbf{Max}}$，$\Delta\overline{\mathbf{Z}}$ の代入

(100行) $t_{\mathbf{Max}}$ は，この後，**0.2**，**0.4**，**0.6**，…，**1.8** と値を代えて代入する。

(110行) 配列の定義

(120～310行) xyz 座標系を作るプログラムで，これは，例題**27**(**P174**，**175**)のものと同じ。

(320行) π(円周率)の値の代入

(330～360行) 初期条件 $z_{i,j}(\mathbf{0})$ の代入

(370～420行) $t=\mathbf{0}$ における境界条件の処理

```
430 FOR I=0 TO 40
440 FOR J=0 TO 40
450 Z(I,J,1)=Z(I,J,0)
460 NEXT J:NEXT I
470 T=0:DT=.01:DX=XMAX/40:DY=YMAX/40:A=1:M=A*(DT)^2/(DX)^
2:N1=100*TMAX
480 FOR I0=1 TO N1
490 FOR I=1 TO 39
500 FOR J=1 TO 39
510 Z(I,J,2)=2*(1-2*M)*Z(I,J,1)+M*(Z(I+1,J,1)+Z(I-1,J,1)
+Z(I,J+1,1)+Z(I,J-1,1))-Z(I,J,0)
520 NEXT J:NEXT I
530 FOR I=1 TO 39
540 Z(0,I,2)=Z(1,I,2):Z(40,I,2)=Z(39,I,2)
550 Z(I,0,2)=Z(I,1,2):Z(I,40,2)=Z(I,39,2)
560 NEXT I
570 Z(0,0,2)=Z(1,1,2):Z(0,40,2)=Z(1,39,2)
580 Z(40,0,2)=Z(39,1,2):Z(40,40,2)=Z(39,39,2)
590 FOR I=0 TO 40
600 FOR J=0 TO 40
610 Z(I,J,0)=Z(I,J,1):Z(I,J,1)=Z(I,J,2)
620 NEXT J:NEXT I
630 T=T+DT
640 NEXT I0
650 PRINT "t=";TMAX
660 FOR I=0 TO 40 STEP 2
670 PSET (FNU(I*DX,0),FNV(I*DX,Z(I,0,1)))
680 FOR J=1 TO 40
690 LINE -(FNU(I*DX,J*DY),FNV(I*DX,Z(I,J,1)))
700 NEXT J:NEXT I
```

FOR～NEXT(I, J) 初期条件の処理 (430–460)

t, $\varDelta t$, $\varDelta x$, $\varDelta y$, A$(=a^2)$, m, **N1** の代入 (470)

FOR～NEXT(I, J) $z_{i,j}(2)$ の更新 (490–520)

$z_{i,j}(2)$ の境界条件の処理 $(t>0)$ (530–580)

$z_{i,j}(0)$ と $z_{i,j}(1)$ の更新 (590–620)

時刻 t の更新 (630)

FOR～NEXT(I0) (480–640)

時刻 t_{max} の表示 (650)

FOR～NEXT(I, J) $t=t_{max}$ のときの $z_{i,j}$ のグラフの表示 (660–700)

40～90 行で，$X_{max}=2$，$\Delta\overline{x}=1$，$Y_{max}=2$，$\Delta\overline{y}=1$，$Z_{max}=\frac{2}{24}\left(=\frac{1}{12}\right)$，$\Delta\overline{z}=\frac{1}{24}$ を代入した。これから，$0\leqq x\leqq 2\,(=X_{max})$，$0\leqq y\leqq 2\,(=Y_{max})$ の範囲の膜の振動していく様子を調べることになるんだね。

100 行で，$t_{max}=0$ を代入した。これは，$t=0$ における初期条件の変位 z のグラフを描かせるためのものなんだ。従って，この後で $t_{max}=0.2,\ 0.4,\ 0.6,\ \cdots,\ 1.8$ を順次代入して，プログラムを実行し，各時刻における変位 z

自由端の膜の振動問題なので，固定端のときより，時間間隔を狭めて，より詳しく調べることにしよう。

のグラフを描いて，自由端の **2** 次元の膜の振動の経時変化を見ることができるんだね。

110 行で，配列 **Z(40, 40, 2)** を定義した。$X_{max}=2$，$\Delta x=\frac{1}{20}$ から $\frac{X_{max}}{\Delta x}=40$，同様に $\frac{Y_{max}}{\Delta y}=40$ となること，また，時刻について，**0**(過去)，**1**(現在)，**2**(未来)の **3** 通りが必要なことから配列メモリとして $Z(i,\ j,\ k)\,(i=0,\ 1,\ 2,\ \cdots,\ 40,\ j=0,\ 1,\ 2,\ \cdots,\ 40,\ k=0,\ 1,\ 2)$ を利用できるようにしたんだね。

120～310 行は，xyz 座標系を作成するプログラムで，これは，例題 **27** の **120～310** 行のプログラム (**P174, 175**) とまったく同じなので，ここでは省略した。

320 行では，円周率 π を $pi=3.14159$ として代入した。

330～360 行の **FOR～NEXT(I, J)** 文により，初期条件：

$z(x,\ y,\ 0)=\frac{1}{96}(1-\cos\pi x)(1-\cos\pi y)$ ……② を，**350** 行で，

$z_{i,j}(0)\ (i=1,\ 2,\ 3,\ \cdots,\ 39,\ j=1,\ 2,\ 3,\ \cdots,\ 39)$ の形で代入した。ン？

何故 $i=0,\ 1,\ 2,\ \cdots,\ 39,\ 40,\ j=0,\ 1,\ 2,\ \cdots,\ 39,\ 40$ ではないのかって？

これは，今回の境界条件が自由端であるので，$t=0$ のときにおいても，$x=0$，$x=2$，$y=0$，$y=2$ (xy 平面上) の境界線付近で偏微分係数，すなわち接線の傾きが **0** となることを示した。したがって，これを離散的に見た場合，境界線上の変位 z の値と，それより **1** つ内側の変位 z の値とは近似的に等しい

とおくことができる。よって，②式の z の値を $z_{i,j}(0)$ $(1 \leqq i \leqq 39,\ 1 \leqq j \leqq 39)$ と，境界線の **1** つ内側の要素にまで与え，境界線上の z の値は，この **1** つ内側の列の z の値を，**370**～**420** 行で与えることにしたんだね。右図に示すように，境界線の **4** 角(すみ)の点を除いて **370**～**400** 行の **FOR**～**NEXT(I)** 文によって，

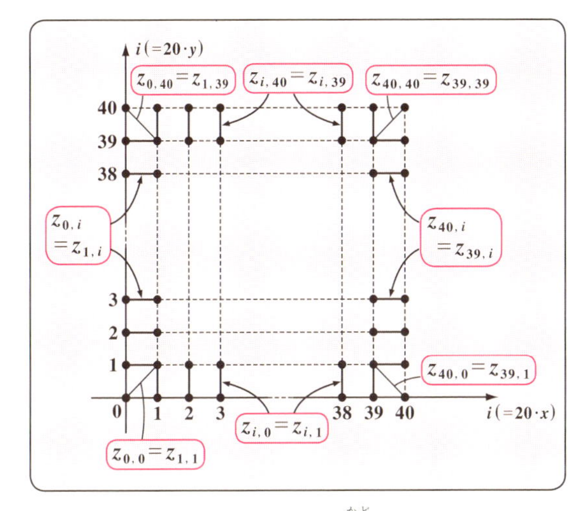

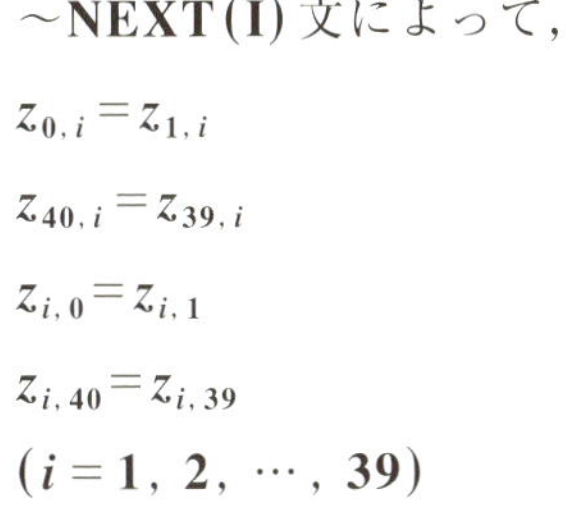

$z_{0,i}=z_{1,i}$

$z_{40,i}=z_{39,i}$

$z_{i,0}=z_{i,1}$

$z_{i,40}=z_{i,39}$

$(i=1,\ 2,\ \cdots,\ 39)$

として，境界線上の z の値を与えている。そして，**4** つの角(かど)の点の変位 z は，**410**，**420** 行によって，$z_{0,0}=z_{1,1}$，$z_{0,40}=z_{1,39}$，$z_{40,0}=z_{39,1}$，$z_{40,40}=z_{39,39}$ として与えたんだね。これは，いずれも時刻としては過去 **(0)** として代入していることにも気を付けよう。

以上により，$t=0$ のとき，④，⑤の境界条件を完全に満たすようにしたんだね。そして，この境界条件は，$t>0$ のすべての時刻 t についても成り立たせないといけないので，この後も，同様の操作が必要となるんだね。

430～**460** 行の **FOR**～**NEXT(I, J)** 文により，$z_{i,j}(1)=z_{i,j}(0)$ $(i=0,\ 1,\ 2,\ \cdots,\ 40,\ j=0,\ 1,\ 2,\ \cdots,\ 40)$ とした。これは，初期条件：$\dfrac{\partial z(x,\ y,\ 0)}{\partial t}=0$ ……③
（$z_{i,j}(1)$：現在 $(t=\Delta t)$，$z_{i,j}(0)$：過去 $(t=0)$）

を数値解析的に表現したものなんだね。つまり，時刻 $t=0$ の時点で，変位 z の t による偏微分が **0** ということは，初めに z は急激に変化せず，静かに振動を開始するということだから，$t=0$ と $t=\Delta t$ での変位は一致するとしていい。そして，この過去と現在の変位 z がここで与えられるので，**510** 行で初めて一般式により，$z_{i,j}(2)$ を求めることも可能になるんだね。
（$z_{i,j}(2)$：未来 $(t=2\Delta t)$）

470 行で，初期時刻 $t=0$，$\Delta t=0.01=10^{-2}$，$\Delta x=\frac{x_{max}}{40}=\frac{2}{40}=0.05$，$\Delta y=0.05$，$A=1\ (=a^2)$，$m=\frac{A\cdot(\Delta t)^2}{(\Delta x)^2}=\frac{1\cdot(10^{-2})^2}{\left(\frac{1}{20}\right)^2}=\frac{400}{10^4}=0.04$，$N1=100\times t_{max}$ を代入した。

480～640 行の **FOR～NEXT(I0)** が，このプログラムの主要な計算ループになる。ただし，$t_{max}=0$ のとき，$N1=0$ となって，この計算ループは一切行われることなく，**650** 行以下の変位 z の初期条件のグラフを描くことになるんだね。

$t_{max}=0.2$，0.4，…，1.8 のときは，$N1=20$，40，…，180 となって，この計算ループは，$I0=1$，2，…，$N1$ となるまで実行される。

まず，この中の **490～520** 行の **FOR～NEXT(I, J)** 文により，一般式：

$$\underbrace{z_{i,j}(2)}_{\text{未来}}=\underbrace{2\cdot(1-2m)\cdot z_{i,j}(1)+m\{z_{i+1,j}(1)+z_{i-1,j}(1)+z_{i,j+1}(1)+z_{i,j-1}(1)\}}_{\text{現在}}-\underbrace{z_{i,j}(0)}_{\text{過去}}$$

$(i=1,\ 2,\ \cdots,\ 39,\ j=1,\ 2,\ \cdots,\ 39)$ を用いて，未来の $z_{i,j}(2)$ を求めて，変位の更新を行う。ここで，更新された $z_{i,j}(2)$ はあくまでも境界線上の点の変位は含んでいない。

530～580 行で，この境界線上の点 $z_{i,j}(2)$ の変位を，これより **1** 列だけ内側の点の変位と一致させて $t>0$ においても，④と⑤境界条件が成り立つようにするんだね。この処理は，**370～420** 行で行ったものと本質的に同じなので，**P185** の図をもう **1** 度参照しながら，ご自身で確認してほしい。

これで，$z_{i,j}(0)$，$z_{i,j}(1)$，$z_{i,j}(2)$ $(i=0,\ 1,\ 2,\ \cdots,\ 40,\ j=0,\ 1,\ 2,\ \cdots,\ 40)$ が出そろったので，次の計算ステップのために，$z_{i,j}(1)$ を $z_{i,j}(0)$ に $z_{i,j}(2)$ を $z_{i,j}(1)$ に代入する。この操作を，**590～620** 行の **FOR～NEXT(I, J)** 文で行っているんだね。

630 行で，$t=t+\Delta t$ により，時刻 t を更新して，この **FOR～NEXT(I0)** 文による計算ループが **1** 通り終わる。この後，$I0=N1$ となるまで同様の計算ループが，**N1** 回繰り返されて，$t=t_{max}$ のときの変位が，$z(i,\ j,\ 2)$ と $z(i,\ j,\ 1)$ の両方にデータとして納められることになるんだね。

650 行で，t_{max} を表示する。
660〜700 行の **FOR〜NEXT(I, J)** 文では，**660** 行が **FOR I=0 TO 40 STEP 2** となっているため，**I** = **0**，**2**，**4**，…，**40** と，**21** 回の処理を行う。これは，変位 z のグラフを曲線で表示するプログラムなので，**21** 本の曲線により変位 z のグラフが表示されることになる。
まず，**670** 行の **PSET** 文で，点 $[i \cdot \Delta x,\ 0,\ z(i,\ 0,\ 1)]$ ($i = 0,\ 2,\ 4,\ \cdots,\ 40$) を表示し，次の **680〜700** 行の **FOR〜NEXT(J)** 文により，点 $[i \cdot \Delta x,\ \underset{j}{1} \cdot \Delta y,$ $z(i,\ \underset{j}{1},\ \underset{現在}{1})]$，$[i \cdot \Delta x,\ 2 \cdot \Delta y,\ z(i,\ 2,\ 1)]$，$[i \cdot \Delta x,\ 3 \cdot \Delta y,\ z(i,\ 3,\ 1)]$，…，$[i \cdot \Delta x,$ $40 \cdot \Delta y,\ z(i,\ 40,\ 1)]$ の点を順次連結していって，変位 z を表す曲線を引く。
このとき，$i = 0,\ 2,\ 4,\ \cdots,\ 40$ より，**21** 本の曲線により，変位 z の曲面が描かれることになるんだね。
ここで，変位を表す z を，$z(i,\ j,\ \underset{未来}{2})$ ではなく，$z(i,\ j,\ \underset{現在}{1})$ としたのは，$t_{max} = 0$ のとき，$z(i, j, 2)$ はすべて **0** で，初期条件のデータが入っていないためなんだね。
$t_{max} > 0$ のときでも，**480〜640** 行の **FOR〜NEXT(I0)** の中の **610** 行で，$z(i,\ j,\ 1) = z(i,\ j,\ 2)$ として，$z(i,\ j,\ 1)$ に $z(i,\ j,\ 2)$ と同じデータが納められているので，何の問題もないんだね。

以上で，今回のプログラムの意味と働き，そしてアルゴリズムについての解説もすべて終了です。

それでは，このプログラムの **100** 行の t_{max} の値を，$t_{max} = 0,\ 0.2,\ 0.4,$ $0.6,\ \cdots,\ 1.8$(秒) と変化させて，プログラムを実行した結果得られる変位 z の **10** 枚のグラフを示そう。今回は，固定端ではなく自由端なので，初めの $t = 0$ のとき境界線上の z の値はすべて **0** になっているんだけれど，この後，ヒラヒラと動きながら振動することになる。固定端よりも，動きが不規則で速いので，今回は t_{max} の時間間隔を **0.2** 秒間と短くして表示することにした。

数値解析ならではの美しいグラフを堪能して頂きたい。

・自由端の **2** 次元波動方程式の解

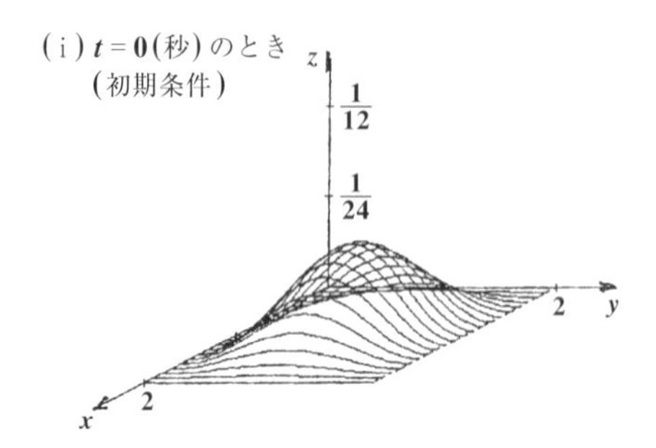

(ⅰ) $t=0$(秒)のとき
(初期条件)

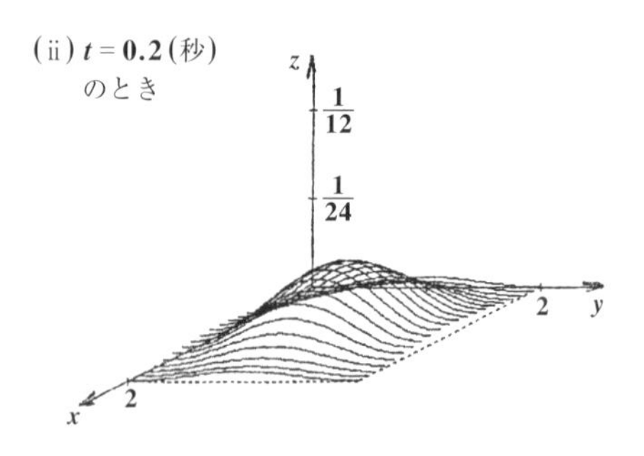

(ⅱ) $t=0.2$(秒)
のとき

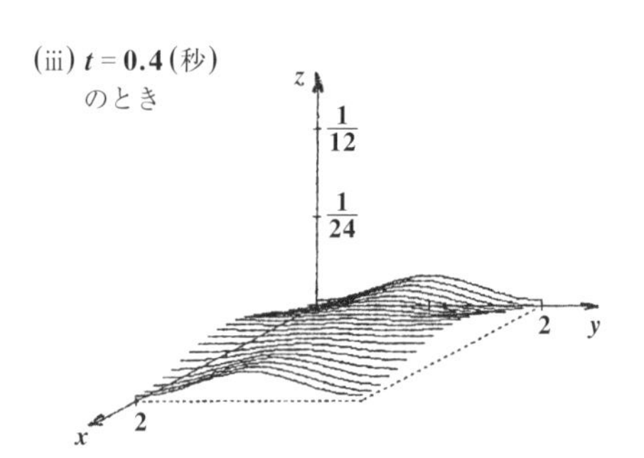

(ⅲ) $t=0.4$(秒)
のとき

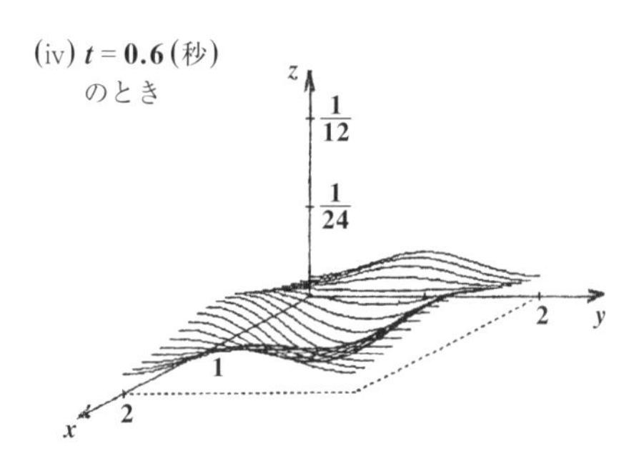

(ⅳ) $t=0.6$(秒)
のとき

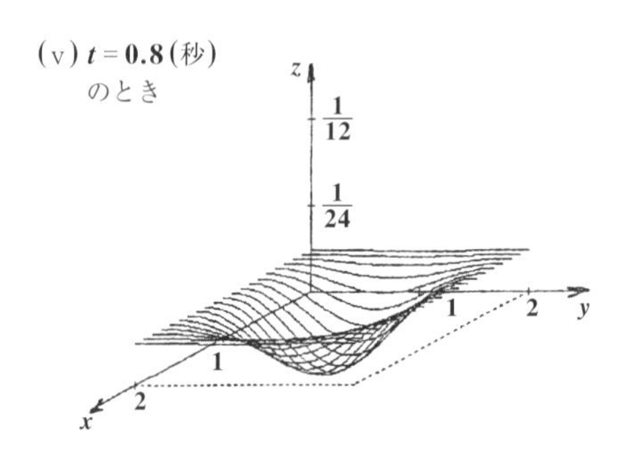

(ⅴ) $t=0.8$(秒)
のとき

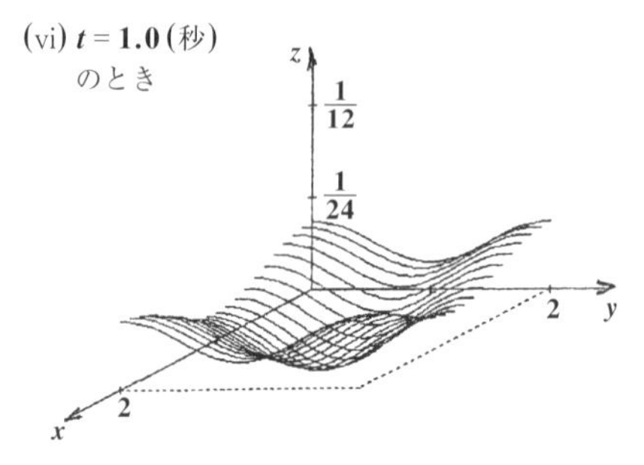

(ⅵ) $t=1.0$(秒)
のとき

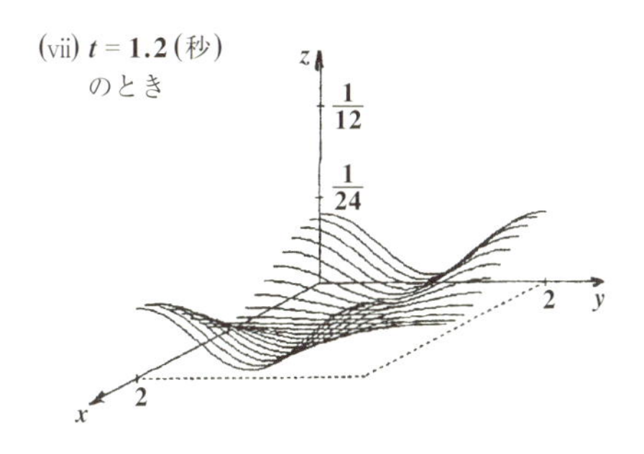

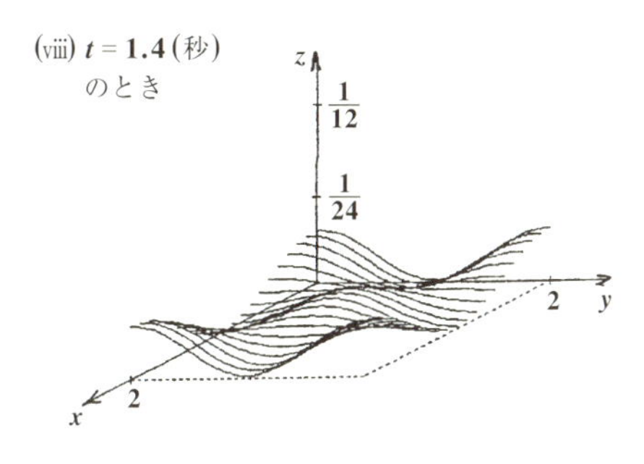

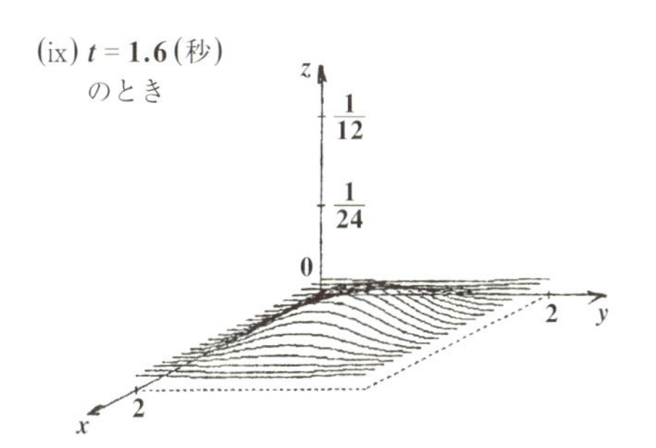

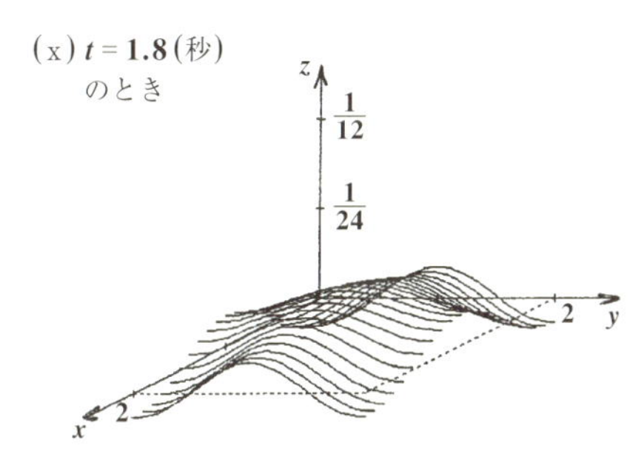

● 固定端の2次元波動方程式の応用問題を解いてみよう！

これまで，固定端と自由端の**2**次元波動方程式の数値解析による解法について解説してきたけれど，これらの境界は正方形の規則的な形状をしているため，この**2**次元波動方程式は，フーリエ解析のフーリエ級数展開を使って，解析的な解を求めることもできたんだね。(実際に，固定端の解は，「**フーリエ解析キャンパス・ゼミ**」で詳しく解説している。)

しかし，この境界が三角形のような不規則な形状になると，**2**次元熱伝導方程式のときと同様に，**2**次元波動方程式においても，その解析解を求めることは困難になる。しかし，数値解析を用いれば，解析的に解くのが難しい問題でも容易に解くことができる。早速，次の例題でチャレンジしてみよう！

例題 29　変位 $z(x, y, t)$ について，次の 2 次元波動方程式が与えられている。

$$\frac{\partial^2 z}{\partial t^2}=\frac{\partial^2 z}{\partial x^2}+\frac{\partial^2 z}{\partial y^2}\ \cdots\cdots①\quad \begin{pmatrix}0<x \text{ かつ } 0<y \text{ かつ}\\ x+y<4,\ t>0\end{pmatrix}$$ ← 定数 $a^2=1$ の場合

初期条件：$z(x, y, 0)=\frac{1}{256}(4x-x^2)(4y-xy-y^2)$ ……②

$$\frac{\partial z(x, y, 0)}{\partial t}=0\ \cdots\cdots③$$

境界条件：$z(0, y, t)=z(x, 0, t)=z(x, 4-x, t)=0$ …④ ← 固定端

①を差分方程式（一般式）で表し，$\Delta x=\Delta y=0.1$，$\Delta t=0.01$ として，数値解析により，時刻 $t=0, 0.4, 0.8, 1.2, 1.6, 2.0, 2.4, 2.8, 3.2, 3.6$（秒）における変位 $z(x, y, t)$ のグラフを xyz 座標空間上に描け。

右図に示すように，今回の 2 次元波動方程式で扱う振動膜は，$0\leqq x$ かつ $0\leqq y$ かつ $x+y\leqq 4$ で表される領域に存在し，この領域を D とおく。②の初期条件の式 $z(x, y, 0)$ は，

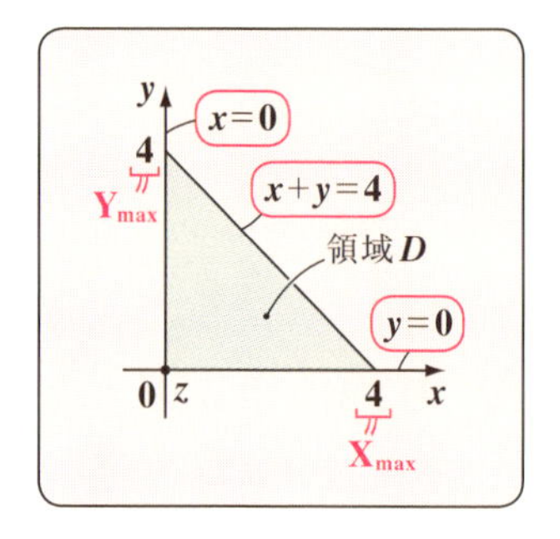

$$z(0, y, 0)=\frac{1}{256}(4\cdot 0-0^2)\cdot(4y-0\cdot y-y^2)=0$$

$$z(x, 0, 0)=\frac{1}{256}(4x-x^2)\cdot(4\cdot 0-x\cdot 0-0^2)=0$$

$$z(4-y, y, 0)=\frac{1}{256}\{4\cdot(4-y)-(4-y)^2\}\{4y-(4-y)\cdot y-y^2\}=0$$ となるので，

（$4-y$：$x+y=4$ より，$x=4-y$（境界線），$4y-(4-y)\cdot y-y^2$：$4y-4y+y^2-y^2=0$）

境界線における変位 z はすべて 0 となって，境界条件である固定端の条件をすべて満たしているんだね。

また，$\Delta x=\Delta y=0.1$ で領域 D 内の点 (x, y) と，時刻 t を過去，現在，未来の 3 通りに分類して考えるために，配列として，$z(40, 40, 2)$ と定義しよう。

（$\frac{X_{max}}{\Delta x}=\frac{4}{10^{-1}}=40$，$\frac{Y_{Max}}{\Delta y}=40$，0（過去），1（現在），2（未来））

ただし，D は三角形の領域なので，実際に利用する配列メモリは，この内のほぼ半分になるんだね。

それでは，今回の波動方程式の数値解析用のプログラムを次に示そう。

```
10 REM -----------------------------------------
20 REM   2次元波動方程式3（固定端）（応用）
30 REM -----------------------------------------
40 XMAX=4
50 DELX=1
60 YMAX=4
70 DELY=1
80 ZMAX=3/64
90 DELZ=1/64
100 TMAX=0
110 DIM Z(40,40,2)
120 CLS 3
130 DEF FNU(X,Y)=320-160*X/XMAX+200*Y/YMAX
140 DEF FNV(X,Z)=200+80*X/XMAX-150*Z/ZMAX
150 LINE (320,200)-(320,10)
160 LINE (320,200)-(120,300)
170 LINE (320,200)-(570,200)
180 LINE (160,280)-(520,200),,,2
190 N=INT(XMAX/DELX)
200 FOR I=1 TO N
210 LINE (FNU(I*DELX,0),FNV(I*DELX,0)-3)-(FNU(I*DELX,0),
FNV(I*DELX,0)+3)
220 NEXT I
230 N=INT(YMAX/DELY)
240 FOR I=1 TO N
250 LINE (FNU(0,I*DELY),FNV(0,0)-3)-(FNU(0,I*DELY),FNV(0,
0)+3)
260 NEXT I
270 N=INT(ZMAX/DELZ)
280 FOR I=1 TO N
290 LINE (FNU(0,0)-3,FNV(0,I*DELZ))-(FNU(0,0)+3,FNV(0,I
*DELZ))
300 NEXT I
```

(40〜90行) X_{Max}, $\Delta\overline{X}$, Y_{Max}, $\Delta\overline{Y}$, Z_{Max}, $\Delta\overline{Z}$ の代入

(100行) t_{max} は，この後，**0.4**，**0.8**，**1.2**，…，**3.6** と値を代えて代入する。

(110行) 配列の定義

(120〜300行) xyz 座標系の作成

(180行) 領域 $\boldsymbol{D}$ を表すため，斜めの破線を引く。

```
310 FOR I=0 TO 40
320 FOR J=0 TO 40-I
330 Z(I,J,0)=(4*I/10-(I/10)^2)*(4*J/10-I*J/100-
(J/10)^2)/256
340 Z(I,J,1)=Z(I,J,0)
350 NEXT J:NEXT I
360 DX=XMAX/40:DY=YMAX/40:T=0:DT=.01:A=1:M=A*(DT)
^2/(DX)^2
370 N1=TMAX*100
380 FOR I0=1 TO N1
390 FOR I=1 TO 38
400 FOR J=1 TO 39-I
410 Z(I,J,2)=2*(1-2*M)*Z(I,J,1)+M*(Z(I+1,J,1)+Z(I-1,J,1)
+Z(I,J+1,1)+Z(I,J-1,1))-Z(I,J,0)
420 NEXT J:NEXT I
430 FOR I=1 TO 38
440 FOR J=1 TO 39-I
450 Z(I,J,0)=Z(I,J,1):Z(I,J,1)=Z(I,J,2)
460 NEXT J:NEXT I
470 T=T+DT
480 NEXT I0
490 PRINT "t=";TMAX
500 FOR I=0 TO 40
510 PSET (FNU(I*DX,0),FNV(I*DX,0))
520 FOR J=1 TO 40-I
530 LINE -(FNU(I*DX,J*DY),FNV(I*DX,Z(I,J,1)))
540 NEXT J:NEXT I
```


40～90 行で，$X_{max}=4$，$\Delta\overline{x}=1$，$Y_{max}=4$，$\Delta\overline{y}=1$，$Z_{max}=\dfrac{3}{64}$，$\Delta\overline{z}=\dfrac{1}{64}$ を代入した。

100 行で，$t_{max}=0$ を代入した。これは，$t=0$ における初期条件の変位 z のグラフを描かせるためのもので，この後，$t_{max}=0.4$，0.8，…，3.6 を代入して，順次プログラムを実行して，各時刻における変位 z のグラフを描かせることにするんだね。

110 行で，配列 **Z(40，40，2)** を定義した。$X_{max}=Y_{max}=4$，$\Delta x=\Delta y=0.1$ から，$\dfrac{X_{max}}{\Delta x}=\dfrac{Y_{max}}{\Delta y}=40$ となること，また，時刻について，**0**(過去)，**1**(現在)，

2(未来)の3通りが必要なことから，配列メモリとして，$\mathbf{Z}(i, j, k)$ $(i = 0, 1, \cdots, 40,\ j = 0, 1, \cdots, 40-i,\ k = 0, 1, 2)$ が必要となるんだね。

120～300行は，xyz座標系を作成するためのプログラムで，これは，例題27の120～310行のプログラムとほぼ同じだが，この中の180，190行で破線2本を引く部分を，今回は180行で領域Dの境界を示すために1本の斜めの破線を引くように変更した。

310～350行のFOR～NEXT(I, J)文により，時刻$t=0$における②の初期条件の変位$z(i, j, 0)$の値を，境界線も含む領域D内のすべての点に対して代入した。この際，340行で$z(i, j, 1) = z(i, j, 0)$としたのは，もう一つの初期条件：$\dfrac{\partial z(x, y, 0)}{\partial t} = 0$をみたすためなんだね。

（1：$t = \Delta t$ (現在)，0：$t = 0$ (過去)）

zをtで偏微分して$t=0$を代入したものが0ということは，時刻$t=0$から時刻$t=\Delta t$まで変位zは変化せず，ゆっくり静かに振動を開始するものとしたからなんだね。

360行で，$\Delta x = 0.1$，$\Delta y = 0.1$，初期時刻$t=0$，$\Delta t = 0.01$，$\mathrm{A} = 1(=a^2)$，

$$m = \frac{\mathrm{A}\cdot(\Delta t)^2}{(\Delta x)^2} = \frac{1\cdot 10^{-4}}{10^{-2}} = 0.01$$

を代入したんだね。そして，

370行で，次のメインのループ計算の反復回数N1に$100 \times t_{max}$を代入した。

380～480行のFOR～NEXT(I0)文が，このプログラムの主要な計算ループになる。この中の390～420行のFOR～NEXT(I, J)文により，①の差分方程式から導いた410行の一般式を用いて，$z_{i,j}(2)$の値を更新する。ここで，このi，jは右図の"●"の計算になるので，

$$\begin{cases} i = 1, 2, 3, \cdots, 38 \\ j = 1, 2, \cdots, 39-i \end{cases}$$

（$i=1$のとき38，$i=2$のとき37，$\cdots$，$i=38$のとき1となる。）

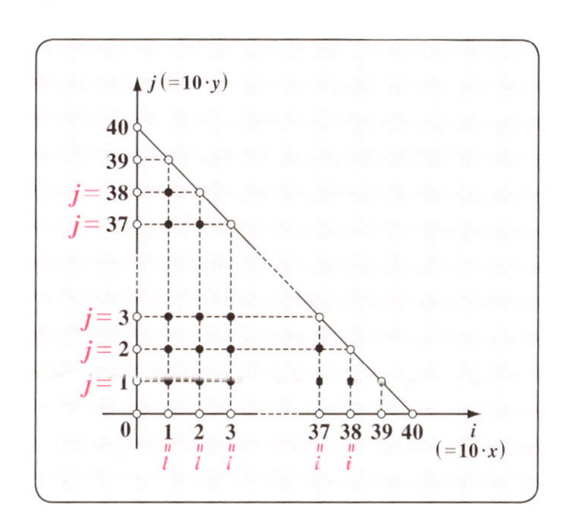

として，境界線上の点を除く，領域 $\boldsymbol{D}$ 内のすべての点の $z_{i,j}(2)$ を更新することになるんだね。では，境界線上の点の変位 z の値はどうなるのか？
分かる？そうだね。これは，初めに $t=0$ のとき代入された，境界線上の点の変位 z は 0 のままになる。これには一切変更を加えてはいけない。何故なら，今回の境界条件は固定端の条件だから，境界線上の点の変位 z は常に 0 でなければならないからだね。納得いった？
430～460 行の **FOR～NEXT(I, J)** 文により，これも，境界線を除く領域 $\boldsymbol{D}$ 内のすべての点の変位に対して，$z_{i,j}(1)$（現在）を $z_{i,j}(0)$（過去）に代入し，$z_{i,j}(2)$（未来）を $z_{i,j}(1)$（現在）に代入した。これにより，$z_{i,j}(0)$（過去）と $z_{i,j}(1)$（現在）の変位が更新されたことになり，
この次に，**470** 行で，$t+\Delta t$ によって，t も更新した後，この **FOR～NEXT(I0)** の計算ループの頭に戻り，また **410** 行で，更新された $z_{i,j}(1)$ と $z_{i,j}(0)$ を用いて，次の新たな $z_{i,j}(2)$ が求められる。以降，これを **I0=N1** となるまで繰り返すんだね。
したがって，最終的に **I0=N1**，すなわち，$t=t_{max}$ となったときの変位は $z_{i,j}(2)$ と $z_{i,j}(1)$ の両方のメモリに納められていることになるんだね。
490 行で，時刻 t_{max} を表示した後，
500～540 行の **FOR～NEXT(I, J)** 文によって，**I** $=$ **0, 1, 2, …, 40**，すなわち，**41** 本の曲線を使って，時刻 $t=t_{max}$ のときの変位 $z(i, j, 1)$ のグラフを表示することができるんだね。
（**1**(現在)としておくと，$t=0$ のときの初期条件の z も描ける。）
この **41** 本の曲線の描き方のアルゴリズムについては，何度も解説してきたので，プログラムを見ればご理解頂けると思う。

それでは，このプログラムの **100** 行の t_{max} の値を **0**，**0.4**，**0.8**，…，**3.6**(秒) と変化させて，プログラムを実行した結果得られる変位 z の **10** 枚のグラフを示そう。これは，フーリエ解析では解くことが困難なものなんだけれど，数値解析を利用すれば，このように美しい結果が得られるんだね。

・固定端の **2** 次元波動方程式の応用問題の解

(i) $t = 0$ (秒) のとき
(初期条件)

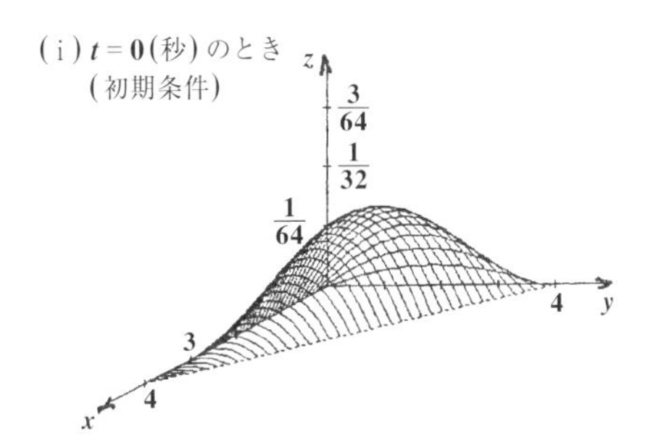

(ii) $t = 0.4$ (秒)
のとき

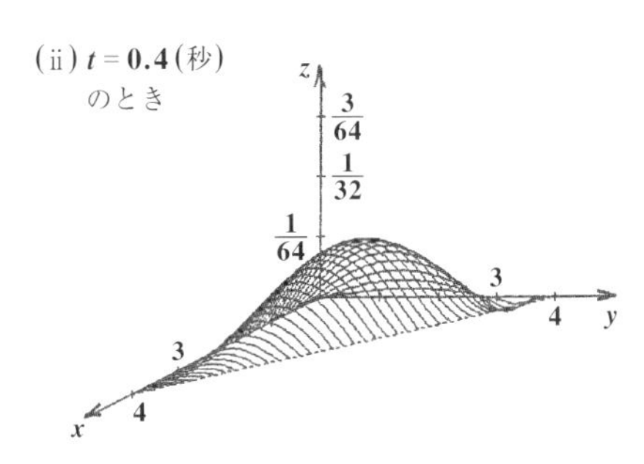

(iii) $t = 0.8$ (秒)
のとき

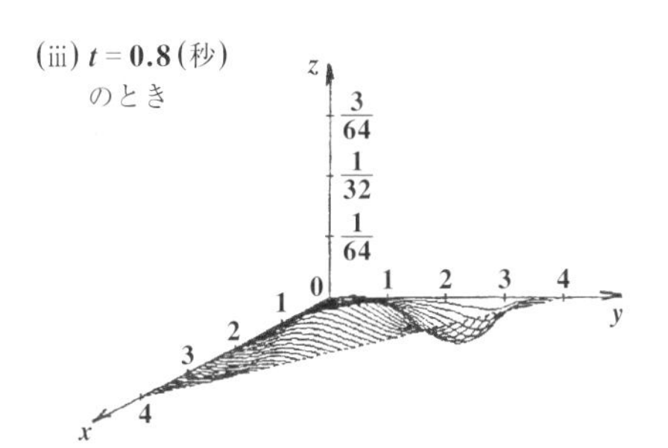

(iv) $t = 1.2$ (秒)
のとき

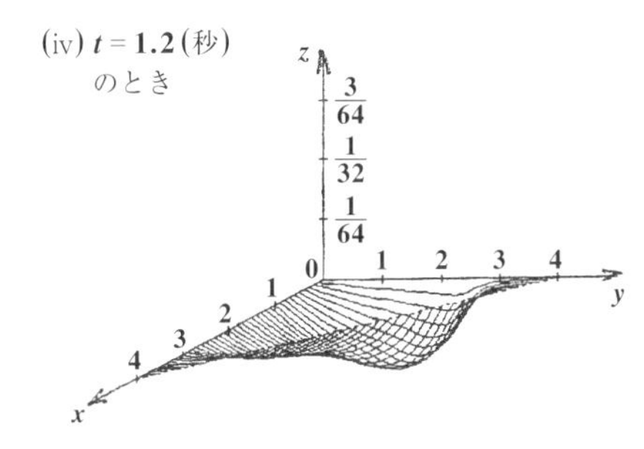

(v) $t = 1.6$ (秒)
のとき

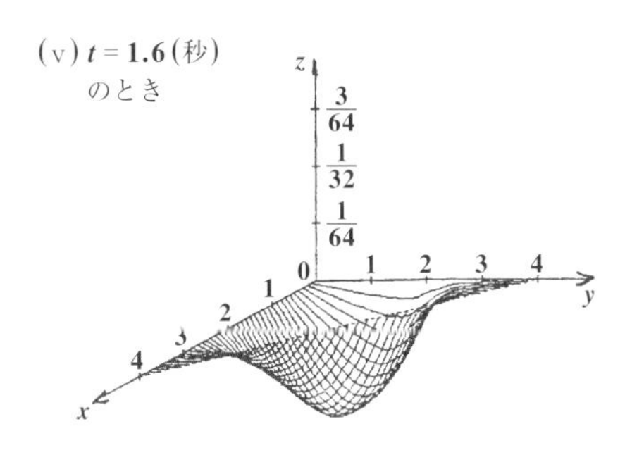

(vi) $t = 2.0$ (秒)
のとき

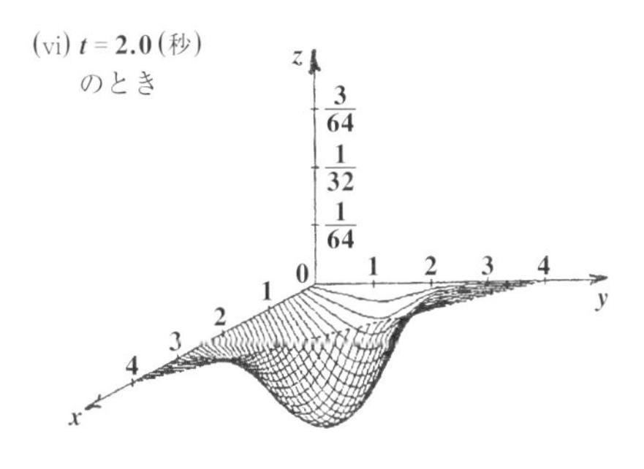

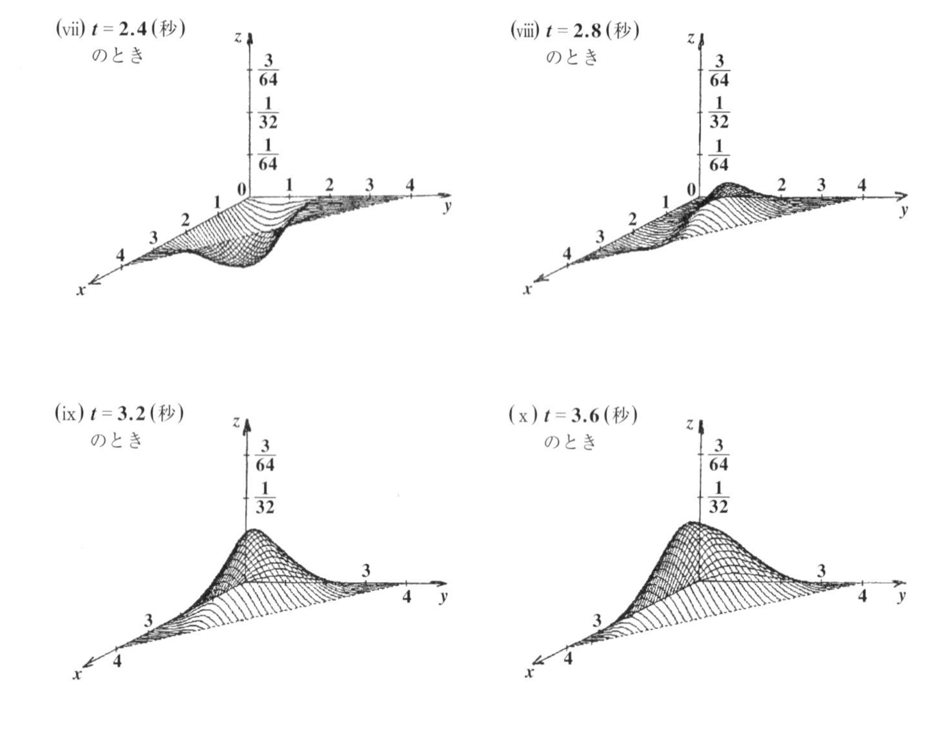

以上で，「**数値解析キャンパス・ゼミ**」の講義はすべて終了です。タンクからの水の流出問題から始めて，**1**次元，**2**次元の熱伝導方程式，**1**次元，**2**次元の波動方程式まで，様々な問題をコンピュータ・プログラミングによる数値解析を行って解いてみたんだね。これだけ分かりやすく数値解析について解説した本はないと思うけれど，数値解析というのは，本を読んで理解するだけでは，本当の目的を達したことにはならないんだね。やはり，自分で四苦八苦しながらプログラムを組んで，実際に結果を出すことが大切なんだね。皆様が，数値解析の面白さに開眼し，さらに成長していかれることを心より願っています。

マセマ代表　馬場敬之(けいし)

講義4 ● 1次元・2次元波動方程式　公式エッセンス

1. 1次元波動方程式の差分方程式と数値解

1次元の波動方程式：$\frac{\partial^2 y}{\partial t^2} = a^2 \frac{\partial^2 y}{\partial x^2}$ ……① について，

($y(x, t)$：変位，t：時刻，x：位置座標，a^2：正の定数)

①の差分方程式は，次の式で表される

$$\frac{y_i(t+\Delta t) + y_i(t-\Delta t) - 2y_i(t)}{(\Delta t)^2} = a^2 \cdot \frac{y_{i+1}(t) + y_{i-1}(t) - 2y_i(t)}{(\Delta x)^2}$$

ここで，$\frac{a^2(\Delta t)^2}{(\Delta x)^2} = m$ (定数) とおくと，

$$\underbrace{y_i(t+\Delta t)}_{\text{未来}} = \underbrace{2(1-m)\cdot y_i(t) + m\{y_{i+1}(t) + y_{i-1}(t)\}}_{\text{現在}} - \underbrace{y_i(t-\Delta t)}_{\text{過去}}$$

時刻 $t-\Delta t$，t，$t+\Delta t$ に数値 0，1，2 を割り当てると，y_i を更新する次の一般式が導ける。これを用いて，1次元波動方程式の数値解析を行う。

$$y_i(2) = 2(1-m)\cdot y_i(1) + m\{y_{i+1}(1) + y_{i-1}(1)\} - y_i(0)$$

2. 2次元波動方程式の差分方程式と数値解

2次元波動方程式：$\frac{\partial^2 z}{\partial t^2} = a^2\left(\frac{\partial^2 z}{\partial x^2} + \frac{\partial^2 z}{\partial y^2}\right)$ ……② について，

($z(x, y, t)$：変位，t：時刻，x，y：位置座標，a^2：正の定数)

$\Delta x = \Delta y$ とおき，時刻 $t-\Delta t$，t，$t+\Delta t$ に数値 0，1，2 を割り当てると，②の差分方程式は次式のようになる。

$$\frac{z_{i,j}(2)+z_{i,j}(0)-2z_{i,j}(1)}{(\Delta t)^2} = \frac{a^2}{(\Delta x)^2}\{z_{i+1,j}(1)+z_{i-1,j}(1)+z_{i,j+1}(1)+z_{i,j-1}(1)-4z_{i,j}(1)\}$$

ここで，$\frac{a^2(\Delta t)^2}{(\Delta x)^2} = m$ (定数) とおくと，$z_{i,j}$ を更新する次の一般式が導ける。

この一般式を用いて，2次元波動方程式の数値解析を行う。

$$\underbrace{z_{i,j}(2)}_{\text{未来}} = \underbrace{2(1-2m)z_{i,j}(1)+m\{z_{i+1,j}(1)+z_{i-1,j}(1)+z_{i,j+1}(1)+z_{i,j-1}(1)\}}_{\text{現在}} - \underbrace{z_{i,j}(0)}_{\text{過去}}$$

Term・Index

あ行

か行

さ行

スバラシク実力がつくと評判の
数値解析 キャンパス・ゼミ

著　者　馬場 敬之
発行者　馬場 敬之
発行所　マセマ出版社
〒 332-0023 埼玉県川口市飯塚 3-7-21-502
TEL 048-253-1734　FAX 048-253-1729
Email：info@mathema.jp
http://www.mathema.jp

編　集　七里 啓之
校閲・校正　高杉 豊　笠 恵介　秋野 麻里子
組版制作　間宮 栄二　町田 朱美
カバーデザイン　馬場 冬之
ロゴデザイン　馬場 利貞
印刷所　株式会社 シナノ

ISBN978-4-86615-115-1 C3041